高等职业教育通识类课程新形态教材

人工智能技术导论

主 编 刘 军 赵守凯 林 海
副主编 王征海 徐 卉 钟 毅 余铁青

中国水利水电出版社
www.waterpub.com.cn
·北京·

内 容 提 要

本书以人工智能为主题，从人工智能概述开始，逐步深入探讨了人工智能的核心技术、智慧城市与智能交通、智能农业、智能安防、智能工业、智能物流、智能环保、智能家居、智能教育以及 AI 通识教育平台等相关领域的知识和技术，同时系统、全面、深入地阐述了人工智能领域的知识。

本书首先对人工智能的起源和概念做了深入浅出的介绍，让读者对人工智能有了一个初步的了解。随后，本书从人工智能的核心技术出发，对机器学习、深度学习、强化学习、人工智能产业技术等进行了系统讲解，使读者能够清晰地把握人工智能的技术基础。除此之外，本书还涵盖了智慧城市与智能交通、智能农业、智能安防、智能工业、智能物流等多个方面的内容，展示了人工智能技术在各个领域中的应用和发展，对于帮助读者深入了解人工智能技术的广泛应用具有极高的参考价值。此外，本书还重点介绍了智能环保、智能家居、智能教育以及 AI 通识教育平台等领域的新兴技术和趋势，为读者了解未来的发展方向提供了重要参考。

本书内容丰富、深入浅出、系统全面，适合广大人工智能爱好者和相关人员阅读。本书的出版不仅有利于深入推进我国人工智能产业的发展，也有利于培养和造就更多的人才，提高人工智能领域的创新能力和核心竞争力。

图书在版编目（CIP）数据

人工智能技术导论 / 刘军，赵守凯，林海主编. -- 北京：中国水利水电出版社，2023.8
高等职业教育通识类课程新形态教材
ISBN 978-7-5226-1657-5

Ⅰ. ①人… Ⅱ. ①刘… ②赵… ③林… Ⅲ. ①人工智能－高等职业教育－教材 Ⅳ. ①TP18

中国国家版本馆CIP数据核字(2023)第134004号

策划编辑：陈红华　　责任编辑：高　辉　　加工编辑：刘　瑜　　封面设计：梁　燕

书　名	高等职业教育通识类课程新形态教材 人工智能技术导论 RENGONG ZHINENG JISHU DAOLUN
作　者	主　编　刘　军　赵守凯　林　海 副主编　王征海　徐　卉　钟　毅　余铁青
出版发行	中国水利水电出版社 （北京市海淀区玉渊潭南路 1 号 D 座　100038） 网址：www.waterpub.com.cn E-mail: mchannel@263.net（答疑） 　　　　sales@mwr.gov.cn 电话：（010）68545888（营销中心）、82562819（组稿）
经　售	北京科水图书销售有限公司 电话：（010）68545874、63202643 全国各地新华书店和相关出版物销售网点
排　版	北京万水电子信息有限公司
印　刷	三河市鑫金马印装有限公司
规　格	184mm×260mm　16 开本　13 印张　333 千字
版　次	2023 年 8 月第 1 版　2023 年 8 月第 1 次印刷
印　数	0001—3000 册
定　价	42.00 元

凡购买我社图书，如有缺页、倒页、脱页的，本社营销中心负责调换

版权所有·侵权必究

前　言

本书是为了响应国家发展新产业新产品的号召而编写的，旨在为读者提供最前沿的人工智能技术知识和应用实践，帮助读者更好地了解人工智能的概念、核心技术和相关应用领域。

人工智能已经成为社会发展的重要力量，也是未来的发展趋势，为了进一步推动人工智能技术的发展和应用，本书强调了人才创新活力的重要性，致力于培养高水平工程师和高技能人才队伍，推广创新型、应用型、技能型人才培养机制，使读者了解人工智能的前沿思想。本书秉承"以读者为导向"的原则，致力于向广大读者介绍人工智能的基本概念、核心技术以及未来发展方向。

本书由湛江幼儿师范专科学校刘军、赵守凯、林海任主编，王征海、徐卉、钟毅、余铁青任副主编。本书结合了大量文献资料和网站的信息，力求呈现最全面、最前沿、最实用的人工智能技术与应用，为读者提供广阔的视野和深入的理解，使读者能够全面掌握人工智能的前沿知识；注重思想政治引导，始终贯穿社会主义核心价值观，通过对人工智能技术的深入探讨和分析，引导读者树立正确的价值观和人生观。

在此，感谢王骥教授、肖来胜教授和张子石教授对本书的编写提出了许多宝贵的指导意见，以及黄超权、王小金、陈其嶙进行资料整理和习题校对的辛勤工作。

希望读者在阅读本书的同时，能够积极参与人工智能产业的发展和推广，为实现国家"创新驱动、内需扩大、科技强国"的战略目标贡献自己的力量，也希望本书能够成为广大读者学习人工智能技术的重要参考资料。

编　者
2023 年 4 月

目　录

前言
第1章　人工智能概述 ... 1
1.1　人工智能的起源 ... 1
1.1.1　第一阶段 ... 1
1.1.2　第二阶段 ... 3
1.1.3　第三阶段 ... 4
1.1.4　人工智能大数据时代 ... 5
1.2　人工智能的概念 ... 9
1.2.1　人工智能的定义 ... 9
1.2.2　人工智能的分类 ... 11
1.2.3　人工智能的应用 ... 12
1.2.4　人工智能的研究方向 ... 17
习题 ... 20
第2章　人工智能的核心技术 ... 22
2.1　机器学习 ... 22
2.1.1　概述 ... 22
2.1.2　机器学习研究 ... 24
2.1.3　机器学习类型 ... 24
2.2　深度学习 ... 27
2.2.1　概述 ... 27
2.2.2　人类视觉原理 ... 28
2.2.3　卷积神经网络 ... 29
2.3　强化学习 ... 31
2.3.1　概述 ... 32
2.3.2　基本模型和原理 ... 32
2.3.3　网络模型设计 ... 32
2.4　人工智能产业技术 ... 33
2.4.1　自然语言处理技术 ... 34
2.4.2　智能语音技术 ... 36
2.4.3　视觉技术 ... 38
2.4.4　智能规划 ... 43
习题 ... 44
第3章　智慧城市与智能交通 ... 45
3.1　智慧城市 ... 45
3.1.1　智慧平安城市的发展背景 ... 45
3.1.2　智能应急救援 ... 46
3.1.3　京东智慧城市 ... 48
3.2　智能交通 ... 51
3.2.1　无人驾驶运输 ... 51
3.2.2　无人智慧港口 ... 53
3.2.3　百度车路智行 ... 55
3.2.4　小马智行 ... 57
3.2.5　文远知行车队 ... 58
3.3　自动驾驶车型 ... 59
3.3.1　吉利缤越 ... 59
3.3.2　宝马4系 ... 61
3.3.3　上汽通用 ... 62
3.3.4　WEY VV7 ... 63
3.3.5　大众探岳 ... 65
习题 ... 66
第4章　智能农业 ... 67
4.1　智能农业发展趋势 ... 67
4.1.1　农业1.0——传统农业 ... 67
4.1.2　农业2.0——机械化农业 ... 67
4.1.3　农业3.0——自动化农业 ... 69
4.1.4　农业4.0——智能农业 ... 71
4.2　智能农业种植 ... 72
4.2.1　种植业发展介绍 ... 72
4.2.2　智能种植 ... 76
4.3　智能农业机器人 ... 81
4.3.1　果蔬采摘机器人 ... 81
4.3.2　除草机器人 ... 83
4.3.3　农产品分拣机器人 ... 84
习题 ... 86
第5章　智能安防 ... 87
5.1　智能安防技术 ... 87
5.1.1　概述 ... 87

  5.1.2 智能安防需求 ·················· 89
 5.2 智能安防应用场景 ··················· 90
  5.2.1 社区安全 ························· 91
  5.2.2 食品安全 ························· 93
  5.2.3 环境安全 ························· 94
 5.3 智能安防应用解决方案 ············ 94
  5.3.1 软件定义摄像机 ············· 94
  5.3.2 智能安全分析 ················· 96
  5.3.3 智能消防 ························· 97
  5.3.4 警务大脑 ························· 99
  5.3.5 全城 Smart 智慧监控 ··· 101
 习题 ·· 102

第6章 智能工业 ································ 104
 6.1 从工业 1.0 到工业 4.0 ············· 104
  6.1.1 工业 1.0 到工业 4.0 的演变过程 ······ 104
  6.1.2 工业 4.0 ·························· 106
 6.2 中国制造 2025 ··························· 107
  6.2.1 概述 ································ 107
  6.2.2 战略任务 ························· 108
 6.3 智能工厂 ······································· 109
  6.3.1 智能工厂的概念 ············· 109
  6.3.2 智能工厂的特点 ············· 110
  6.3.3 智能工厂的衡量标准 ······ 110
  6.3.4 国内外的智能工厂案例 ··· 111
 6.4 工业机器人 ·································· 113
  6.4.1 工业机器人的概念 ········· 113
  6.4.2 工业机器人的发展 ········· 113
  6.4.3 人工智能技术在工业机器人中的应用 ········· 114
  6.4.4 工业机器人的应用 ········· 115
  6.4.5 工业机器人的产业发展趋势 ···· 117
 习题 ·· 118

第7章 智能物流 ································ 120
 7.1 概述 ·· 120
  7.1.1 智能物流的概念 ············· 120
  7.1.2 发展方向 ························· 121
 7.2 主要技术 ·· 126
  7.2.1 自动识别技术 ················· 126
  7.2.2 数据挖掘技术 ················· 127

  7.2.3 人工智能技术 ················· 128
  7.2.4 GIS 技术 ························· 129
 7.3 智能物流中的人工智能应用 ······ 130
  7.3.1 仓储机器人 ····················· 130
  7.3.2 无人仓 ···························· 131
  7.3.3 无人机配送 ····················· 132
  7.3.4 智能物流站 ····················· 133
 习题 ·· 133

第8章 智能环保 ································ 134
 8.1 概述 ·· 134
  8.1.1 智能环保的概念 ············· 134
  8.1.2 发展方向 ························· 135
 8.2 智能环境监测 ······························· 136
  8.2.1 传感器技术 ····················· 136
  8.2.2 无人机 ···························· 138
  8.2.3 系统架构 ························· 138
 8.3 智能废物处理 ······························· 142
  8.3.1 智能扫地机器人 ············· 143
  8.3.2 智能垃圾分类箱 ············· 144
 8.4 智能环保技术的发展趋势 ············ 144
 习题 ·· 145

第9章 智能家居 ································ 146
 9.1 概述 ·· 146
  9.1.1 智能家居的概念 ············· 146
  9.1.2 智能家居的起源 ············· 147
  9.1.3 智能家居的框架 ············· 148
  9.1.4 智能家居与普通家居的区别 ···· 149
  9.1.5 智能家居的特点 ············· 150
 9.2 物联网技术应用认知 ·················· 150
  9.2.1 物联网概述 ····················· 150
  9.2.2 物联网的架构 ················· 150
  9.2.3 物联网基本特点 ············· 151
 9.3 智能终端设备识别 ······················ 151
  9.3.1 ZigBee 设备识别 ············ 151
  9.3.2 Bluetooth 设备识别 ········ 152
  9.3.3 可燃气体探测器识别 ······ 152
  9.3.4 热红外人体探测识别 ······ 153
  9.3.5 水浸控制识别 ················· 153
  9.3.6 烟雾探测器识别 ············· 154

9.3.7 声光报警器识别 …… 155
9.4 智能家居的发展前景 …… 155
　9.4.1 智能家居的应用前景 …… 155
　9.4.2 智能家居行业未来的发展趋势 …… 155
习题 …… 156

第10章 智能教育 …… 157
10.1 人工智能教育 …… 157
　10.1.1 智能教育的概念 …… 157
　10.1.2 人工智能 …… 158
10.2 智能时代的教育 …… 161
　10.2.1 人工智能如何推动教育发展？ …… 161
　10.2.2 智能教育将如何发展？ …… 162
10.3 智能教育的特点及发展对策 …… 163
　10.3.1 智能教育的优势 …… 163
　10.3.2 智能教育的劣势 …… 164
　10.3.3 智能教育的发展对策 …… 165
10.4 智能教育管理 …… 165
　10.4.1 智能管理——让教育管理更有效率 …… 165
　10.4.2 人脸识别 …… 165
　10.4.3 情感计算 …… 166
　10.4.4 课堂考勤 …… 166
　10.4.5 考试监考 …… 166
　10.4.6 宿舍管理 …… 166
　10.4.7 智慧校园的建设 …… 167
10.5 智能教育的发展趋势 …… 167
习题 …… 168

第11章 AI通识教育平台 …… 169
11.1 AI通识教育平台的基本操作 …… 169
　11.1.1 概述 …… 169
　11.1.2 注册和登录平台 …… 170
　11.1.3 认识操作面板 …… 172
　11.1.4 功能控件 …… 174
　11.1.5 项目保存/共享 …… 177
11.2 场景搭建基础 …… 178
　11.2.1 什么是控件？ …… 178
　11.2.2 控件的创建 …… 178
　11.2.3 控件的使用 …… 179
　11.2.4 控件的删除 …… 182
11.3 智能交通场景设计与实训 …… 182
　11.3.1 车辆目标检测 …… 182
　11.3.2 卡车检测并提醒 …… 185
11.4 智能安防场景设计与实训 …… 187
　11.4.1 应用场景 …… 187
　11.4.2 任务要求 …… 187
　11.4.3 控件设计 …… 187
　11.4.4 数据流连线 …… 189
11.5 智能农业场景设计与实训 …… 190
　11.5.1 应用场景 …… 190
　11.5.2 任务要求 …… 190
　11.5.3 控件设计 …… 190
　11.5.4 数据流连线 …… 191
11.6 智能商业场景设计与实训 …… 192
　11.6.1 应用场景 …… 192
　11.6.2 任务要求 …… 192
　11.6.3 控件设计 …… 192
　11.6.4 数据流连线 …… 194
11.7 智能家居场景设计与实训 …… 195
　11.7.1 应用场景 …… 195
　11.7.2 任务要求 …… 195
　11.7.3 控件设计 …… 195
　11.7.4 数据流连线 …… 196
11.8 智能物流场景设计与实训 …… 197
　11.8.1 应用场景 …… 197
　11.8.2 任务要求 …… 197
　11.8.3 控件设计 …… 197
　11.8.4 数据流连线 …… 198
11.9 智能环保场景设计与实训 …… 199
　11.9.1 应用场景 …… 199
　11.9.2 任务要求 …… 199
　11.9.3 控件设计 …… 199
　11.9.4 数据流连线 …… 200

参考文献 …… 201

第 1 章　人工智能概述

本章导读

人工智能（Artificial Intelligence，AI）是计算机科学的一个分支，旨在通过模拟和实现人类智能的各种形式来开发智能机器。AI 已经成为当今世界最热门和最受关注的技术之一，它涉及许多不同的领域，如机器学习、深度学习、自然语言处理、计算机视觉等。本章将讨论人工智能的起源和人工智能的基本概念，包括其定义、分类、应用领域和研究方向等。我们还将介绍一些常用的 AI 术语和概念，以便读者能够更好地理解人工智能的本质和应用。通过本章的学习，读者将了解到人工智能的核心概念和基本原理，为后续章节的学习奠定基础。

1.1　人工智能的起源

人工智能的起源可以追溯到 20 世纪 50 年代，当时计算机科学家们开始研究如何使计算机能够像人类一样进行智能思考和决策。早期的人工智能研究集中于推理和知识表示方面，但科学家们很快就发现这些方法对于解决现实世界的问题来说还不够。

随着时间的推移，人工智能领域的研究取得了巨大进展，尤其是在机器学习方面。机器学习是一种使计算机能够从数据中学习和改进的技术，它是人工智能的核心。通过机器学习，计算机可以通过数据进行自我学习，从而不断提高自己的预测和决策能力，这种能力可以应用于各种领域，如自然语言处理、图像识别、智能交互、机器人控制等。

如今，人工智能已经成为了一个非常热门和重要的领域。随着计算机硬件和软件技术的不断进步，人工智能在医疗、金融、交通、安防、军事等领域都得到了广泛应用，对我们的生活和工作产生了深刻的影响。

下面是人工智能发展史上一些具有典型性的事件。

1.1.1　第一阶段

谈及人工智能，一定要提到艾伦·麦席森·图灵（Alan Mathison Turing）博士，如图 1-1 所示。他是 20 世纪最伟大的计算机科学家之一，提出了许多关于人工智能的概念和思想。

艾伦·麦席森·图灵是英国著名的逻辑学家和数学家，被尊称为现代计算机之父和人工智能之父。他提出了"图灵机"和"图灵测试"等重要概念。1950 年，图灵在发表的《计算机器与智能》（*Computing Machinery and Intelligence*）论文中首次提出了一个举世瞩目的想法——图灵测试。按照图灵的设想：如果一台机器能够与人类在隔开的情况下开展对话测试，测试者通过一些装置（如键盘）向被测试者随意提问，进行多次测试后，如果机器能让平均每个参与者做出超过 30% 的误判而不能辨别出机器身份，那么这台机器就通过了测试，并认为这台机器就具有人类智能。

图 1-1　艾伦·麦席森·图灵（Alan Mathison Turing）

1952 年，计算机科学家亚瑟·塞缪尔（Arthur Samuel，被誉为"机器学习之父"）设计了一款可以学习的西洋跳棋程序，这个程序能通过观察棋子的走位来构建新的模型，并用其提高自己的下棋技巧，从而在下棋过程中逐步提高棋艺。

这一时期是人工智能发展的第一次高潮，人们开始将各个领域的知识融入人工智能，并在使用推理和搜索技术解决特定问题上取得了巨大的进步。搜索推理称为人工智能程序的基本算法。美国政府也积极向这一新兴领域投入大笔资金，每年将数百万美元投入麻省理工学院、卡耐基梅隆大学、爱丁堡大学和斯坦福大学，并允许研究学者探索任何感兴趣的方向。这一时期相继取得了一些显著成绩，比较有影响的包括贝尔曼公式的提出（增强学习雏形），它奠定了强化学习算法的基础。这一时期主要有以下典型的事件。

1956 年，约翰·麦卡锡（John McCarthy，数学博士）、马文·明斯基（Marvin Lee Minsky，人工智能与认知学专家）、克劳德·艾尔伍德·香农（Claude Elwood Shannon，信息论的创始人）、艾伦·纽厄尔（Allen Newell，计算机科学家）、希尔伯特·西蒙（Herbert Simon，诺贝尔经济学奖得主）等科学家在达特茅斯会议上聚集，他们讨论的主题是：用机器来模仿人类学习以及其他方面的智能。这一年被称为"人工智能元年"。

1958 年，麦卡锡开发了 Lisp，这是人工智能研究中很受欢迎的编程语言，也是一门应用非常广泛的人工智能语言。

1961 年，乔治·德沃尔（George Devol，机器人的发明者之一）发明的工业机械臂 Unimate 成为第一个在新泽西州通用汽车装配线上工作的机器人，如图 1-2 所示。Unimate 是一个机械臂，它的职责包括从装配线运输压铸件并将零件焊接到汽车上。

图 1-2　第一台工业机器人 Unimate 在工作

1956—1972 年，国际斯坦福研究所研制了移动式机器人 Shakey，这是第一台具备一定人工智能，能够自主进行感知、环境建模、行为规划并执行任务的机器人，如图 1-3 所示。

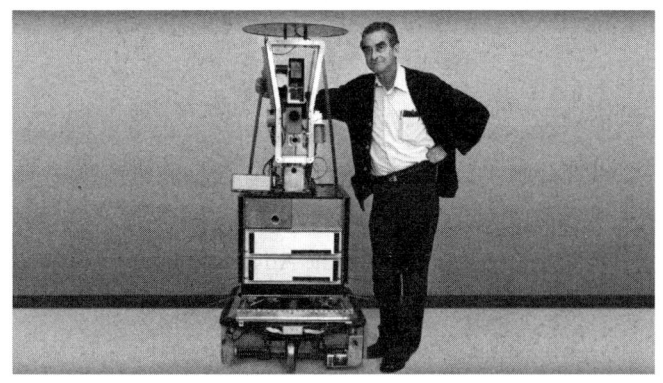

图 1-3　第一台移动机器人 Shakey

1970 年，第一台拟人机器人 WABOT-1 在日本早稻田大学建造，它包括了肢体控制系统、视觉系统、会话系统。WABOT-1 可以用嘴巴进行简单的日语对话，用耳朵、眼睛测量距离和方向，靠双脚行走前进，而且两手也具有触觉，可以搬运物体。

得益于早期神经系统的感知器（深度学习雏形）、定理机器证明、自然语言等各种人工智能理论的支持，科学家首次提出人工智能拥有模仿智能的特征，使人工智能懂得如何使用语言，懂得怎样形成抽象概念并解决人类现存的问题。

这一阶段的人工智能技术的特点是重视问题求解的方法，而忽视知识的重要性。

1.1.2　第二阶段

20 世纪 70 年代初，人工智能进入了一段痛苦而艰难的岁月。其原因主要是人工智能的发展在技术上面临了无法克服的瓶颈，而科研人员在人工智能的研究中对项目难度预估也不足，当时消解法推理能力的有限以及机器翻译等的失败导致了人工智能走进了低谷，主要表现在以下三个方面。

（1）由于当时计算机运算性能不足，导致早期很多程序无法在人工智能领域得到应用。虽然人工智能可以解决理论上的难题，但实际应用的计算量却非常惊人，以当时的计算能力根本无法实现。

（2）计算问题的复杂性。早期人工智能程序主要是解决特定的问题，而特定问题的对象少、复杂性低，不能体现智能化。同时早期人工智能技术，如定理证明器、感知器、增强学习只能完成指定的工作，对于超出范围的任务则无法应对，智能水平较为低级，局限性较为突出。真正智能化的许多问题只有在指数级时间内才可能得到解决，造成这种局限的原因主要体现在两个方面：一是人工智能所基于的数学模型和数学手段有一定的缺陷；二是很多计算的复杂度呈指数级增长，依据当时的算法无法完成计算任务。

（3）数据量严重缺失。人工智能需要大量的人类经验和真实世界的数据，许多重要的 AI 应用，如机器视觉和自然语言都需要大量的对世界的认识信息，这在当时计算机和互联网都没有普及的情况下几乎是不可能的，而且没有足够大的数据库来支撑程序进行深度学习，导致机器无法读取足够量的数据进行自我学习以完成智能化。

这一阶段虽然属于人工智能发展的低潮期,但在无人驾驶发展方面取得了可喜的成绩。

1979 年,斯坦福大学人工智能研究中心研制的一台移动机器人——斯坦福推车,在没有人工干预的情况下自动穿过摆满椅子的房间,前后行驶了 5 小时,相当于早期的无人驾驶汽车。

1.1.3 第三阶段

20 世纪 80 年代后期,专家系统本身所存在的应用领域狭窄、常识性知识缺乏、知识获取困难、推理方法单一、没有分布式功能、不能访问现存数据库等问题被逐渐暴露出来,各个争相进行的智能计算机研究计划先后遇到了严峻的挑战和困难,无法实现预期目标。1984 年,在年度国际先进人工智能协会(Association for the Advancement of Artificial Intelligence,AAAI)会议上,罗杰·单克(Roger Schank)和马文·明斯基(Marvin Minsky)发出警告,他们认为"AI 寒冬"已经来临,人工智能泡沫很快就会破灭,各方面的投资与研究资金也相继减少,正如 20 世纪 70 年代发生的事情一样。之后,研究者们对人工智能开始抱有客观理性的认知,尤其是神经网络技术的迅速发展,使人工智能技术进入了一个相对平稳的发展时期,并取得了许多令人振奋的成果。

这一时期主要有以下典型事件。

1980 年,日本早稻田大学研制出 WABOT-2 机器人。这是一台人形音乐机器人,可以与人沟通、阅读乐谱,还可以演奏普通难度的电子琴,如图 1-4 所示。

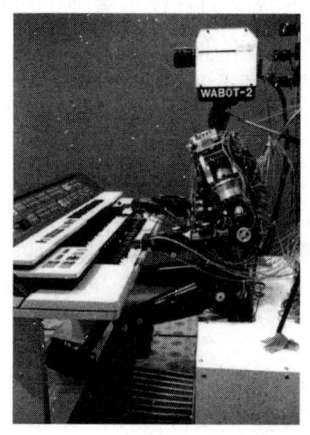

图 1-4 WABOT-2 机器人

1986 年,慕尼黑大学开发了一辆配备摄像头和传感器的无人驾驶的奔驰厢式货车,它能够在没有其他障碍物和人类驾驶员的道路上行驶。

1988 年,罗洛·卡朋特(Rollo Carpenter)开发了聊天机器人 Jabberwacky,它可以用有趣、娱乐、幽默的形式模拟人类对话。

1989 年,燕乐存(Yann LeCun)与 AT&T 贝尔实验室的其他研究人员携手合作,成功将反向传播算法应用于多层神经网络,它可以识别手写邮编。由于当时的硬件存在限制,所以训练神经网络花了 3 天时间。

1995 年,理查德·华莱士(Richard Wallace)开发了聊天机器人 ALICE(Artificial Linguistic Internet Computer Entity,人工语言互联网计算机实体)。互联网的出现为华莱士提供了海量自然语言数据样本。

1997 年，计算机科学家赛普·霍克赖特（Sepp Hochreiter）和于尔根·施密德相伯（Jürgen Schmidhuber）开发了长短期记忆网络（Long Short-Term Memory，LSTM）。这是一种时间递归神经网络，用于手写和语音识别。

1997 年，由国际商业机器公司（International Business Machines Corporation，IBM）开发的国际象棋计算机"深蓝"（Deep Blue）成为第一个赢得国际象棋比赛并与世界冠军相匹敌的人工智能系统。

1998 年，戴夫·汉普顿（Dave Hampton）和钟少男（Caleb Chung）发明了 Furby，这是第一款儿童玩具机器人，最大的特点是可以通过和主人谈话来学习语言。

1999 年，SONY 推出了人工智能机器人（Artificial Intelligence Robot，AIBO），一种价值 2000 美元的机器人宠物狗，它通过与环境、所有者和其他 AIBO 的互动来"学习"。其功能包括理解和响应 100 多条语音命令并与其所有者进行通信。

1.1.4 人工智能大数据时代

2000 年，麻省理工学院研究人员辛西娅·布雷齐尔（Cynthia Breazeal）开发了 Kismet，它是一个可以识别、模拟表情的机器人。同年，日本本田技研工业株式会社推出智能机器人 ASIMO，其除具备了行走功能与各种人类肢体动作之外，还可以预先设定动作，依据人类的声音、手势等指令，做出相应动作，此外，他还具备了基本的记忆与辨识能力。

2002 年，iROBOT 公司发布了 Roomba，一种自动真空吸尘器机器人，可在避开障碍物的同时进行清洁。Roomba 的出现，表示人工智能进入了家居领域，可以替代人类做一些简单重复的工作。

2004 年，美国航空航天局（National Aeronautics and Space Administration，NASA）的机器人火星探索漫游者在没有人为干预的情况下探索火星的表面。

2006 年，奥伦·埃奇奥尼（Oren Etzioni）、米歇尔·班科（Michele Banko）和迈克尔·卡法雷拉（Michael Cafarella）创造了"机器阅读"这一术语，其是指系统不需要人的监督就可以自动学习文本。

2007 年，杰弗里·辛顿（Geoffrey Hinton）发表 *Learning Multiple Layers of Representation*（学习多层表示）。根据他的构想，可以开发出多层神经网络，包括自上而下的连接点，可以生成感官数据训练系统，而不是用分类的方法训练。由于多层神经网络的出现，人工智能开始进入飞速发展阶段。

2009 年，Google 秘密开发了一款无人驾驶汽车。2014 年，它通过了内华达州的自驾车测试。

2009 年，西北大学智能信息实验室的研究人员开发了 Stats Monkey，它是一款可以自动撰写体育新闻的程序，不需要人类干预。

从 2010 年开始，人工智能已经融入我们的日常生活。人们使用具有语音助理功能的智能手机和具有"智能"功能的计算机，很多购物网站开始根据个人喜好来进行广告推送，一些智能小家电开始走进我们的生活。

2010 年，ImageNet 大规模视觉识别挑战赛（ImageNet Large Scale Visual Recognition Challenge，ILSVRC）成功举办，用于比较人工智能产品在影像辨识和分类方面的运算能力。

2010 年，Microsoft 推出了 Kinect for Xbox 360，这是第一款使用 3D 摄像头和红外探测跟

踪人体运动的游戏设备。

2011 年，IBM 开发的自然语言问答计算机沃森在益智节目危险边缘（Jeopardy）中击败两名前冠军。

2011 年，Apple 发布了 Siri——一款 Apple iOS 操作系统的虚拟助手。Siri 使用自然语言用户界面来向用户推断、观察、回答和推荐事物。它适应语音命令，并为每个用户投射"个性化体验"。

2011 年，瑞士人工智能研究所发布报告称，用卷积神经网络识别手写笔迹，错误率只有 0.27%，与前几年的错误率 0.35%～0.40%相比，进步巨大。

2012 年 6 月，杰夫·迪恩（Jeff Dean）和吴恩达（Andrew Ng）发布了一份实验报告。他们向大型神经网络展示 1000 万张随机从 YouTube 视频中抽取的未标记的图片，发现其中的一个人工神经元对猫的图片特别敏感，能够识别出猫。

2013 年，美国波士顿动力（Boston Dynamic）公司成功开发了 Atlas 机器人，它是一个身高 1.8 米的双足人形机器人，专为各种搜索及拯救任务而设计。2016 年 2 月，Boston Dynamic 公司又发布了第二代 Alas 机器人，它身高 1.9 米，体重 82 千克，内置电池驱动，专门用于移动操纵，非常擅长在各类地形上行走，包括雪地。2018 年 10 月，Atlas 实现了"跑酷"和"三连跳"。

2016 年，Google 公司 DeepMind 研发的 AlphaGo 对战世界围棋顶尖高手李世石，并最终取得了胜利。这场在韩国打响的世纪人机大战在全球范围内迅速引爆了人工智能的热潮。这一次的胜利不同于之前"Deep Blue"战胜国际象棋冠军。国际象棋走法虽多，但一台计算机基本可以应对，"Deep Blue"通过编程，依靠"蛮力"看到所有的可能性，就可以获胜。但对于素有"千古不同局"说法的围棋，其下法多达 10^{72} 种，一台计算机就不能应对了，AlphaGo 在 Google 公司超级服务器集群的支撑和深度学习算法的指引下，选择了人类棋手不会选择的落子方式，从而取得了胜利。此次人机对决，AlphaGo 不是预先编程好的，而是发展出了自身的智能，表现出了创造力和直觉等人类特质，震惊了世界，如图 1-5 所示。

图 1-5　AlphaGo 对战世界围棋顶尖高手

2016 年，Facebook、Amazon、Google、IBM 和 Microsoft 结成史上最大的人工智能联盟，旨在进行人工智能的研究与推广。人工智能大刀阔斧地走向了工业实际应用。

2017 年 1 月，AlphaGo 以 Master 为名，横扫各大围棋网站，对局以快棋形式进行，Master

战胜人类顶尖高手，取得 60 局连胜。AlphaGo 的胜利使人工智能引起了世界各地的关注，一些人称之为一次新的技术竞赛，类似冷战时期的技术竞赛。但无可非议，一个人工智能的人类新时代即将开启。

2017 年 7 月，百度在人工智能开发者大会上宣布开源自动驾驶系统 Apollo，助力合作伙伴搭建自动驾驶系统。在 2018 年春节联欢晚会上，百度 Apollo 无人车引领着由上百辆车队组成的车阵通过港珠澳大桥，并完成了 8 字交叉跑的高难度动作，让全球观众享受了一场极具视觉震撼的高科技"年夜饭"。

2018 年 5 月 1 日，在古城西安城墙文化节上，利用人工智能技术控制的 1374 架无人机分别从南门城墙及东西延伸区域起飞，最后汇聚至南门上空进行编队飞行表演，组成和展示了最具中国特色、陕西文化以及西安元素的特色造型，如"西安最中国""奔跑吧西安""新时代""四十周年"等文字及城楼、大雁塔、"5.1""1374"等图案和数字。现场灯光、音乐立体配合无人机表演，达到声、光、机交相辉映的震撼效果，并创造了"最多无人机同时飞行"的吉尼斯世界纪录。

2018 年 9 月 19 日，杭州"城市大脑"2.0 在云栖大会上正式发布。从 2016 年开始，经过两年多的试点，除了杭州主城限行区域全部接入"城市大脑"，此外还有余杭区临平、未来科技城两个试点区域及萧山城区，总计 420 平方千米，相当于 65 个西湖。杭州"城市大脑"汇聚了城市交通管理、公共服务、运营商等海量数据，依托高性能计算平台，在历史上首次实现了城市数据的汇聚、融合、计算，甚至可以计算出道路车流量，改变了传统的用静态的机动车保有量来制定交通政策的方式，也解决了交通工程数十年未曾突破的根本问题。除了交通、消防，"城市大脑"目前还在征信系统、市容市政管理、旅游交通等多方面进行应用尝试，梦想中的城市"乌托邦"正离人们越来越近。

2018 年 11 月 7 日，在第五届世界互联网大会上，新华社联合搜狗公司发布了全球首个"AI 合成主播"，运用最新人工智能技术，"克隆"出与真人主播具有同样播报能力的"分身"，在全球人工智能合成领域和新闻领域均开创了先河，再一次让新闻界为之震动。

2019 年，Intel、NVIDIA、AMD、ARM 和 Qualcomm 等芯片制造商针对与计算机视觉自然语言处理和语音识别相关的特定用例和场景处理，推出了许多专用芯片，加速人工智能应用的执行。另外，医疗保健和汽车行业也将应用这些人工智能芯片为最终用户提供智能化服务。

同时，与人工智能在前几个阶段更多被学术界关注有所不同，在 4.0 时代热潮中，人工智能首先被商业和产业界青睐，而且似乎更容易被大多数普通民众接纳。目前，人工智能正向多技术、多方法的综合集成与多学科、多领域的综合应用方向发展。从业务应用到技术支持，人工智能将成为未来的关键技术趋势。

2019 年 1 月 30 日，Science Robotics 发表了美国哥伦比亚大学研究人员在机器人研发方面取得的重大进展。他们开发的人工智能机械臂能够在没有任何物理学、几何学和运动动力学先验知识的情况下自建模型来适应不同情况、处理新任务，以及检测和修复自身损伤。这表明人工智能不但具有学习能力，还有自我修复能力。

2021 年 9 月，韩国三星公司和美国哈佛大学提出一种构建智能芯片的新方法，即将大脑神经元的连接图完整地"复制粘贴"到 3D 神经形态芯片上，使类脑芯片研发更进一步。研究人员希望打造出一种接近大脑的独特计算特征的存储芯片，能够实现低功耗、轻松学习、适应环境，甚至自主和认知等功能。该成果的技术路线可能以最接近大脑本身神经元的方式实现对神经网络的构建，为类脑芯片和神经网络的构建提供了一条新的思路，如图 1-6 所示。

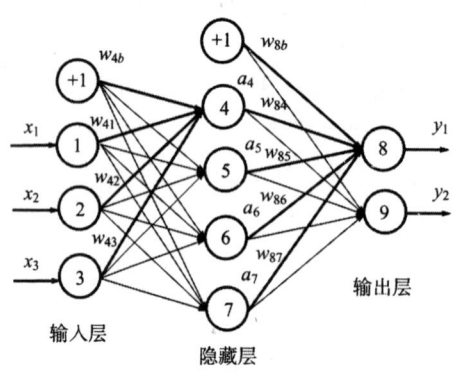

图 1-6　神经网络

2021 年 12 月 27—29 日，2021 百度 AI 开发者大会（Baidu Create 2021）与开发者和网民见面，大会在"元宇宙"产品"希壤"里举办，设置一场主论坛和 20 场分论坛。

2022 年 11 月底，人工智能对话聊天机器人 ChatGPT 推出，迅速在社交媒体上走红，短短 5 天，注册用户数就超过 100 万。

2023 年 1 月底，ChatGPT 的月活用户已突破 1 亿，成为史上增长最快的消费者应用。

2023 年 2 月 2 日，美国人工智能研究公司 OpenAI 发布 ChatGPT 试点订阅计划——ChatGPT Plus。ChatGPT Plus 将以每月 20 美元的价格提供，订阅者可获得比免费版本更稳定、更快的服务，以及尝试新功能和优化的优先权。

2023 年 2 月 2 日，Microsoft 官方公告表示，旗下所有产品将全线整合 ChatGPT，除此前宣布的搜索引擎必应、Office 外，Microsoft 还将在云计算平台 Azure 中整合 ChatGPT，Azure 的 OpenAI 服务将允许开发者访问 AI 模型。

2023 年 2 月 3 日，IT 行业的领导者们担心，大名鼎鼎的人工智能聊天机器人 ChatGPT 已经被黑客们在策划网络攻击时使用。

黑莓（Black Berry）的一份报告调查了英国 500 名 IT 行业决策者对 ChatGPT 的看法，发现超过四分之三（76%）的人认为，外国已经在针对其他国家的网络战争中使用 ChatGPT。近一半（48%）的人认为，2023 年将会出现有人恶意使用 ChatGPT 而造成"成功"的网络攻击。

2023 年 2 月 2 日，ChatGPT 的开发公司——OpenAI 顺势推出了这一应用程序的付费订阅版本。

2023 年 2 月 7 日，Microsoft 宣布推出由 ChatGPT 支持的最新版本人工智能搜索引擎 Bing（必应）和 Edge 浏览器。Microsoft CEO 表示，"搜索引擎迎来了新时代"。8 日凌晨，在华盛顿雷德蒙德举行的新闻发布会上，Microsoft 宣布将 OpenAI 传闻已久的 GPT-4 模型集成到 Bing 及 Edge 浏览器中。

2023 年 2 月 16 日，Microsoft 在旗下 Bing 搜索引擎和 Edge 浏览器中整合人工智能聊天机器人功能的举措成效初显，71% 的测试者认可人工智能优化后的 Bing 搜索结果。

近几年，人工智能飞速发展，在各个行业都得到了大量的应用，人工智能产品随处可见。从和人的融合程度来划分，人工智能的发展可以划分为以下三个阶段：

（1）"识你"阶段。让机器人或设备来认识你，知道你是谁。

（2）"懂你"阶段。让机器知道你想要什么、习惯什么、喜欢什么，知道你的日常行为，这是深度场景融合。

（3）"AI 你"阶段。人工智能能够真正为人类提供点对点的定制化的智能服务，真正进入智能时代，也是人工智能的终极目标。

1.2 人工智能的概念

人工智能是研究、开发用于模拟、延伸和扩展人的智能的理论、方法、技术及应用系统的一门新的技术科学。人工智能的一个比较流行的定义，也是该领域较早的定义，是由约翰·麦卡锡在 1956 年的达特茅斯会议上提出的：人工智能就是要让机器的行为看起来像是人所表现出的智能行为一样。

人工智能最大的特点是具有学习能力，如同人类大脑一样。一个人生下来以后，要接收外部的各种信息，经过十几年的学习，最后才能成长为一个具有一定经验的、自主学习能力的成年人。人工神经网络设计好之后，也需要经过大量的数据训练，这样才具有一定的学习能力、辨识能力、判断能力、推理能力。

1.2.1 人工智能的定义

人工智能是指使计算机具有智能水平，能够模仿人类智能，完成人类智能活动的技术与应用。人工智能涵盖了众多的技术和方法，包括机器学习、自然语言处理、计算机视觉、知识表示、推理等。

图灵测试是一种衡量人工智能是否具备智能的标准。其原理是让一个人与一个机器人或程序进行对话，如果这个人不能通过语言和其他方式来区分出这个机器人或程序是否是人类，则认为这个机器人或程序具有了智能。

整个图灵测试的过程可以分为以下几步。

（1）安排测试环境：需要选择一个有经验的人类测试者、一个机器人或程序，以及一个监督者。

（2）测试者与机器人或程序进行对话：测试者与机器人或程序进行一段时间的自由对话，可以涉及任何主题。

（3）监督者进行评估：监督者根据测试者的反馈来评估机器人或程序是否能够像人类一样回答问题、理解问题以及表达思维。

（4）判断测试结果：如果测试者无法通过语言和其他方式来区分出机器人或程序是否是人类，则认为机器人或程序通过了图灵测试。

需要注意的是，图灵测试并不能完全代表智能的全部表现，但它可以帮助我们判断人工智能的基本表现是否与人类相似。

关于如何界定机器智能，早在人工智能学科还未正式诞生之前的 1950 年，计算机科学创始人之一的英国科学家艾伦·麦席森·图灵就提出了现在称为"图灵测试"的方法。在图灵测试中，一个人类测试员会使用电子传输设备,通过文字与密室里的一台机器和一个人自由对话，如果测试员无法分辨与之对话的两个对象，则参与对话的机器就被认为具有智能。1952 年，图灵还提出了更具体的测试标准：如果一台机器能在 5 分钟之内骗过 30%以上的测试员，使测试员不能辨别其机器的身份，就可以判定它通过了图灵测试。

　　判断一台机器是否具有人工智能是一个复杂的问题，其中著名的图灵测试是一个早期的尝试。该测试通过让一台机器与人类展开对话，让提问者随意提问并试图分辨答案是由人还是机器提供的。如果在多次测试中有超过30%的提问者认为回答来自人而不是机器，那么机器就可以被认为具有人工智能。图灵测试的关键在于，机器需要能够以人类相似的方式思考和表达，以至于提问者难以区分机器和人类之间的差异。然而测试也有其局限性，因为它无法判断机器的真正智能程度，而只能够检测机器是否能够有效地模拟人类思维和行为。此外，测试的结果也受到提问者提问方式和范围的影响。因此，它并不能被视为确定机器是否具有人工智能的唯一标准。

　　图灵采用"问"与"答"模式，即观察者通过控制打字机向两个测试对象通话，其中一个是人，另一个是机器。要求观察者不断提出各种问题，从而辨别回答者是人还是机器。图灵还为这项测试亲自拟定了以下几个示范性问题。

　　问：请给我写出有关"第四号桥"主题的十四行诗。

　　答：不要问我这道题，我从来不会写诗。

　　问：34957 加 70764 等于多少？

　　答：（停 30 秒后）105721。

　　问：你会下国际象棋吗？

　　答：是的。

　　问：我在我的 K1 处有棋子 K；你仅在 K6 处有棋子 K，在 R1 处有棋子 R。轮到你走，你应该下哪步棋？

　　答：（停 15 秒钟后）棋子 R 走到 R8 处，将军！

　　图灵指出："如果机器在某些现实的条件下，能够非常好地模仿人回答问题，以至于提问者在相当长的时间里误认它不是机器，那么机器就可以被认为是能够思维的。"

　　从表面上看，要使机器回答按一定范围提出的问题似乎没有什么困难，可以通过编制特殊的程序来实现。然而，如果提问者并不遵循常规标准，那么编制回答的程序是极其困难的。例如，提问与回答可能呈现出下列状况。

　　问：你会下围棋吗？

　　答：是的。

　　问：你会下围棋吗？

　　答：是的。

　　问：请再次回答，你会下围棋吗？

　　答：是的。

　　你多半会想到，面前的这位是一台笨拙的机器。如果提问与回答呈现出另一种状态。

　　问：你会下围棋吗？

　　答：是的。

　　问：你会下围棋吗？

　　答：是的，我不是已经说过了吗？

　　问：请再次回答，你会下围棋吗？

　　答：你烦不烦，干嘛老提同样的问题。

那么，你面前的这位，大概是人而不是机器。上述两种对话的区别在于，第一种可明显地感到回答者是从知识库里提取简单的答案；第二种则具有分析综合的能力，回答者知道观察者在反复提出同样的问题。图灵测试没有规定问题的范围和提问的标准，如果想要制造出能通过试验的机器，则必须在计算机中储存人类所有可以想到的问题、对这些问题的所有合乎常理的回答，还需要理智地做出选择。

当然，人工智能发展到现在的阶段，机器肯定可以对类似的问题做出反应，例如"这个问题你已经问过三遍了，不要再问啦！"。

以上是人工智能领域一些学者及前辈从不同角度对人工智能所做的定义。人工智能的含义广泛，具有不同学科背景的人工智能学者会对其有不同的理解，并提出不同的定义。综合各种对人工智能的不同理解，可以从能力和学科两个角度对人工智能进行定义。

从能力角度考虑，人工智能是指用人工的方法在智能机器上实现类似于人类智能的行为，包括感知识别、学习思考、判断证明、推理设计、规划行动等。它是相对于人类智能而言的。

从学科角度考虑，人工智能是一门综合性的交叉学科和边缘学科，几乎涵盖了自然科学和社会科学的所有学科，是一门研究如何构造智能机器或智能系统，以模拟、延伸和扩展人类智能的学科。

1.2.2 人工智能的分类

人工智能可以按照不同的分类方式进行划分，例如按照功能可分为专家系统、机器学习、自然语言处理等。人工智能还可以按照不同的学科领域进行划分，如计算机科学、心理学、哲学等。

人工智能按照其智能程度可以分为弱人工智能、强人工智能和超人工智能三个层次。

弱人工智能又称限制领域人工智能或应用型人工智能，是只擅长解决特定领域问题的人工智能。战胜世界围棋冠军的人工智能 AlphaGo 就属于弱人工智能，尽管其在围棋对决中很强大，但面对其他问题，如股市预测等，将会束手无策。强人工智能又称通用人工智能或完全人工智能，它不受领域的限制，能够胜任人类所有的工作。超人工智能将会是超越人类存在的人工智能，它比最聪明的人还要聪明能干。目前，各种应用及实现的几乎都是弱人工智能。

1. 弱人工智能

弱人工智能（Artificial Narrow Intelligence，ANI）是只具有某个方面能力的人工智能。弱人工智能是人类已经掌握的技术，它往往只擅长某一方面的工作，无论是可以预约烧饭的电饭煲，还是会聊天的机器人，都属于此列。从原则上说，弱人工智能只能在行为上表现出"具有人类智力"的特点，但它在实现功能时，依靠的还是提前编写好的运算程序。

我们身边的弱人工智能应用有很多，例如智能音箱，它具有语音识别功能，可以根据指令要求播放故事或歌曲，可以定时，可以提醒主人相关事宜；智能手机上的购物软件，可以分析用户购物习惯、搜索记录，从而进行个性化推送；扫地机器人会自动规划路径，它能听懂语音指令，能够自动充电等。

2. 强人工智能

强人工智能（Strong AI）认为有可能制造出真正能推理和解决问题的智能机器，并且，这样的机器将被认为是有知觉和自我意识的。它可以独立思考问题并制定解决问题的最优方案，有自己的价值观和世界观体系，有和生物一样的各种本能，如生存和安全需求。强人工智能在某种意义上可以看作一种新的文明。

强人工智能是一种类似于人类的人工智能,具体是指在各个方面都可以与人类比肩的人工智能,也就是人类可以做的事情,强人工智能都可以做。它是一种宽泛的心理能力,要能够进行计划部署、解决问题、理解各种概念等操作。想要创造这种强人工智能目前还是很有难度的。

3. 超人工智能

超人工智能(Artificial Super Intelligence,ASI)是基本在所有领域比人类的大脑都要强的人工智能,包括社交能力、科技创新等,不过在发展人工智能的同时,也要把握一个度。超人工智能目前仍然只是一个概念,还没有证据表明人类可以研究出一个可以全方位超越自己的机器。

1.2.3 人工智能的应用

人工智能已经在许多领域得到广泛应用,以下是几个主要领域的具体应用。

1. 智能制造

智能制造是一种利用人工智能技术和先进制造技术实现生产自动化、数字化和智能化的制造业。以下是智能制造的具体应用。

(1)智能工厂:利用自动化设备和人工智能技术实现生产过程的智能化和自动化控制,提高生产效率和质量。

(2)数字化生产:利用数字化技术对生产过程进行模拟、优化和管理,实现生产数字化和智能化控制。

(3)人工智能质量控制:利用人工智能技术对生产过程中的质量进行预测和控制,提高产品质量和一致性。

(4)智能仓储:利用物联网技术和人工智能技术实现仓储管理的智能化和自动化控制,提高仓储效率和减少错误率。

(5)智能物流:利用物联网技术和人工智能技术实现物流过程的智能化和自动化控制,提高物流效率和减少错误率。

(6)智能设计:利用计算机辅助设计和虚拟现实技术进行产品设计和优化,提高设计效率和质量。

(7)人机协作:利用智能机器人和人工智能技术实现人机协作和协同工作,提高生产效率和减少错误率。

智能制造可以应用于多种场景,实现生产自动化、数字化和智能化控制,提高生产效率、质量和可靠性,降低生产成本和环境污染,推动制造业的升级和发展。

智能制造技术利用计算机模拟制造业领域专家的分析、判断、推理、构思和决策等智能活动,并将这些智能活动和智能机器融合起来,贯穿应用于整个制造企业的子系统(经营决策、采购、产品设计、生产计划、制造装配、质量保证和市场销售等),以实现整个制造企业经营运作的高度柔性化和高度集成化,从而取代或延伸制造环境领域专家的部分脑力劳动,并对制造业领域专家的智能信息进行收集、存储、完善、共享、继承和发展,是一种极大提高生产效率的先进制造技术。

2. 智能教育

智能教育是一种利用人工智能技术和先进的教育技术实现教学自适应、个性化和智能化的教育方式。以下是智能教育的具体应用。

（1）智能辅导：利用人工智能技术和大数据分析，为学生提供智能化的辅导服务，帮助学生更好地掌握知识点和提高学习成绩。

（2）个性化教学：利用人工智能技术对学生的学习状态和兴趣进行分析和预测，为学生提供个性化的教学服务，满足学生的不同需求。

（3）智能评估：利用人工智能技术对学生的学习情况进行分析和评估，为教师提供智能化的评估服务，帮助教师更好地了解学生的学习情况。

（4）教学管理：利用人工智能技术对教学过程进行管理和优化，提高教学效率和质量。

（5）智能化实验：利用虚拟现实技术和人工智能技术，为学生提供智能化的实验平台，帮助学生更好地了解实验原理和进行实验操作。

（6）在线教育：利用互联网和人工智能技术，为学生提供在线教育服务，帮助学生更方便地获取教育资源和进行学习。

（7）智能化课堂：利用互联网和人工智能技术，为学生提供智能化的课堂服务，实现教学自适应和智能化控制。

智能教育可以应用于多种场景，实现教学自适应、个性化和智能化控制，提高学习效率、质量和趣味性，满足学生的不同需求，推动教育的升级和发展。智能教育是指国家实施《新一代人工智能发展规划》《中国教育现代化 2035》《高等学校人工智能创新行动计划》等人工智能多层次教育体系的人工智能教育。

2019 年 3 月 19 日，"智能教育战略研究"研讨会在北京召开，会议重点围绕智能教育基本科学问题、关键核心技术、重要应用示范等展开讨论。开展智能教育战略研究是落实《新一代人工智能发展规划》《中国教育现代化2035》《高等学校人工智能创新行动计划》，推进智能教育发展的具体行动，旨在探讨智能教育基本科学问题、关键核心技术、重要应用示范等，提出智能教育发展建议，加快推进人工智能与教育的深度融合和创新发展。

人工智能和教育的结合在一定程度上可以改善教育行业师资分布不均衡、费用高昂等问题，从工具层面给师生提供更高效的学习方式。例如通过图像识别，可以进行机器批改试卷；通过语音识别，可以纠正、改进发音；通过人机交互，可以进行在线答疑解惑等。智能教育体验区如图 1-7 所示。

图 1-7　智能教育体验区

3. 智能家居

智能家居是指利用物联网技术和人工智能技术将家居设备连接起来，实现智能化控制和管理的家居系统。以下是智能家居的具体应用。

（1）智能照明：利用智能化灯具和传感器，根据室内光线和人的活动状态，实现智能化的照明控制和管理，提高照明效率和舒适度。

（2）智能安防：利用智能化摄像头、传感器和门锁，实现智能化的安防控制和管理，提高家庭安全性和便利性。

（3）智能家电：利用智能化家电设备，实现远程控制和管理，提高家庭生活效率和便利性。

（4）智能空调：利用智能化空调设备和传感器，实现智能化的温度控制和管理，提高家庭空气质量和舒适度。

（5）智能窗帘：利用智能化窗帘设备和传感器，根据室内光线和人的活动状态，实现智能化的窗帘控制和管理，提高家庭生活便利性和舒适度。

（6）智能音响：利用智能化音响设备，实现远程控制和管理，提高家庭生活娱乐效果和便利性。

（7）智能厨房：利用智能化厨房设备，如智能化厨具和智能化垃圾桶，实现智能化的厨房控制和管理，提高家庭生活效率和便利性。

智能家居可以应用于多种场景，实现家居智能化控制和管理，提高家庭生活效率、便利性和舒适度，为人们带来更加智能化的生活方式。

智能家居主要是基于物联网技术和人工智能技术，通过智能硬件和软件系统、云计算平台构成一套完整的家居生态圈。用户可以远程控制设备，设备间可以互联互通，并进行自我学习等，从而整体优化家居环境的安全性、节能性、便捷性。

近年来，随着智能语音技术的发展，智能音箱成为一个爆发点。智能音箱不仅是音响产品，同时也是涵盖了内容服务、互联网服务及语音交互功能的智能化产品，不仅具备 Wi-Fi 连接功能，可以提供音乐、有声读物等内容服务及信息查询、网购等互联网服务，还能与智能家居连接，实现场景化智能家居控制。

4. 智能金融

智能金融是利用人工智能、大数据分析、自然语言处理等先进技术，对金融领域进行智能化改造和优化，提高金融服务效率和风险控制水平的一种应用。以下是智能金融的具体应用。

（1）风险管理：利用大数据和人工智能技术，对风险评估和预测进行智能化分析，提高金融机构的风险管理能力和效率。

（2）个性化投资：利用人工智能技术和大数据分析，对个人投资者的投资偏好、风险承受能力和收益目标进行分析，为他们提供个性化的投资建议和服务。

（3）智能客服：利用自然语言处理技术和人工智能技术，实现智能客服，为客户提供快速、准确、便利的金融服务。

（4）信贷风控：利用大数据和人工智能技术，对客户的信用评估和信贷风险进行智能化分析和控制，提高信贷风险管理水平。

（5）金融交易智能化：利用人工智能技术和大数据分析，对金融市场进行智能化分析和预测，提高交易效率和准确性。

（6）移动支付：利用移动支付技术和人工智能技术，实现智能支付，提高支付的安全性和便捷性。

智能金融可以应用于多个领域，提高金融服务的效率、准确性和可靠性，为客户提供更加智能化、便捷化、个性化的金融服务。

人工智能的产生和发展，改变了经济行业的很多状况，不仅促进了金融机构服务的主动性、智慧性，有效提升了金融服务效率，而且提高了金融机构风险管控能力，为金融产业的创新发展带来了积极影响。人工智能在金融领域的应用主要包括身份识别、大数据风控、智能投顾、智能客服、金融云等，金融行业也是人工智能渗透最早、最全面的行业。

5. 智能视觉

智能视觉是一种基于计算机视觉、图像处理和机器学习等技术，对图像和视频进行自动化分析和处理的应用。它可以识别、分析和理解图像和视频中的各种对象、场景和特征，并提供相应的决策和建议。以下是智能视觉的具体应用。

（1）人脸识别：利用智能视觉技术对人脸进行识别和验证，可用于门禁、身份认证、安防等领域。

（2）视频监控：利用智能视觉技术对视频进行监控和分析，可用于安防、交通管理、工业监控等领域。

（3）物体识别：利用智能视觉技术对物体进行识别和分类，可用于物流、仓储管理、智能家居等领域。

（4）行为分析：利用智能视觉技术对人或物体的行为进行分析和识别，可用于交通管理、安防、广告投放等领域。

（5）无人驾驶：利用智能视觉技术对路况、交通标志、行人等进行识别和分析，可用于自动驾驶汽车和智能交通系统。

（6）医疗影像分析：利用智能视觉技术对医疗影像进行分析和诊断，可用于辅助医生进行疾病诊断和治疗。

智能视觉可以应用于多个领域，为各行各业提供智能化的图像处理、视频分析和处理服务，提高工作效率和精度，为人类生活和生产带来更多的便利和效益。

计算机视觉的研究重点是使计算机能像人一样观察和感知世界。计算机视觉的核心任务就是对图像进行理解、场景分类、目标识别、图像分类、目标定位、目标检测、语义分割、三维重建、目标跟踪等。近几年，深度学习的出现促进了计算机视觉研究的飞速发展。目前，安全、娱乐、营销、金融、医疗等是计算机视觉技术最先落地的商业化领域。可见，计算机视觉将会在未来的生活中随处可见。

6. 智能工业

智能工业是一种利用人工智能技术来提高生产效率、质量和可靠性的制造业。以下是智能工业的具体应用。

（1）工业机器人：利用智能机器人完成自动化的生产制造，可以减少人工操作的烦琐和危险，提高生产效率和质量。

（2）自动化生产线：利用智能控制系统实现生产流程的自动化控制和调度，提高生产效率和质量。

（3）智能制造：利用人工智能技术对生产制造过程进行优化和管理，提高生产效率和产品质量，降低生产成本。

（4）预测性维护：利用数据分析和人工智能技术对设备运行的数据进行分析和预测，提前预防设备故障并进行维护，降低停机时间和维修成本。

（5）质量控制：利用智能传感器、数据分析和人工智能技术实现质量控制，提高产品的一致性和质量。

（6）能源管理：利用智能传感器和人工智能技术实现能源消耗的实时监测和管理，降低能源成本和环境污染。

（7）虚拟仿真：利用虚拟仿真技术对生产制造过程进行模拟和优化，提高生产效率和质量。

人工智能在工业领域的应用主要有三个方面：首先是智能装备，包括自动识别设备、人机交互系统、工业机器人及数控机床等具体设备；其次是智能工厂，包括智能设计、智能生产、智能管理及集成优化等具体内容；最后是智能服务，包括大规模个性化定制、远程运维及预测性维护等具体服务模式。虽然目前人工智能的解决方案尚不能完全满足制造业的要求，但作为一项通用性技术，人工智能与工业制造业的融合是大势所趋。智能工业可以应用于多种场景，实现自动化控制、数据分析和预测、质量控制等多种功能，提高生产效率、质量和可靠性，降低生产成本和环境污染，推动制造业的升级和发展。

7. 智能农业

人工智能可以通过分析农田的土壤和气象等数据，来预测农作物的生长和产量，并提供针对性的农业管理建议。例如，通过利用图像识别技术，人工智能可以自动识别农作物的生长情况和病虫害情况，并及时采取相应的措施，从而提高农作物的产量和品质。以下是智能农业的具体应用。

（1）精准农业：利用传感器、物联网、卫星遥感等技术，结合人工智能算法，可以实现对农田的监测和精准施肥、灌溉等管理。例如，人工智能可以分析土壤的营养和含水量，从而为农作物提供精准的施肥和灌溉方案，提高农作物的生长速度和质量。

（2）农产品质量检测：利用图像识别、语音识别等技术，人工智能可以对农产品进行快速、准确的质量检测，从而保证农产品的品质和安全。例如，人工智能可以通过图像识别技术对水果和蔬菜的外观、大小、颜色等进行检测，快速识别出有缺陷的产品。

（3）农业机器人：利用机器人技术和人工智能算法，可以实现自动化的农业生产和管理。例如，可以使用农业机器人进行农作物的自动化种植、采摘和除草等作业，从而降低人工成本，提高生产效率和品质。

人工智能在智能农业方面的应用可以提高农业生产效率、降低成本、保障农产品品质和安全，对农业的可持续发展具有重要意义。

8. 智能安防

智能安防是一种利用人工智能技术来提高安全性和便捷性的安全系统。以下是智能安防的具体应用。

（1）视频监控：利用摄像头进行视频监控，可以在实时或回放时段内获取视频画面，对进入和离开区域的人员和车辆进行识别和分析。

（2）门禁系统：采用智能门禁系统可以通过人脸识别、指纹识别、卡片识别等多种方式实现安全出入控制。

（3）人脸识别：利用人脸识别技术对人员进行身份验证或识别，可以应用于安保系统、考勤管理系统、人脸支付等多种场景。

（4）车牌识别：利用车牌识别系统可以自动识别车辆，实现车辆出入管理、停车场收费等功能。

（5）环境监测：利用传感器等设备对温度、湿度、烟雾、气体等环境因素进行实时监测，及时报警并采取措施。

（6）消防安全：利用智能安防设备实时监测建筑内火源等危险因素，及时发出警报并采取灭火措施。

（7）机器人安保：利用安保机器人进行实时监测和巡逻，可以有效减少人力成本，提高安全效率。

智能安防可以应用于多种场景，实现安全控制、环境监测、报警处理等多种功能，提高人们的生活安全性和便捷性。

人工智能在许多领域都有着广泛的应用，随着技术的进步和算法的优化，其应用范围还将不断扩大和深入。

人工智能已在机器视觉、指纹识别、人脸识别、视网膜识别、虹膜识别、掌纹识别、专家系统、自动规划、智能搜索、定理证明、博弈、自动程序设计、智能控制、机器人学、语言和图像理解、遗传编程等诸多领域得到了应用，尤其是在自然科学研究中发挥的作用很大。与此同时，人工智能也对人类社会生活、政治经济、科学技术等方面产生了巨大且深刻的影响。未来，人工智能必将和各行各业紧密结合，给各个行业带来巨大变化，"人工智能+应用"是未来的发展趋势。

1.2.4 人工智能的研究方向

人工智能的研究方向包括机器学习、自然语言处理、计算机视觉、机器学习系统和平台以及人工智能的伦理和社会影响等方面。未来的研究将会更加注重将人工智能技术与现实应用场景相结合，以解决更加复杂和现实的问题，并注重人机共生的理念，实现人工智能与人类的和谐共处。

人工智能是一门涉及多个领域的交叉学科，包括计算机科学、数学、统计学、心理学、哲学等。人工智能的研究方向非常广泛，以下是其典型的研究方向。

1. 机器学习

机器学习是人工智能的核心技术之一，涉及如何通过数据来训练机器学习模型，从而实现各种任务。机器学习包括监督学习、无监督学习、强化学习等方法。机器学习是人工智能的重要技术之一，通过使用数学和统计学方法，让计算机能够从数据中自动学习，并基于学习到的模型进行决策和预测。以下是机器学习的研究方向。

（1）决策树（Decision Tree，DT）：指在已知各种情况发生概率的基础上，通过构成决策树来求取净现值的期望值大于或等于零的概率，评价项目风险，判断其可行性的决策分析方法，是直观运用概率分析的一种图解法。由于这种决策分支画成图形后很像一棵树的枝干，故称决策树。

（2）随机森林（Random Forest，RF）：作为机器学习重要算法之一，是一种利用多个树分类器进行分类和预测的方法。近年来，随机森林算法研究的发展十分迅速，已经在生物信息学、生态学、医学、遗传学、遥感地理学等多领域开展应用性研究。

（3）人工神经网络（Artificial Neural Network，ANN）：一种具有非线性适应性信息处理能力的算法，可克服传统人工智能方法对于直觉，如模式、语音识别、非结构化信息处理方面的缺陷。早在 20 世纪 40 年代，人工神经网络已经受到关注，并随后得到迅速发展。

（4）贝叶斯学习：机器学习较早的研究方向，其方法最早起源于英国数学家托马斯·贝叶斯在 1763 年所证明的一个关于贝叶斯定理的特例。经过多位统计学家的共同努力，贝叶斯统计在 20 世纪 50 年代之后被逐步建立起来，成为统计学中一个重要的组成部分。

2. 自然语言处理

自然语言处理（Natural Language Processing，NLP）是人工智能领域的一个重要分支，它旨在让计算机能够理解、处理和生成人类语言。自然语言处理技术在机器翻译、文本分类、情感分析、语音识别、问答系统等领域得到了广泛应用，也是人工智能领域中的一个热门研究方向。以下是自然语言处理的研究方向。

（1）语音识别：自然语言处理中的一个重要研究方向，涉及声学模型、语言模型、声学特征提取、后处理等多个方面。目前，语音识别技术已经在智能音箱、语音助手等领域得到了广泛应用。

（2）机器翻译：自然语言处理中的一个重要应用方向，其研究方向涉及词对齐、短语对齐、语言模型、翻译模型等方面。目前，神经机器翻译已经成为机器翻译领域的一个热门研究方向。

（3）文本生成：自然语言处理中的一个研究方向，其目标是利用机器生成符合语言习惯的文本。文本生成的研究方向包括基于规则的生成、基于统计的生成和基于深度学习的生成等。

（4）情感分析：自然语言处理中的一个重要研究方向，其目标是自动检测和分析文本中的情感倾向。情感分析的研究方向包括情感词典的构建、情感分类算法的设计等。

（5）问答系统：自然语言处理中的一个重要研究方向，其目标是实现自动问答。问答系统的研究方向包括知识图谱的构建、问答匹配算法的设计等。

除此之外，自然语言处理还涉及词向量表示、句法分析、语义分析等多个研究方向。随着技术的不断进步和应用场景的扩展，自然语言处理的研究方向也在不断扩展和深入。

3. 计算机视觉

计算机视觉（Computer Vision）是人工智能领域的一个重要分支，旨在让计算机能够理解和分析图像或视频数据。计算机视觉技术已经在人脸识别、图像搜索、自动驾驶、机器视觉等领域得到了广泛应用。以下是计算机视觉的研究方向。

（1）目标检测：计算机视觉中的一个重要研究方向，其目标是在图像或视频中自动检测出目标物体。目标检测的研究方向包括目标检测算法的设计、物体跟踪算法的设计等。

（2）图像分割：计算机视觉中的一个重要研究方向，其目标是将图像分成若干个区域，每个区域内具有相似的颜色和纹理特征。图像分割的研究方向包括基于图论的分割算法、基于深度学习的分割算法等。

（3）图像识别：计算机视觉中的一个重要研究方向，其目标是让计算机能够识别图像中的物体、场景等信息。图像识别的研究方向包括特征提取算法、分类算法等。

（4）3D 视觉：计算机视觉中的一个重要研究方向，其目标是从多个视角获取图像数据，并重建三维模型。3D 视觉的研究方向包括多视角几何、立体视觉算法等。

（5）动作识别：计算机视觉中的一个重要研究方向，其目标是识别人类或物体的动作。动作识别的研究方向包括基于特征的动作识别算法、基于深度学习的动作识别算法等。

（6）机器视觉：机器视觉作为实现工业自动化和智能化的关键核心技术，正成为人工智能发展最快的一个分支。机器视觉对于人工智能的意义，正如眼睛之于人类的价值，重要性不言而喻。本质上，机器视觉是图像分析技术在工厂自动化中的应用，通过使用光学系统、工业数字相机和图像处理工具，来模拟人的视觉能力，并作出相应的决策，最终通过指挥某种特定的装置执行这些决策。简单来说，机器视觉就是用机器代替人眼，对事物进行观察、测量和判断。

除此之外，计算机视觉还涉及人脸识别、视频分析、图像增强等多个研究方向。随着技术的不断进步和应用场景的扩展，计算机视觉的研究方向也在不断扩展和深入。

4. 知识图谱

知识图谱（Knowledge Graph）是人工智能领域中的一个重要分支，旨在将结构化和半结构化的数据转换成可被机器理解和应用的知识。知识图谱不仅可以用于自然语言处理、语义搜索和推荐系统等领域，还可以在医疗健康、智能交通等领域得到广泛应用。以下是知识图谱的研究方向。

（1）知识表示与推理：知识表示是知识图谱中的重要组成部分，其目标是将知识转换成可被机器理解的形式。知识推理则是基于知识图谱进行逻辑推理，进一步挖掘出知识之间的关系和联系。

（2）实体链接：知识图谱中的一个重要研究方向，其目标是将文本中的实体链接到知识图谱中的实体上。实体链接的研究方向包括基于规则的链接算法、基于机器学习的链接算法等。

（3）知识抽取：指从文本数据中抽取出结构化的知识，构建知识图谱的过程。知识抽取的研究方向包括实体抽取、关系抽取等。

（4）知识表示学习：指通过机器学习算法学习实体和关系的表示，进一步加强知识图谱的表示和推理能力。知识表示学习的研究方向包括基于图神经网络的表示学习算法、基于知识库的表示学习算法等。

（5）知识图谱构建与维护：知识图谱中的一个重要研究方向，它包括知识图谱数据的质量控制、知识图谱更新算法的设计等。

除此之外，知识图谱还涉及问答系统、智能客服、知识图谱可视化等多个研究方向。随着知识图谱技术的不断进步和应用场景的扩展，知识图谱的研究方向也在不断扩展和深入。

5. 量子计算

量子计算是新兴的计算技术，它利用量子比特的特性，能够在一些特定的问题上比传统计算机更加高效。量子计算的发展对于人工智能的进一步发展也具有重要意义。

量子计算是基于量子力学原理的一种新型计算方法，相较于传统计算方法，具有更高的计算效率和处理能力。以下是量子计算的研究方向。

（1）量子算法：指用量子位和量子门操作来实现计算的算法。量子计算机在某些问题上可以比传统计算机更高效地完成计算，因此研究者正在探索和发展各种新的量子算法，如 Shor 算法、Grover 算法等。

（2）量子编码与量子纠错：量子位在量子计算中易受干扰，导致计算出错。因此，量子编码和量子纠错技术可以有效提高量子计算机的稳定性和可靠性。

（3）量子通信：指利用量子力学原理实现信息传输的技术。与传统的加密方法不同，量子通信不容易被攻击者窃听或破解，因此可以实现更高的信息安全性。

（4）量子模拟：指利用量子计算机来模拟量子系统的行为。量子模拟可以帮助科学家更好地理解和研究量子系统，也可以应用于材料科学、药物研发等领域。

（5）量子硬件设计与实现：研究者正在不断改进量子计算机的硬件设计和实现方法，如利用超导电路、离子阱等不同的物理实现方式。

随着量子计算技术的不断发展，还有许多其他的研究方向和应用场景也在不断涌现，如量子人工智能、量子化学、量子生物学等。

人工智能涉及多个方向和领域，如深度学习、机器学习、自然语言处理、计算机视觉、智能机器人、知识图谱、量子计算等。这些方向和领域不断交叉和融合，为人工智能的进一步发展提供了更广阔的空间和更丰富的可能性。这些研究对象都是为了实现人工智能的各种应用场景，如智能机器人、自动驾驶汽车、语音识别、智能医疗诊断等。

通过对这些研究对象的深入探索和研究，研究者们可以不断丰富和提升人工智能的理论基础和应用能力，推动人工智能技术的发展和创新。此外，随着新的技术和应用场景的出现，人工智能的研究对象也将不断增加和扩展。

中国共产党第二十次全国代表大会报告（以下简称二十大报告）中提到，加强人工智能领域创新发展，构建以数据为驱动的人工智能发展新格局。报告指出，要深入推进人工智能与实体经济深度融合，提高人工智能应用水平和质量，加强人工智能创新生态建设，培育人工智能发展新动能。报告同时指出，要加强基础理论研究，推进人工智能技术集成创新，推动构建多学科、跨领域的人工智能研究体系，推动产学研用协同创新。同时，要积极探索人工智能和新基建、新型城镇化、新型农业、新能源、新材料等融合创新发展，推动人工智能在生态环境保护、公共安全、医疗健康等领域的应用。报告强调，要加强人才队伍建设，深化人工智能人才培养、引进和流动机制，加强人工智能人才评价、激励和保障，打造一支高素质、有创新能力的人工智能人才队伍。

二十大报告中提出了加强人工智能领域创新发展，构建以数据为驱动的人工智能发展新格局的重要方向，强调了人才培养、技术创新和应用推广等关键环节的重要性，为我国的人工智能发展指明了方向和路径。

习　　题

1. 以下哪项最符合人工智能的定义？（　　）
    A．一种新型的机器人技术
    B．计算机系统能够表现出与人类类似的智能行为的能力
    C．一种模拟人类思维的系统
    D．一种新型的编程语言
2. 以下哪项是人工智能的基础算法之一？（　　）
    A．语音合成　　　　　　　　B．数据分析
    C．计算机视觉　　　　　　　D．神经网络

3．以下哪项是深度学习算法的常用网络结构？（　　）
   A．决策树 B．卷积神经网络
   C．朴素贝叶斯 D．K近邻
4．以下哪项是自然语言处理算法的应用？（　　）
   A．语音识别 B．图像识别 C．文字识别 D．语音合成
5．智能客服是人工智能的哪个应用领域？（　　）
   A．智能家居 B．智能医疗 C．智能金融 D．智能服务
6．人工智能伦理问题是指什么？（　　）
   A．人工智能的技术原理 B．人工智能的应用场景
   C．人工智能的道德和伦理问题 D．人工智能的商业模式
7．以下哪项是人工智能未来发展的挑战之一？（　　）
   A．技术突破不足 B．数据不足
   C．缺乏人才 D．人工智能系统容易被攻击
8．以下哪项是人工智能未来的应用前景之一？（　　）
   A．无人驾驶 B．智能游戏
   C．智能家居 D．智能制造
9．人工智能技术对以下哪个领域的发展影响最大？（　　）
   A．科学研究 B．工业制造 C．社会服务 D．商业管理
10．以下哪个领域是人工智能目前发展最为迅速的？（　　）
   A．计算机视觉 B．语音识别
   C．自然语言处理 D．机器学习

第 2 章　人工智能的核心技术

山本一成在《你一定爱读的人工智能简史》中，向读者介绍了人工智能的三大核心技术，分别是机器学习、深度学习以及强化学习。这三项技术代表着智能生物的三项能力，分别是自我学习能力、抽象思考能力以及预测和判断能力。他发明的 PONANZA 程序与美国 IBM 公司的超级国际象棋计算机"深蓝"，以及 Google 旗下的 AlphaGo 并称为人工智能史上的三大标杆。

2.1　机器学习

2.1.1　概述

上学时都听过这样一句话："你要是自己不学，神仙都教不了。"这句话强调的是学生对于学习具有主观能动性，只有学生想学，老师才能教得进去。

对于计算机来说，机器学习就是赋予它"主观能动性"。在机器学习技术普及之前，计算机学什么以及能学到什么程度完全取决于设计者教它什么以及教到什么程度。例如棋类游戏，只有程序员把棋谱变成数据，输入计算机之后，计算机才能学会棋谱。

棋类游戏已经诞生上千年，知名棋局不胜枚举。可以推导出来的棋局数量犹如恒河之沙，单单依靠程序员的力量是无法将所有棋局教给计算机的。如果让计算机依靠穷举法去下棋，这不属于人工智能。

因此，机器学习技术对于人工智能来说非常重要，机器学习技术的重要意义在于让计算机由原来的"要我学"变成现在的"我要学"，如图 2-1 所示。在引入机器学习技术之前，计算机的学习速度受限于程序员的输入速度，引入机器学习技术之后，人工智能的学习速度提升到了指数级。

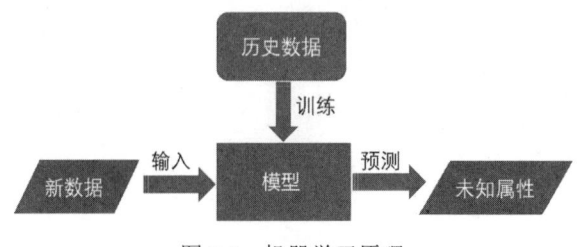

图 2-1　机器学习原理

机器学习是一门多学科交叉专业,涵盖概率论知识、统计学知识、近似理论知识和复杂算法知识,使用计算机作为工具并致力于真实、实时地模拟人类学习方式,并将现有内容进行知识结构划分来有效提高学习效率。

机器学习有以下几种定义。

(1)机器学习是一门人工智能的科学,该领域的主要研究对象是人工智能,特别是如何在经验学习中改善具体算法的性能。

(2)机器学习是对能通过经验自动改进的计算机算法的研究。

(3)机器学习是用数据或以往的经验,以此优化计算机程序的性能标准。

机器学习在目前的电子商务领域应用广泛,假设在线下看到一个小音箱很精致,想买同款,那么可以先拍一张这个小音箱的照片,然后打开淘宝在线下的拍照搜索功能,就可以找到这个小音箱的同款,如图2-2所示。这里就用到了机器学习中的图像识别技术。但是往往与这个小音箱相近的款式非常多,需要把这些款式按照一定的规则进行排序,这就涉及机器学习算法模型的训练。通过这个模型,把所有的类似款式进行排名,最后就得出了最终的展示顺序。

(a)相机拍照

(b)对准商品拍照

(c)搜索出商品

图 2-2 淘宝的拍照搜索功能

当然,通常通过键盘输入要搜索的商品,也可以通过语音的方式输入内容,这就是语音转文本的运用,也是机器学习算法的应用。

在我们搜索一款产品之后,淘宝网页下方会出现商品推荐列表,而且每个用户的推荐列表都是不同的。这依据的是推荐系统后台的用户画像,而用户画像就是大数据和机器学习算法的典型应用,通过挖掘用户的特征,如性别、年龄、收入情况和爱好等,推荐用户可能购买的商品,做到个性化推荐,这也是机器学习算法的应用。

用户成功下单之后,商品就被安排配送。目前,除了少数偏远地区,基本5天之内用户就可以收到商品。这段时间包含了商品的包装、从库存发货到中转库存、从低级仓库到高级仓库配送、向下分发。这些工序能够在短时间内完成的原因是仓储在库存方面已经提前进行了需求量预测，提前在可能的需求地附近备货，这套预测算法也是建立在机器学习算法基础之上的。

快递员拿到货物，打开地图导航，系统已经为他设计了配送的路径。这个路径避免了拥堵而且尽量把路线设计为最短距离，这也是通过机器学习算法来计算的。

上面列举的只是机器学习算法应用场景中的一小部分，随着数据的积累，机器学习算法可以渗透到各行各业，并且在行业中发挥巨大的作用。未来随着算法和计算能力的发展，机器学习在金融、医疗、教育、安全等领域会有更深层次的应用。

2.1.2 机器学习研究

在人工智能体系中，机器学习是一种实现人工智能的方法和手段，即以机器学习为手段解决人工智能中的问题。机器学习理论主要是设计和分析让计算机可以自动学习的算法。

简单来说，机器学习就是让计算机模拟人的学习行为，自动地通过学习行为学会归纳和总结，获取知识和技能，并不断改善自身的性能，成为具有智能的机器；或者说让计算机也具有自我学习能力，并具有完成仅通过编程无法完成的任务的能力，具有模拟人类认知和应用能力的一种技术。

机器模拟人类认知的过程，就是机器自我学习的过程。机器学习的结果就是让机器像人类一样自主综合判断并给出答案，而不是依靠人类告诉计算机具体做什么。

机器学习研究包括以下几个方面。

（1）学习机理的研究：研究人类学习机制，即人类获取知识、技能和推理的能力。

（2）学习方法的研究：研究人类学习过程，探索各种可能的学习方法（手段）。

（3）学习系统的建立：根据特定的任务，建立相应的学习系统。

如果要求机器能自行通过学习增长知识、改善性能、提高智能水平、具有人类学习的能力，那么机器也要像人类一样具有相应的知识学习系统。这意味着机器要从数据或以往经验中，自动分析以获得规律（建模），并利用规律对未知数据进行预测（解决问题）。机器学习模型如图 2-3 所示。

图 2-3　机器学习模型

2.1.3 机器学习类型

机器学习的核心是"使用算法分析数据，从数据中学习，然后对未知的某件事情做出决定或预测"。这意味着机器学习不是直接编写程序来执行某些任务，而是指导机器如何获得一个模型来完成任务。

机器通过学习可以提取数据规律、创建模型。根据数据类型的不同，与之对应的机器学习类型也不同，主要有监督学习、无监督学习和强化学习等，如图 2-4 所示。

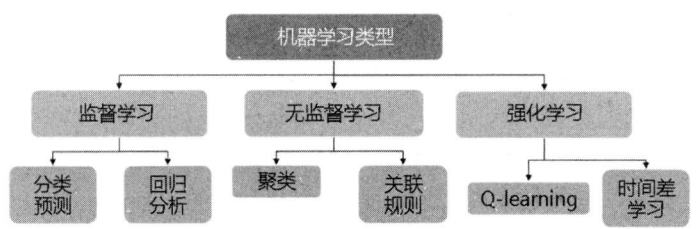

图 2-4 机器学习类型

1. 监督学习

监督学习指有求知欲的学生从老师那里获取知识和信息，老师提供对错指示并告知最终答案的学习过程。监督学习的最终目标是计算机根据在学习过程中所获得的经验和技能，面对没有学习过的问题也可以做出正确解答，并具有这种泛化的能力。此类学习可以应用于手写文字识别、声音图像处理、垃圾邮件分类与拦截、网页检索和基因诊断等。其典型的任务有预测数值型数据的回归、预测分类标签的分类、预测顺序的排序等。

"监督"是指已经知道样本的输出信号或标签。其主要目标是从有标签的训练数据中学习模型，以便对未知或未来的数据做出预测。

监督学习犹如学生在学习过程中有老师讲授一样，会事先输入数据以及对应的结论。例如，我们希望计算机能够识别玫瑰花，就可以事先将很多花的样本输入给计算机。凡是玫瑰花的照片，都打上玫瑰花标签，告诉计算机这是玫瑰花；凡是没有玫瑰花的照片，就告诉计算机这不是玫瑰花。也就是说，事先对计算机要学习的数据样本进行明确告知，这相当于监督了计算机的学习过程。

监督学习通常涉及一组标记数据，如"有花瓣、有花蕊、有刺"等具有玫瑰花特征的照片，则图像分类标签归类为玫瑰花。然后机器可以使用特定的模式来识别新样本的每种标记类型，如果一朵花满足标记的数据条件，则输出分类标签"就是玫瑰花"。当未知的类型具有标签特征，机器就具有对未知数据进行分类标签的能力。猫的识别分类如图 2-5 所示。

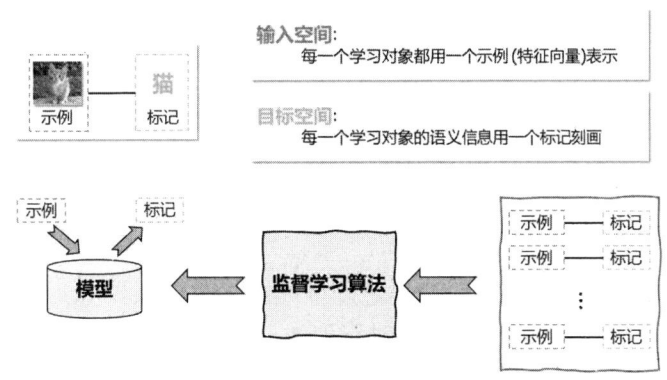

图 2-5 监督学习示例——猫的识别分类

例如，给不同猫的图片标上猫的标记，机器通过学习，当识别一张从来没有看过的猫的图片时，会识别出这是猫。

监督学习常常用于解决生活中分类和回归的问题，如垃圾邮件分类、判断肿瘤是良性还是恶性等问题。

带有离散分类标签的有监督学习也被称为分类任务,这些分类标签是离散的无序值。例如,上述的垃圾邮件分类就是一个二分类问题,可以将邮件分为正常邮件和垃圾邮件。

监督学习的另一个子类被称为回归,其结果信号是连续的数值。回归的任务是预测目标数值,例如房屋的价格,给定一组房屋特性(房屋大小、房间数等),来预测房屋的售价。

监督学习的经典算法有线性回归、逻辑回归、支持向量机(Support Vector Machine,SVM)、决策树、随机森林、神经网络等。

2. 无监督学习

无监督学习指在没有老师的情况下,学生自学的过程。在机器学习中,计算机在互联网中自动收集信息,获取有用的知识。无监督学习在人造卫星故障诊断、视频分析、社交网站解析和声音解析等方面有广泛的运用,典型的任务有聚类、异常检测等。

例如,给机器大量不同形态的老虎和狮子等动物的图片,但事先没有明确分类哪些是老虎,哪些是狮子,也就是没有事先对机器要学习的内容分类,不监督机器学习过程。机器自己根据大量不同形态的老虎和狮子的图片自行获得老虎和狮子的特性,按照相似性将它们分成两大类,如图 2-6 所示。由于真实世界中大多数数据都没有标签,所以这些算法特别有用。

图 2-6 无监督学习示例——动物分类

无监督学习方法主要用于生活中的聚类分析问题和可视化降维。聚类分析根据属性和行为对对象进行分组,本质是把相似的类型聚集在一起。虽然所有数据只有特征向量没有标签,但可以学习这些数据呈现出的聚群的结构。通常把这些没有标签的数据分成一个个组合,也就是聚类(Clustering)。

因为聚类的结果没有标准答案,聚类通过目标或结果变量来进行预测或估计,不局限于解决有正确答案的问题,所以对训练数据进行聚类,不同群体的目标结果也不一定十分明确。

可视化降维通过找到数据集中的共同点来减少数据集中的变量,主要用于大数据处理的特征工程。

3. 强化学习

强化学习指在没有老师提示的情况下,学生自己对预测的结果进行评估的过程。通过这样的自我评估,学生会为了更准确判断而不断学习。强化学习在人的自动控制、计算机游戏的人工智能、市场战略的最优化等方面具有广泛的应用,典型的任务有回归、聚类和降维等。

强化学习的目标是开发系统或代理，通过它们与环境进行交互，提高其预测性能。环境状态的信息通常包含所谓的奖励信号，强化学习反馈并非标定过的正确标签或数值，而是奖励函数对行动的度量。

强化学习使用机器行为历史和经验来做出决定。与监督和无监督学习不同，强化学习不涉及提供"正确的"答案或输出，相反，它只关注性能和行为。其类似于人类根据积极或消极的结果来学习。

强化学习的经典应用是玩游戏，例如一台下棋的计算机可以学会不把它的国王移到对手的棋子可以进入的空间。刚开始，计算机完全不知道如何将棋子放到正确的地方，一旦计算机将棋子放在正确的地方，就给计算机奖励（如增加分值），一旦计算机将棋子放到会被对方攻击到的地方，就惩罚（如扣掉分值）。经过大量的训练后，计算机逐渐在奖励和惩罚中学会了正确放置棋子。这一基本训练可以被扩展和推断出来，直到机器能够打败人类顶级玩家为止。强化学习示例如图 2-7 所示。

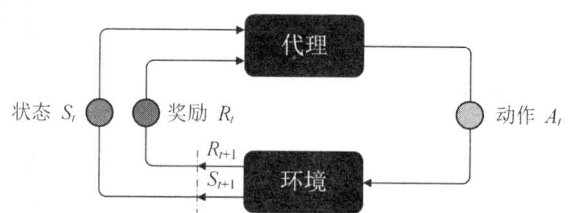

图 2-7　计算机下棋中运用的强化学习示例

2.2　深度学习

2.2.1　概述

深度学习（Deep Learning，DL），也称为深度神经网络，有时也称为深度结构学习、层次学习或深度机器学习，是一类算法集合，也是机器学习的一个分支。

2006 年，著名计算机科学家，被称为"人工智能教父"的杰弗里·辛顿（图 2-8），在《科学》和相关期刊上发表了论文，首次提出了"深度信念网络"的概念。与传统的训练方式不同，深度信念网络有一个预训练的过程，可以方便地让神经网络中的权值找到一个接近最优解的值，之后使用微调技术来对整个网络进行优化训练。这两个技术的运用大幅度减少了训练多层神经网络的时间。辛顿给多层神经网络相关的学习方法赋予了一个新名称——深度学习。

图 2-8　杰弗里·辛顿

2012年，深度学习技术又在图像识别领域发挥作用。辛顿与他的学生在 ImageNet 大规模视觉识别挑战赛中，用多层的卷积神经网络成功地对包含 1000 个类别的 100 万张图片进行了训练，取得了分类错误率 15%的好成绩，比第二名高了近 11%，充分证明了多层神经网络识别效果的优越性。

深度学习从大类上可以归入神经网络，不过在具体实现上有许多变化。深度学习的核心是特征学习，旨在通过分层网络获取分层次的特征信息，从而解决以往需要人工设计特征的重要难题。深度学习是一个框架，包含多个重要算法：卷积神经网络（Convolutional Neural Networks，CNN）、自动编码器（Auto Encoder）、稀疏编码（Sparse Coding）、受限波尔兹曼机（Restricted Boltzmann Machine，RBM）、深度信念网络（Deep Belief Networks，DBN）、循环神经网络（Recurrent Neural Network，RNN）；对于不同问题（图像、语音、文本），需要选用不同网络模型才能达到更好效果。

此外，最近几年强化学习与深度学习的结合也创造了许多了不起的成果，AlphaGo 就是其中之一。

2.2.2 人类视觉原理

深度学习的许多研究成果，离不开对大脑认知原理的研究，尤其是视觉原理的研究。

1981 年的诺贝尔医学奖颁发给了 David Hubel（戴维·休伯尔，出生于加拿大的美国神经生物学家）和 Torsten Wiesel（托斯登·威塞尔），以及 Roger Sperry（罗杰·斯佩里）。前两位的主要贡献是"发现了视觉系统的信息处理"，可视皮层是分级的。

人类的视觉原理：从原始信号摄入开始（瞳孔摄入像素 pixels），然后做初步处理（大脑皮层某些细胞发现边缘和方向），接着抽象（大脑判定眼前物体的形状，是圆形的），最后进一步抽象（大脑进一步判定该物体是一只气球）。图 2-9 所示是人脑进行人脸识别的一个示例。

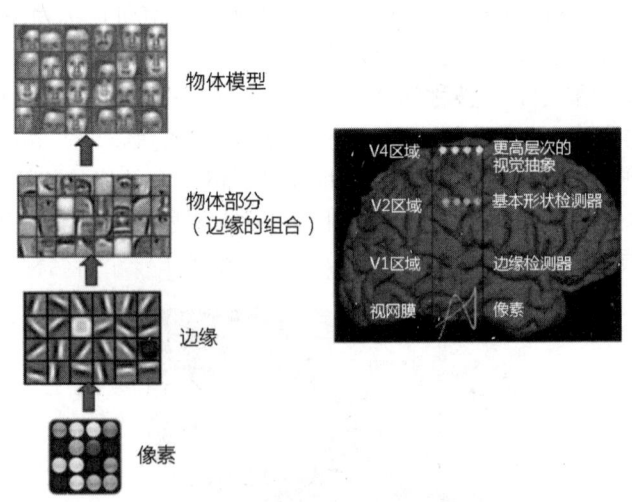

图 2-9 人脑进行人脸识别

对于不同的物体，人类视觉也是通过这样逐层分级来进行认知的，如图 2-10 所示。

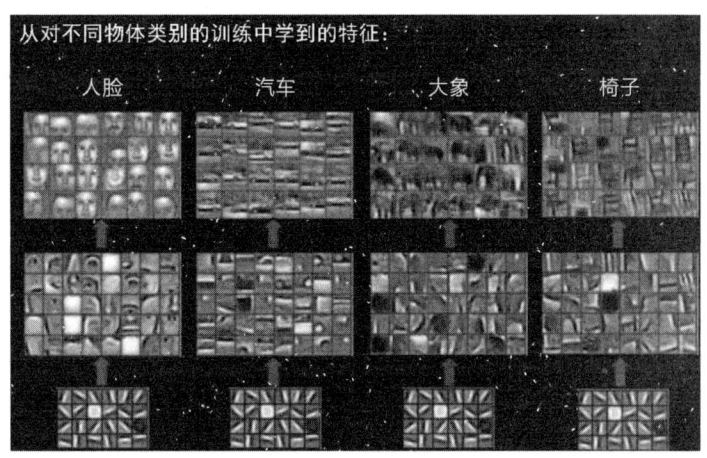

图 2-10 人脑进行物体分类

我们可以看到,最底层的特征基本上是类似的,即各种边缘越往上,越能提取出此类物体的特征(轮子、眼睛、躯干等),直到顶层,不同的高级特征最终组合成相应的图像,从而能够让人类准确地区分出不同的物体。

那么我们可以很自然地想到:可不可以模仿人类大脑的这个特点,构造多层的神经网络,较低层的识别图像的初级特征,若干底层特征组成更上一层特征,最终通过多个层级的组合,最终在顶层做出分类呢?答案是肯定的,这也是许多深度学习算法(包括 CNN)的灵感来源。

2.2.3 卷积神经网络

卷积神经网络是一种多层神经网络,擅长处理图像特别是大图像的相关机器学习问题。它是一类包含卷积计算且具有深度结构的前馈神经网络(Feedforward Neural Network),是目前深度学习技术领域中非常具有代表性的神经网络之一。

卷积神经网络是一种特殊的深层神经网络模型,深度神经网络模型如图 2-11 所示,其中阿拉伯数字代表输入,汉字数字代表输出。

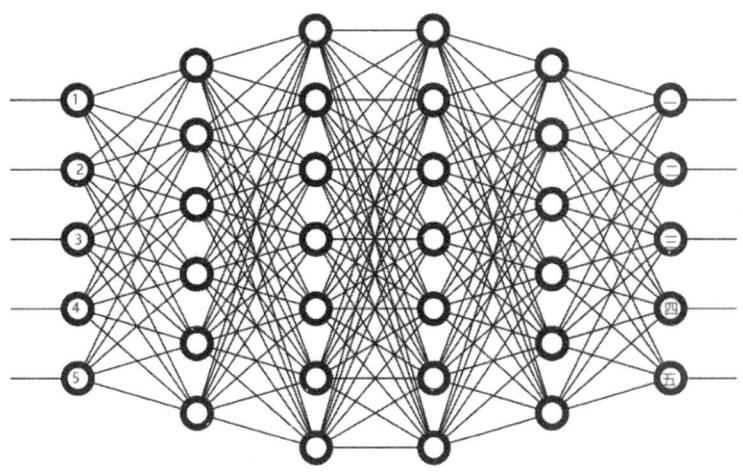

图 2-11 深度神经网络模型

卷积神经网络通过一系列方法，成功将数据量庞大的图像识别问题不断降维，最终使其能够被训练。卷积神经网络最早由杨立昆提出并应用在手写字体识别上（MINST）。MNIST（Modified National Institute of Standards and Technology database，修订版国家标准与技术研究所数据库）是机器学习和计算机视觉领域中广泛使用的数据集。它包含一系列手写数字（0～9）。

LeNet-5 是一个经典的卷积神经网络（Convolutional Neural Network，CNN）架构，由杨立昆等人在 1998 年提出，如图 2-12 所示。它是早期用于手写数字识别的 CNN 模型之一，也被广泛应用于图像识别任务。

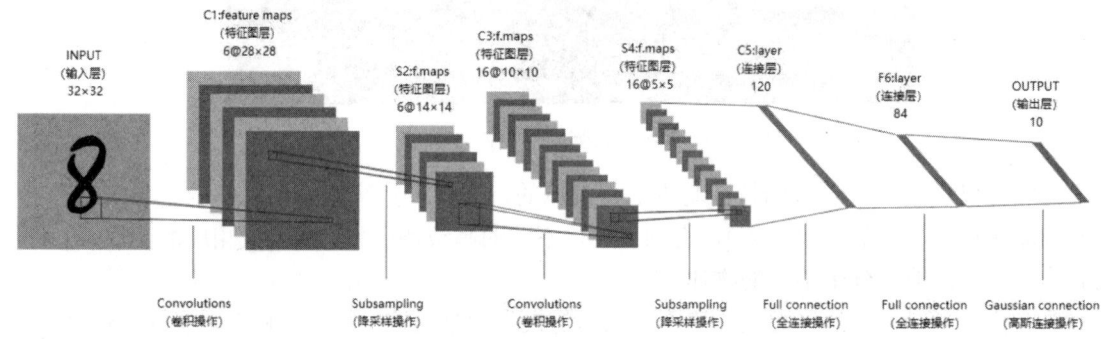

图 2-12　LeNet-5 网络结构

这是一个最典型的卷积神经网络，由输入层、卷积层、池化层、全连接层组成。其中卷积层与池化层配合，组成多个卷积组，逐层提取特征，最终通过若干个全连接层完成分类。

1. 输入层

在处理图像的卷积神经网络中，它一般代表了一张图片的像素矩阵，通常为长×宽×通道数。三维矩阵的深度代表了图像的彩色通道（channel）。例如，黑白图片的深度为 1，而在 RGB 色彩模式下，图像的深度为 3。又如，一个 28×28 的 RGB 图片，其维度是(28,28,3)。从输入层开始，卷积神经网络通过不同的神经网络结构将上一层的三维矩阵转化为下一层的三维矩阵，直到最后的全连接层。

2. 卷积层

在卷积神经网络中，卷积层主要进行的操作是对图片进行特征提取，随着卷积层的深入，它提取到的特征就越高级。通过使用输入数据中的小方块来学习图像特征，卷积保留了像素间的空间关系。对于一张输入图片，卷积层将其转化为矩阵，矩阵的元素为对应的像素值。对于一张大小为 5×5 的图像，使用 3×3 的卷积核，移动步长为 1 进行卷积操作，可以得到大小为 3×3 的特征平面，如图 2-13 所示。

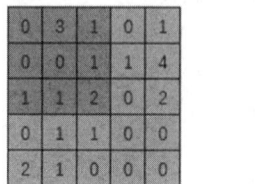
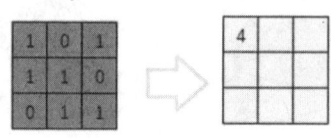

图 2-13　卷积操作

具体操作是图像中深色的部分和卷积核对应位置相乘后累加：1×0+0×3+…+1×2=4。进行完这次运算之后，卷积核会先向右移动，到达最右边后，再回到左边并向下移动，直到最后和每一个值都进行了运算。

3. 池化层

池化层不会改变三维矩阵的深度，但它可以缩小矩阵的大小，可降低每个特征映射的维度，并保留最重要的信息。池化操作可以认为是将一张分辨率较高的图片转化为分辨率较低的图片。通过池化层，可以进一步缩小最后全连接层中节点的个数，从而达到减少整个神经网络中的参数的目的。池化有平均值池化和最大值池化，图 2-14 所示是最大值池化操作。

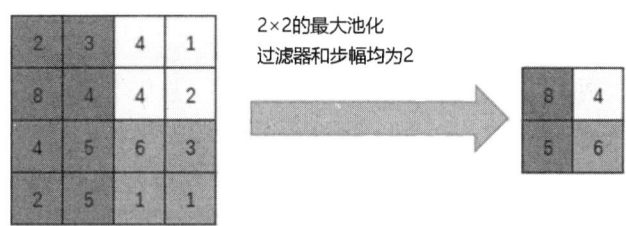

图 2-14　最大值池化操作

4. 全连接层

全连接层是指通过卷积层和池化层的操作后，将提取到的图像的高级特征进行整合。全连接层是一个传统的多层感知器，它在输出层使用 softmax 激活函数处理分类，如图 2-15 所示。

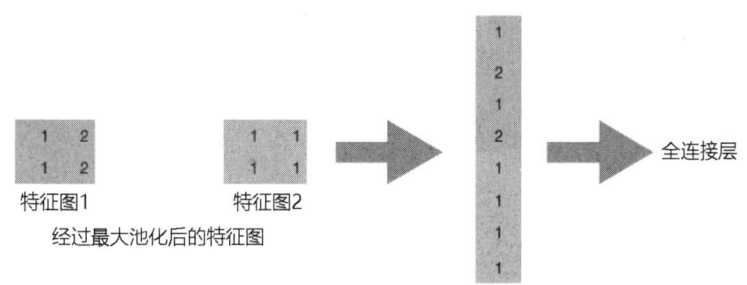

图 2-15　全连接层操作

卷积层完成的操作，可以认为是受局部感受野概念的启发，而池化层主要是为了降低数据维度。综上所述，卷积神经网络通过卷积来模拟特征区分，并且通过卷积的权值共享及池化，来降低网络参数的数量级，最后通过传统神经网络完成分类等任务。

2.3　强　化　学　习

强化学习（Reinforcement Learning，RL），又称再励学习、评价学习或增强学习，是机器学习的范式和方法论之一，用于描述和解决智能体（Agent）在与环境的交互过程中，通过学习策略以达成回报最大化或实现特定目标的问题。

2.3.1 概述

强化学习是从动物学习、参数扰动自适应控制等理论发展而来的,其基本原理如下:如果 Agent 的某个行为策略导致环境正的奖赏(强化信号),那么 Agent 以后产生这个行为策略的趋势便会加强。Agent 的目标是在每个离散状态发现最优策略以使期望的折扣奖赏最大。

按给定条件,强化学习可分为基于模型的强化学习(Model-Based RL)、无模型强化学习(Model-Free RL)、主动强化学习(Active RL)和被动强化学习(Passive RL)。强化学习的变体包括逆向强化学习、阶层强化学习和部分可观测系统的强化学习。求解强化学习问题所使用的算法可分为策略搜索算法和值函数(Value Function)算法两类。深度学习模型可以在强化学习中得到使用,形成深度强化学习。

强化学习理论受到行为主义心理学启发,侧重在线学习并试图在探索-利用(Exploration-Exploitation)间保持平衡。不同于监督学习和无监督学习,强化学习不要求预先给定任何数据,而是通过接收环境对动作的奖励(反馈)来获得学习信息并更新模型参数。

强化学习问题在信息论、博弈论、自动控制等领域有得到讨论,被用于解释有限理性条件下的平衡态、设计推荐系统和机器人交互系统。一些复杂的强化学习算法在一定程度上具备解决复杂问题的通用智能,可以在围棋和电子游戏中达到人类水平。

2.3.2 基本模型和原理

强化学习把学习看作试探评价过程,Agent 选择一个动作用于环境,环境接受该动作后其状态发生变化,同时产生一个强化信号(奖或惩)反馈给 Agent,Agent 根据强化信号和环境当前状态再选择下一个动作,选择的原则是使受到正强化(奖)的概率增大。Agent 选择的动作不仅影响立即强化值,而且影响环境下一时刻的状态及最终的强化值。

强化学习不同于连接主义学习中的监督学习,主要表现在教师信号上。强化学习中由环境提供的强化信号是 Agent 对所产生动作的好坏进行一种评价(通常为标量信号),而不是告诉 Agent 如何产生正确的动作。由于外部环境提供了很少的信息,所以 Agent 必须靠自身的经历进行学习。通过这种方式,Agent 在行动——评价的环境中获得知识,改进行动方案以适应环境。

强化学习的目标是动态调整参数,以达到强化信号最大。若已知 r/A 梯度信息,则可直接使用监督学习算法。因为强化信号 r 与 Agent 产生的动作 A 没有明确的函数形式描述,所以梯度信息 r/A 无法得到。因此,在强化学习系统中,需要某种随机单元。使用这种随机单元,Agent 在可能动作空间中进行搜索并发现正确的动作,如图 2-16 所示。

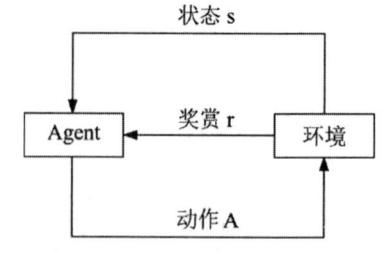

图 2-16 强化学习

2.3.3 网络模型设计

每一个自主体由两个神经网络模块组成,即行动网络和评估网络。行动网络是根据当前的状态而决定下一个时刻施加到环境上的最好动作。

对于行动网络,强化学习算法允许其输出节点进行随机搜索,有了来自评估网络的内部强化信号后,行动网络的输出节点即可有效地完成随机搜索并且大大提高选择好的动作的可能性,同时可以在线训练整个行动网络。用一个辅助网络来为环境建模,评估网络根据当前的状态和模拟环境预测标量值的外部强化信号,这样它可单步和多步预报当前由行动网络施加到环境上的动作强化信号,可以提前向动作网络提供有关候选动作的强化信号,以及更多的奖惩信息(内部强化信号),以减少不确定性并提高学习速度。

强化学习对评估网络使用时序差分(Temporal Difference,TD)预测方法和反向传播(Back Propagation,BP)算法进行学习,而对行动网络进行遗传操作,使用内部强化信号作为行动网络的适应度函数。

网络运算分成两个部分,即前向信号计算和遗传强化计算。在前向信号计算时,对评估网络采用时序差分预测方法,由评估网络对环境建模,可以进行外部强化信号的多步预测,评估网络提供更有效的内部强化信号给行动网络,使它产生更恰当的行动,内部强化信号使行动网络、评估网络在每一步都可以进行学习,而不必等待外部强化信号的到来,从而大大加速了两个网络的学习,如图 2-17 所示。

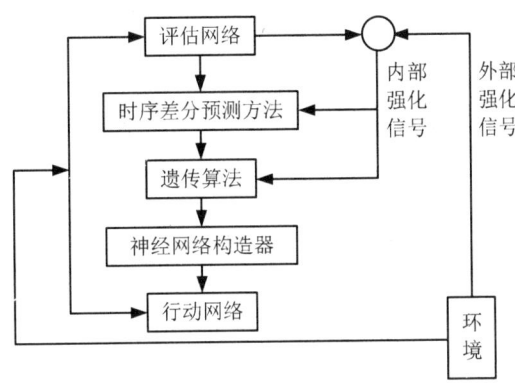

图 2-17　强化学习的行动网络和评估网络

2.4　人工智能产业技术

2016 年,人工智能成为产业界和学术界的大热词。年初,李世石与 AlphaGo 的人机围棋大战吸睛无数,人工智能的话题始料未及地席卷了世界各处。此外,2016 年也恰逢人工智能学科诞生一甲子,AlphaGo 再一次打败人类,受到全世界的瞩目,历经波折的人工智能发展终于掀起全球热潮,各国政府纷纷提出人工智能发展研究相关计划,Apple、Google 等国际 IT 产业也相继推出一系列人工智能应用,希望在新一轮人工智能技术竞争中取得先机。

经过多年的人工智能研究,人工智能产业主要发展方向为计算智能、感知智能、认知智能,如图 2-18 所示。

(1)计算智能,即快速计算和记忆存储能力。人工智能所涉及的各项技术的发展是不均衡的。现阶段计算机比较具有优势的是其运算能力和存储能力。1996 年,IBM 的 Deep Blue 计算机战胜了当时的国际象棋冠军卡斯帕罗夫,从此,人类在这样的强运算型的比赛中就不能战胜机器了。

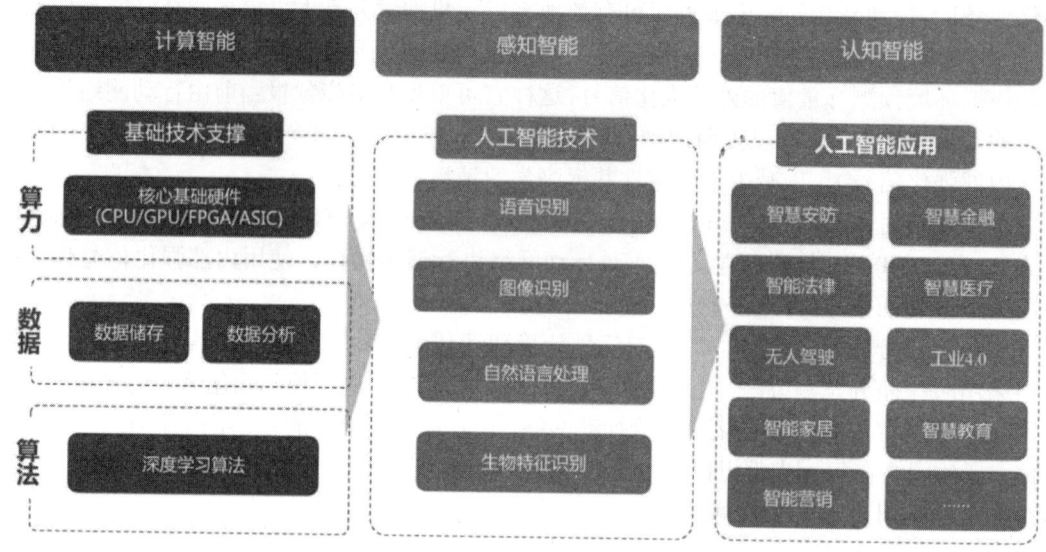

图 2-18　人工智能的产业框架

（2）感知智能，即视觉、听觉、触觉等感知能力。人和动物都具备感知智能，能够通过各种智能感知能力与自然界进行交互。自动驾驶汽车就是通过激光雷达等感知设备和人工智能算法实现感知智能。机器在感知世界方面，比人类还有优势。人类都是被动感知的，但是机器可以主动感知，如激光雷达、微波雷达和红外雷达。无论是 Big Dog 这样的感知机器人，还是自动驾驶汽车，它们均充分利用了卷积神经网络和大数据的成果，机器在感知智能方面已越来越接近人类。

（3）认知智能，通俗地讲是"能理解会思考"。人类有语言，才有概念、推理，所以概念、意识、观念等都是人类认知智能的表现。目前，智伴科技旗下的班尼儿童成长机器人就是"能理解会思考"的。当你问了一个它不懂的问题，第二次再问时也许它就学会了，这就是它自学功能的表现。5 米内语音识别率为 97%，可识别 25 种语言类情感，也是班尼的亮点之一。

2.4.1　自然语言处理技术

语言是人类区别于其他动物的本质特性。在所有生物中，只有人类才具有语言能力。人类的多种智能都与语言有着密切的关系。人类的逻辑思维以语言为形式，人类的绝大部分知识也是以语言文字的形式记载和流传下来的。因此，它也是人工智能的一个重要，甚至核心部分。

用自然语言与计算机进行通信，这是人们长期以来所追求的。因为它既有明显的实际意义，同时也有重要的理论意义：人们可以用自己最习惯的语言来使用计算机，而无须再花费大量的时间和精力去学习不很自然和习惯的各种计算机语言；人们也可通过它进一步了解人类的语言能力和智能机制。

自然语言处理是指利用人类交流所使用的自然语言与机器进行交互通信的技术。通过人为的对自然语言的处理，使计算机对其能够可读并理解。自然语言处理的相关研究始于人类对机器翻译的探索。虽然自然语言处理涉及语音、语法、语义、语用等多维度的操作（图 2-19），但简而言之，其基本任务是基于本体词典、词频统计、上下文语义分析等方式对待处理语料进行分词，形成以最小词性为单位，且富含语义的词项单元。

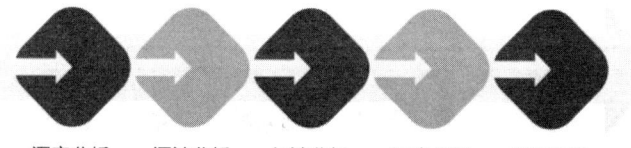

图 2-19　自然语言处理技术的技术层次

　　实现人机间自然语言通信意味着要使计算机既能理解自然语言文本的意义，也能以自然语言文本来表达给定的意图、思想等。前者称为自然语言理解，后者称为自然语言生成。因此，自然语言处理大体包括了自然语言理解和自然语言生成两个部分。历史上对自然语言理解研究得较多，而对自然语言生成研究得较少。但这种状况已有所改变。

　　自然语言的形式（字符串）与其意义之间是一种多对多的关系。其实这也正是自然语言的魅力所在。但从计算机处理的角度看，我们必须消除歧义，而且有人认为它正是自然语言理解的中心问题，即要把带有潜在歧义的自然语言输入转换成某种无歧义的计算机内部表示。

　　目前存在的问题有两个方面：一方面，迄今为止的语法都限于分析一个孤立的句子，上下文关系和谈话环境对本句的约束和影响还缺乏系统的研究，因此分析歧义、词语省略、代词所指、同一句话在不同场合或由不同的人说出来所具有的不同含义等问题，尚无明确规律可循，需要加强语用学的研究才能逐步解决。另一方面，人理解一个句子不是单凭语法，还运用了大量的有关知识，包括生活知识和专门知识，这些知识无法全部储存在计算机里。因此，一个书面理解系统只能建立在有限的词汇、句型和特定的主题范围内；计算机的储存量和运转速度大大提高之后，才有可能适当扩大范围。

　　以上存在的问题成为自然语言理解在机器翻译应用中的主要难题，这也就是当今机器翻译系统的译文质量离理想目标仍相差甚远的原因之一；而译文质量是机译系统成败的关键。中国数学家、语言学家周海中教授曾在经典论文《机器翻译五十年》中指出：要提高机译的质量，首先要解决的是语言本身问题而不是程序设计问题；单靠若干程序来做机译系统，肯定是无法提高机译质量的；另外在人类尚未明了大脑是如何进行语言的模糊识别和逻辑判断的情况下，机译要想达到"信、达、雅"的程度是不可能的。

　　无论是实现自然语言理解，还是自然语言生成，都远不如人们原来想象得那么简单，而是十分困难的。从现有的理论和技术现状看，通用的、高质量的自然语言处理系统仍然是较长期的努力目标，但是针对一定应用、具有相当自然语言处理能力的实用系统已经出现，有些已商品化，甚至开始产业化。典型的例子有多语种数据库和专家系统的自然语言接口、各种机器翻译系统、全文信息检索系统、自动文摘系统等。

　　目前腾讯云推出了 AI 语义系列产品，如图 2-20 所示，底层是通用的能力，如字词级别、语句级别、篇章级别。再往上是平台即服务（Platform as a Service，PaaS）平台，主要是内部降本增效的工具，后续平台也会对外进行开放。AI 语义团队作为腾讯内部自然语言处理技术对外提供服务的统一出口，背后依托的是腾讯 AI 平台、腾讯 AI Lab、腾讯云知文、腾讯云新闻等团队，在业务中沉淀下来的自然语言处理技术会通过腾讯 AI 语义团队对外进行输出。

　　腾讯云 AI 语义团队目前具备以下几大优点。

　　（1）海量语料积累，所有的语料都在千亿级别以上。

　　（2）日均 10 亿以上的算法调用，线上所有的产品都是高可用、高性能、可扩展。

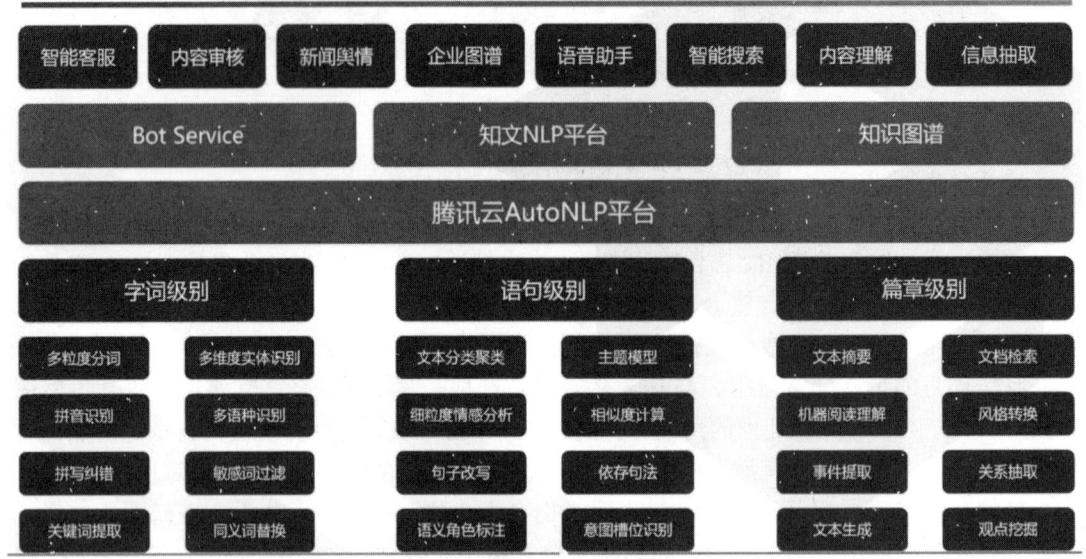

图 2-20　腾讯云 AI 语义系列产品

（3）超大规模算法引擎中心，从基础的自然语言处理能力到高阶的问答对话能力都会有所覆盖，当然也会根据前沿的研究和市场的需求不断扩充算法引擎中心。

（4）算法能力覆盖了非常多的内容生态场景。

2.4.2　智能语音技术

智能语音也是人工智能技术的基本框架之一。一场从头到尾的人机对话流程，是从声音信息的前端处理开始，然后将声音信息转为数据文字，最后将语言转化为声波，从而形成一个完整的人机交互流程，如图 2-21 所示。

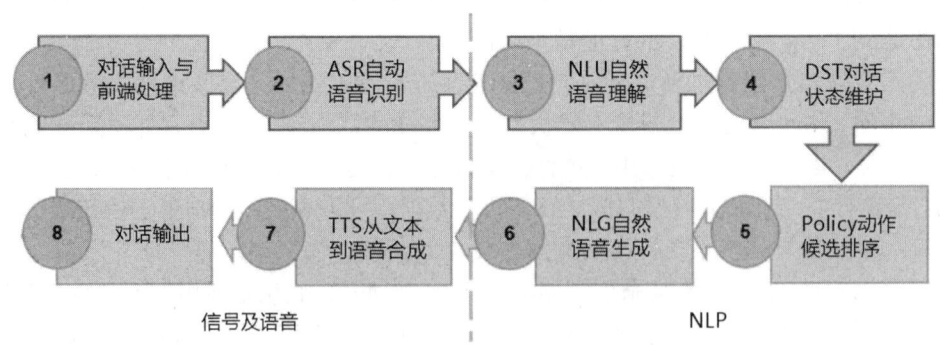

图 2-21　人机对话流程

机器的"听觉"本质是对声音的特征进行分辨以及对文本的分类任务，即将字音规整为语言，挖掘出语言的潜在语义。

需要注意的是，智能语音中的人机交互系统与传统软件相比，有很大的区别。人机交互系统还具有不确定性、不可控性和弱反馈性。

1. 不确定性

由于每个人的生活环境不一，个人的说话方式、口音、腔调和音色都不一样，这给智能语音识别带来了一定的困难。因此，语音识别的准确性不是百分之百的，这一点连深度学习也无法达到。而传统软件只需在界面上单击浏览，就可以得到相应的服务，所有的操作一目了然。

2. 不可控性

传统软件的界面具有引导和指示作用，用户只需跟着流程操作，具有可控性。而人机交互系统具有太多的不确定因素，例如用户随时可以从"我要查天气"跳到"我要点餐"，中间任何时间点、任务点都是可以变化的，这也给智能语音技术带来了一定的难度。

3. 弱反馈性

当出现某个问题时，用户可以直观地在传统软件界面上看到是网络不流畅还是404错误，有一个较为直接的视觉感受。而当使用智能语音产品时，若是一直没反应，就无法判断到底是网络问题还是产品自身硬件问题，或是智能语音系统没有识别，误把声音当成了噪声，所以这样的反馈是很弱的。

智能语音对人工智能来说，是很重要的一个版块，机器的"听、说、读、写、译"缺一不可。人工智能提供了一种新的方式，即使用数据达到某种目的，它将极大地改变人类的未来。那会是一个很不一样的世界，"触摸一代"会变成"语音一代"，无论是玩具还是汽车都能说话，它们会以为那是一个万物有灵的世界。

以智能音箱为例，需要其不再是基于几个关键词来反馈结果，而是能够理解用户的语言指令，完成一项完整的任务。

一方面，语音交互使智能音箱跳出了传统的"命令式交互系统"，你可以说"为我播放一首爵士乐""为我查一下明天的天气"等这类不再精确的指令。机器拥有理解人类语言、分析语言意图，从而进行更多决策的可能。

另一方面，智能语音技术的发展使我们可以远距离控制设备。在移动互联网时代，用户需要更为方便自然的人机交互方式。当互联网从个人计算机向移动终端迁移，人们在走路、开车、吃饭时都可以通过互联网获取信息、完成任务。语音交互的非接触性，解放了双手，成为了快捷方便的方式。

"万物互联"时代下的人机交互：以用户为中心，使产品主动为受众提供服务。随着5G的发展和互联网技术的不断成熟，人类已经进入了一个万物互联的"大连接"时代，"大连接"的目的是让人类的生活更加美好，更加便利。

设备被赋予的大量连接，为交互建立了通道。交互通道建立后的下一步，是用人工智能技术为"大连接"时代赋能。语音交互远距离控制的特性，极大地增加了可交互设备的数量，有利于智能设备的快速普及。

在未来全面智能化、万物互联的生活中，真实使用场景总是有多个声源和环境噪声叠加，例如经常会出现周边噪声干扰和多人同时说话的场景。想象一下，如果所有的智能设备都在同一时间点被触发，"随意"地为用户展示信息，身处其中的大家可能会立刻疯掉。这时候，用声纹识别技术让智能设备可以识别"主人身份"就显得格外重要（语音识别是识别你说的话，而声纹识别是指识别说话的人是谁）。未来更多的智能设备上将配有声纹识别，更将大大提高设备的安全性，如图2-22所示。

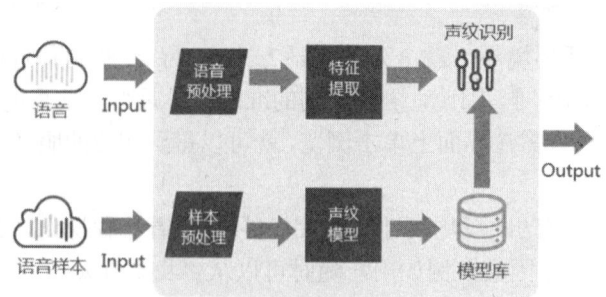

图 2-22　语音识别+声纹识别

2.4.3　视觉技术

信息时代促进了计算机的进一步发展，而计算机与各大领域的结合使人们对计算机越来越依赖。但这也使计算机越来越显示出它的缺点：首先，应用计算机的对象不再是专业人员；其次，计算机具有的功能越来越强大，而使用方法却是越来越难。这使非专业人员在使用计算机时，无法灵活地与计算机进行交流。

人类之间、人类与外界之间的交流，可以通过语言、视觉、听觉来进行信息交换，而计算机是根据专业的计算机知识来进行编程和运行的。因此，目前急需解决人与计算机的交流障碍，智能计算机就这样诞生了。

智能计算机不仅使人们的使用方式变得简单，同时，人们还可以通过智能计算机来实现机器自动化，这样计算机就能取代人类进行繁重的劳动，甚至能代替人类完成不可能完成的任务。

计算机视觉是人工智能主要应用领域之一，对人工智能的发展具有重要意义。计算机视觉就是通过使用光学系统和模块处理，与人工智能相结合，模拟人的视觉能力，并通过特定的装置捕捉三维信息和执行决策。自 2015 年以来，各国高端科技产业高度重视计算机视觉的发展，大量投入人力物力，并取得不小收获。

根据《全球人工智能产业报告》显示，截至 2022 年 3 月底，全球活跃的人工智能企业达 7643 家，其中美国、中国、英国、加拿大、印度位列全球前五，中国的人工智能企业集中在北上广和江浙地区。人工智能企业主要集中在 AI+各个垂直领域，如大数据、数据服务、视觉、智能机器人等领域。同时众多传统行业借助 AI 赋能产业结构，新的技术也在不断涌现，国内更是诞生了旷视科技、商汤科技、极链科技 Video++、依图科技等优秀的人工智能初创企业。

常见的计算机视觉处理技术有以下几类。

1. 图像分类

图像分类这一任务在我们的日常生活中经常发生。每天早上洗漱刷牙需要用到牙刷、毛巾等生活用品，如何准确地拿到这些用品便是一个图像分类任务。官方将图像分类定义为：给定一组图像集，其中每张图像都被标记了对应的类别，之后为一组新的测试图像集预测其标签类别，并测量预测的准确性。

如何编写一个可以将图像分类的算法呢？计算机视觉研究人员提出了一种数据驱动的方法来解决这个问题。研究人员在代码中不再关心图像如何表达，而是为计算机提供许多图像(包含每个类别)，开发学习算法，让计算机自己学习这些图像的特征，之后根据学到的特征对图像进行分类。

对于图像分类而言，最受欢迎的方法是卷积神经网络。卷积神经网络是深度学习中的一种常用方法，其性能远超一般的机器学习算法。卷积神经网络的网络结构基本是由卷积层、池化层及全连接层组成。其中，卷积层被认为是提取图像特征的主要部件，它类似于一个"扫描仪"，通过卷积核与图像像素矩阵进行卷积运算，每次只"扫描"卷积核大小的尺寸，之后滑动到下一个区域进行相关运算，这种计算称为滑动窗口。

输入图像送入卷积神经网络，通过卷积层进行特征提取，之后通过池化层过滤细节（一般采用最大值池化、平均值池化），最后在全连接层进行特征展开，送入相应的分类器得到其分类结果。

大多数图像分类算法都是在 ImageNet 数据集上训练的，该数据集由 120 万张图像组成，涵盖 1000 个类别，该数据集也可以称为改变人工智能和世界的数据集。ImageNet 数据集让人们意识到，构建优良数据集的工作是 AI 研究的核心，数据和算法一样至关重要。手机的智慧识图如图 2-23 所示。

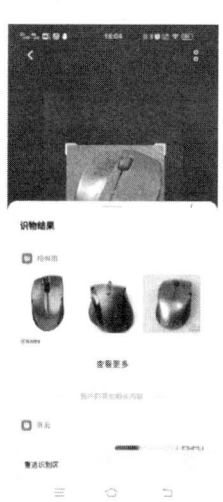

图 2-23　手机的智慧识图

2．目标检测

目标检测通常是从图像中输出单个目标的 BoundingBox（边框）以及标签。例如，在汽车检测中，必须使用边框检测出给定图像中的所有车辆。

之前在图像分类任务中大放光彩的卷积神经网络同样也可以应用于此。第一个高效模型是基于区域的卷积神经网络（Region-CNN，R-CNN）。在该网络中，首先扫描图像并使用搜索算法生成可能区域，之后对每个可能区域运行卷积神经网络，最后将每个卷积神经网络的输出送入 SVM 分类器中来对区域进行分类和线性回归，并用边框标注目标。其本质上是将物体检测转换成图像分类问题。但该方法存在一些问题，如训练速度慢、耗费内存、预测时间长等。

为了解决上述问题，罗斯·吉尔希克（Ross Girshick）提出 FastR-CNN 算法，从以下两个方面提升了检测速度：

（1）在给出建议区域之前执行特征提取，从而只需在整幅图像上运行一次 CNN。

（2）使用 Softmax 分类器代替 SVM 分类器。

虽然 FastR-CNN 在速度方面有所提升，然而选择搜索算法仍然需要大量的时间来生成建议区域。为此吉尔希克又提出了 FasterR-CNN 算法，该模型提出了区域生成网络（Region Proposal Network，RPN），用来代替搜索算法，将所有内容整合在一个网络中，大大提高了检测速度和精度。

近年来，目标检测研究趋势主要向更快、更有效的检测系统发展。目前已经有一些其他的方法可供使用，如 YOLO、SSD 以及 R-FCN 等。图 2-24 所示是 2021 年发布的 YOLO V5 目标检测的验证效果图。

图 2-24　YOLO V5 目标检测的验证效果图

3. 目标跟踪

目标跟踪是指在给定场景中跟踪感兴趣的具体对象或多个对象的过程。简单来说，就是给出目标在跟踪视频第一帧中的初始状态（如位置、尺寸），自动估计目标物体在后续帧中的状态。该技术在自动驾驶汽车等领域中显得至关重要。

根据观察模型，目标跟踪可以分为两类：产生式和判别式。其中，产生式方法主要运用生成模型描述目标的表观特征，之后通过搜索候选目标来最小化重构误差，常用的算法有稀疏编码、主成分分析（Principal Component Analysis，PCA）等。而判别式方法通过训练分类器来区分目标和背景，其性能更为稳定，逐渐成为目标跟踪这一领域的主要研究方法，常用的算法有堆栈自动编码器（Stacked Auto Encoder，SAE）、卷积神经网络等。

使用 SAE 方法进行目标跟踪的最经典的深层网络是深度学习跟踪（Deep Learning Tracker，DLT），其提出了离线预训练和在线微调。基于卷积神经网络完成目标跟踪的典型算法是 FCNT 和 MDNet。

FCNT 的亮点之一在于对 ImageNet 数据集上预训练得到的卷积神经网络特征在目标跟踪任务上的性能进行了以下深入分析：

（1）卷积神经网络的特征图可以用作跟踪目标的定位。

（2）卷积神经网络的许多特征图存在噪声，或者和物体跟踪区分目标和背景的任务关联较小。

（3）卷积神经网络不同层提取的特征不一样。高层特征更加抽象，擅长区分不同类别的物体，而低层特征更加关注目标的局部细节。

基于以上观察，FCNT 最终提出了以下模型结构：

（1）对于 Conv4-3 和 Conv5-3 采用视觉几何组（Visual Geometry Group，VGG）网络的结构，选出和当前跟踪目标最相关的特征图通道。

（2）为了避免过拟合，对筛选出的 Conv5-3 和 Conv4-3 特征分别构建捕捉类别信息 GNet 和 SNet。

（3）在第一帧中使用给出的边框生成热度图（Heapmap）回归训练 SNet 和 GNet。

（4）对于每一帧，其预测结果为中心裁剪区域，将其分别输入 GNet 和 SNet，得到两个预测的热图，并根据是否有干扰来决定使用哪个热图。

FCNT 使用视频中所有序列来跟踪它们的运动。但序列训练也存在问题，即不同跟踪序列与跟踪目标完全不一样。最终 MDNet 提出多域的训练思想，该网络分为两个部分：共享层和分类层。网络结构部分用于提取特征，最后分类层区分不同的类别。图 2-25 所示为 FCNT 的目标跟踪。

图 2-25　FCNT 的目标跟踪

4. 语义分割

计算机视觉的核心是分割过程，它将整个图像分成像素组，然后对其进行标记和分类。语言分割试图在语义上理解图像中每个像素的角色（如汽车、摩托车等）。

卷积神经网络同样在此项任务中展现出了其优异的性能。典型的算法是全卷积神经网络（Fully Convolutional Network，FCN），如图 2-26 所示。FCN 模型输入一幅图像后直接在输出端得到密度预测，即每个像素所属的类别，从而得到一个端到端的方法来实现图像语义分割。

与 FCN 上的采样不同，SegNet 将最大池化转移至解码器中，改善了分割分辨率，提升了内存的使用效率。

还有一些其他算法，如全卷积网络、扩展卷积、DeepLab 以及 RefineNet 等。

5. 实例分割

除了语义分割，实例分割还分割了不同的类实例。例如，用 5 种不同颜色标记 5 辆汽车。在分类中，通常有一幅以一个物体为焦点的图像，任务是说出这幅图像是什么。但是为了分割实例，我们需要执行更复杂的任务。我们看到复杂的景象，有多个重叠的物体和日常背景，我们不仅要对这些日常物体进行分类,还需要确定它们的边界、差异和彼此之间的关系。

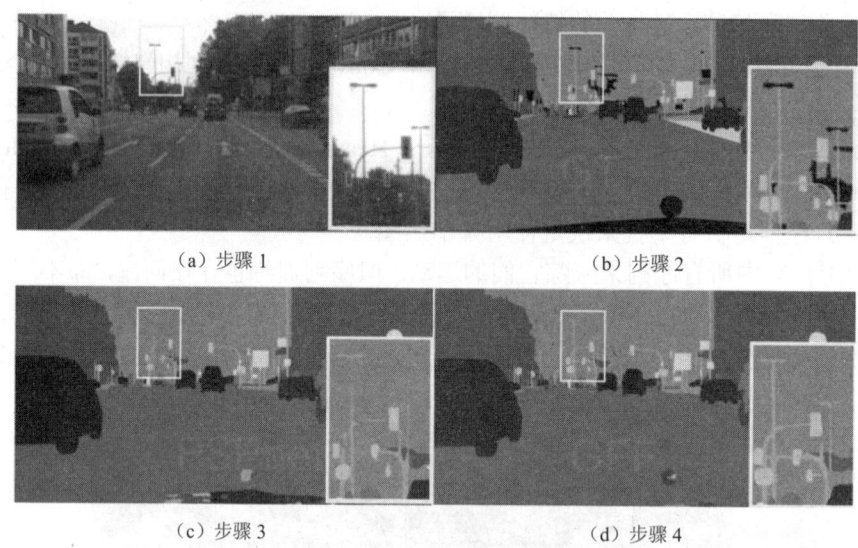

(a)步骤 1　　　　　　　　　(b)步骤 2

(c)步骤 3　　　　　　　　　(d)步骤 4

图 2-26　FCN 语义分割

到目前为止,我们已经看到了如何以许多有趣的方式使用卷积神经网络功能来在带有边框的图像中有效定位日常用品。那么我们可以扩展这些技术来定位每个图像的精确像素,而不仅仅是边界框吗?

卷积神经网络在此项任务中同样表现优异,典型算法是 MaskR-CNN,如图 2-27 所示。MaskR-CNN 在 FasterR-CNN 的基础上添加了一个分支以输出二元掩膜。该分支与现有的分类和边框回归并行。

图 2-27　MaskR-CNN 实例分割

Faster-RCNN 在实例分割任务中表现不好,为了修正其缺点,MaskR-CNN 提出了 RoIAlign (一种特定的对齐技术或方法)层,通过调整 Rolpool(滚动池化)来提升精度。从本质上讲,RoIAlign 使用双线性插值避免了取整误差,该误差导致检测和分割不准确。

一旦掩膜被生成，MaskR-CNN 结合分类器和边框就能产生非常精准的分割。

2.4.4 智能规划

智能规划是人工智能的一个重要研究领域。其主要思想是：对周围环境进行认识与分析，根据预定实现的目标，对若干可供选择的动作及所提供的资源限制和相关约束进行推理，综合制定出实现目标的动作序列。该动作序列即称为一个规划。智能规划可应用于工厂的车间作业调度、现代物流管理中的物资运输调度、智能机器人的动作规划以及宇航技术等领域。

人工智能规划起源于状态空间搜索、定理证明和控制理论的研究，以及机器人技术、调度和其他领域的实际需要。STRIPS（Stanford Research Institute Problem Solver，斯坦福研究所问题求解器）是第一个主流规划系统，它形象地说明了这些领域的相互作用。STRIPS 是作为 SRI 的 Shakey 机器人项目软件的规划部分而设计的。其整体控制结构以通用问题求解器〔General Problem Solver，GPS，一个使用手段目标分析（Means-Ends Analysis）的状态空间搜索系统〕为模型。STRIPS 采用 QA3 定理证明了系统的一个版本是作为用来确定行动前提的真值的子程序。

理论方面，规划是理性行为的重要组成部分。如果说研究人工智能的目的是掌握智能计算方面的因素，那么规划作为关于动作的推理，有助于智能算法的演化。实际应用方面，智能规划有助于建立信息处理工具即自动规划系统，以提供经济和高效的规划资源，满足涉及安全和效率的需求。

因为动作的种类繁多，所以存在多种形式的规划，如路径和运动规划、感知规划和信息收集、导航规划、通信规划、社会与经济规划等。

规划技术的研究起源于对现实世界的抽象。根据模型的简化程度，智能规划的研究方向可以分为经典规划和非经典规划两大类。

经典规划是在经典规划环境下进行的搜索、决策过程。经典规划环境具有以下特点：

（1）完全可观察的，系统是完全可观察的，即关于系统的状态有一个完整的知识。

（2）确定的，动作的效果只有一个。

（3）静态的，不考虑外部动态性。

（4）有限的，系统状态有限。

（5）离散的，动作和事件没有持续时间。

例如，扫地机器人的路径规划，利用 AI 算法和模型，扫地机器人（图 2-28）能够对房间自主分区，并可以智能形成地图管理，从而实现对房屋的全面覆盖和精准管理。

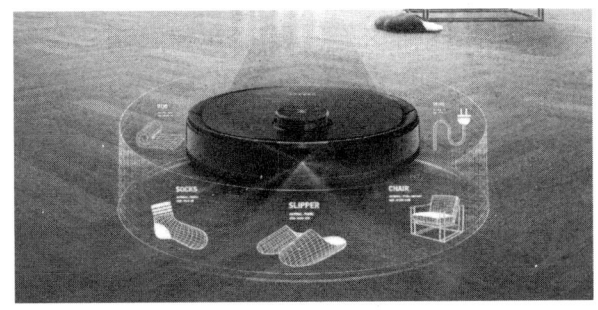

图 2-28 扫地机器人

非经典规划相对于经典规划而言，是指那些在部分可观察或随机的、考虑时间和资源的及放宽其他限制条件的环境下进行的规划。

习 题

1. （　　）不是人工智能的核心要素。
   A．大数据　　　　B．云计算　　　　C．人工神经网络　　D．计算机技术
2. 以下说法错误的是（　　）。
   A．大数据技术是人工智能的基础
   B．机器学习和深度学习的对象就是大数据，从海量数据中分析、判断、学习
   C．人工智能需要强大的计算能力支持，云计算技术的初心解决了这个问题
   D．机器学习就是深度学习
3. 判断"通信技术的发展对 AI 发展没有影响"这句话是否正确。
4. 简述人工智能产业技术。

第 3 章 智慧城市与智能交通

本章导读

从以前的马车到现在的自动驾驶汽车，人们的出行方式发生了翻天覆地的变化，城市也变得越来越科技化，这就是人工智能技术发展带来的便利。那么，在人工智能技术变革下的智慧城市究竟是什么样子，搭载了人工智能技术的汽车又具有什么样的功能？本章将一一进行讲述。

3.1 智 慧 城 市

在人工智能技术的大力推动下，城市建设变得越来越智能化。政府部门也出台了多个政策和法律，支持企业向数字化转型，从而构建了一系列的智慧城市生态建设。

3.1.1 智慧平安城市的发展背景

随着近年来网络化、数字化、智能化的普及，安防视频监控数据得到爆炸性的增长，当今社会的安全保障需求不断推动着视频监控技术进入各行各业。国家政府对视频大数据应用愈发重视，视频大数据已经逐渐成为国家的基础性战略资源。2022 年，重点公共区域视频监控联网率达到100%。

目前在智慧平安城市治安电子防控系统建设中的治安视频监控、道路监控、电子警察和电子卡口等视频图像资产，都是几万个到几十万个量级的监控点，已覆盖市区主要街路，广场车站、市场商场等人流密集的部位，对各类违法犯罪活动形成了强大的震慑力。在智慧平安城市建设过程中积累的海量视频图像基础数据已经成为公安工作中最重要的基础性资源,运用数据分析迅速查找嫌犯、寻找丢失儿童等案例屡见不鲜，是视频大数据应用在安防领域落地的关键点。

智慧平安城市系统充分利用"数字化、网络化、集成化、智能化"的智慧平安城市监控来维护良好的社会治安环境。智慧平安城市系统是一个特大型、综合性非常强的管理系统，不仅需要满足治安管理、城市管理、交通管理、应急指挥等需求，还要兼顾灾难事故预警、安全生产监控等方面对图像监控的需求，更要考虑报警、门禁等配套系统的集成以及与广播系统的联动。

智慧平安城市系统的建设是治安管理和社会安全防控的需求。当前社会可以说是一个人、财、物大流动的社会，社会面的信息千变万化，这极大地增加了公安机关管理社会的难度，使传统的治安管理和社会防控工作的方法和手段很难满足当前的工作要求。因此，提升公安机关对社会面的治安管控能力，其在图像监控方面也有诸多的应用需求。智慧平安城市视频管理解决方案如图3-1所示。

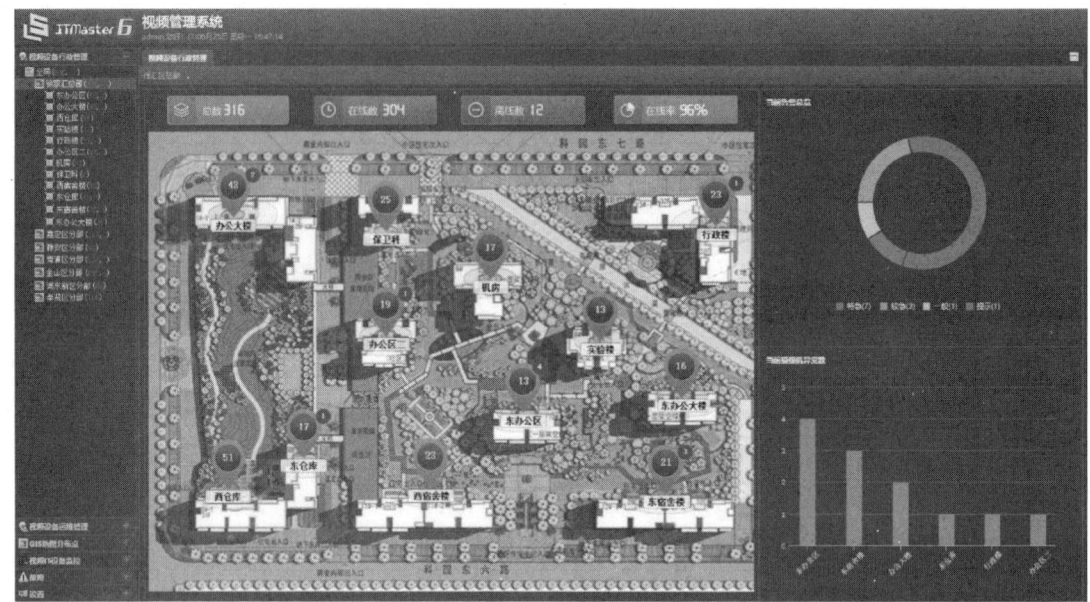

图 3-1 智慧平安城市视频管理解决方案

智慧平安城市系统利用先进的人脸技术，能够检测在动态环境中的生物特征，快速识别人物身份，如图 3-2 所示。对于某些在特定环境下人员身份异常的情形，该系统会自主进行分析和鉴别，极大地提高了城市的安全性。

图 3-2 动态人脸识别

智慧城市建设主要是通过网络摄像头，将收集到的数据与其自身资源库或云平台进行对比，从而实现多功能的智能产品应用，对城市建设来说具有重大意义。

3.1.2 智能应急救援

阿里巴巴围绕政府防汛、防涝和防台等突发事件的处理工作，精准预测，智能分析，为最大程度地减少自然灾害带来的社会损失，设置了一系列智能应用，如图 3-3 所示。

阿里巴巴通过其平台数据架构和阿里云数据中台，提供了人工智能智慧应急平台底座，实现了对突发事件的影响范围、方式和持续时间等方面的智能研判，并可以针对其作出紧急预案处理。例如，防汛、防涝时，可以通过物联感知检测水位和雨量，一键启动数字化预案管理，并对其物资和路径进行智能调度，为城市紧急情况建设提供安全保障。

图 3-3　嘉兴市应急救援数字赋能

以数据城市为驱动的智能化，是实现阿里巴巴城市大脑的关键性因素之一。阿里巴巴智慧城市的建设还体现在实现了城市公共资源的智能调度和优化配置，如图 3-4 所示。

图 3-4　城市智能运行中心解决方案

城市的运行离不开各部门的协同配合，阿里巴巴在建设智慧城市时明显考虑到了这一点。以阿里云平台为中心，它可以实现多部门之间的数据接入、信息交互和联合共治，从而形成高效应急业务体系，如图 3-5 所示。

第 3 章　智慧城市与智能交通

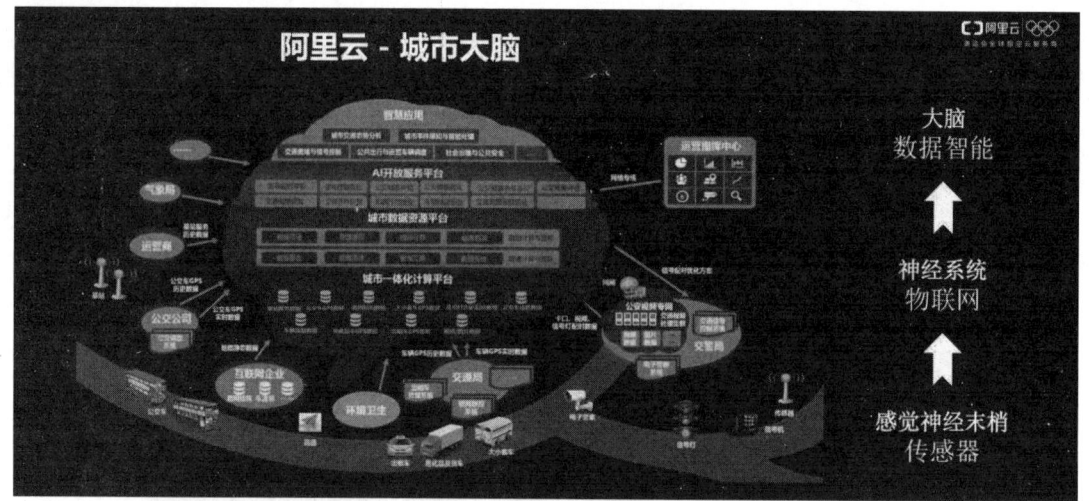

图 3-5　多部门协同配合

社区是城市的重要组成部分，也是城市服务的"最后一公里"。阿里巴巴为营造一个智能、安全和时尚的智慧小区，全面打造了社区微脑解决方案，如图 3-6 所示。

图 3-6　社区微脑解决方案

社区微脑针对日常业主和访客，打造了社区电子通行证，保障了社区人员安全，可以有效排查异常人员，并对老人或行为不便等人员进行重点关注，传递社区温暖。它还可以利用人脸识别、文本解析和智能监控等人工智能技术，对社区车辆、水电和房屋进行智能化管理，帮助居民快速获得生活服务。

3.1.3　京东智慧城市

京东数字科技集团（以下简称京东数科）为服务于政府、市区部门和各街道，提出了构建智慧城市社会治理的"一核两翼"，如图 3-7 所示。

图 3-7 "一核两翼"

"一核"是指市域治理现代化,即在不改变当前市域治理的前提下,通过各级数据汇总,打造一个可看、可监测、可分析的公共服务平台。"两翼"是指 AI+产业发展和生活方式服务业,是面向企业和百姓的智能化发展。

图 3-8 所示为京东数科三大技术能力。基于京东数科的基础计算平台和实时计算平台,可以实现对多方异构数据进行采集和存储,再结合图像分析、数据模型和算法等人工智能技术,实现在政府、金融、零售和医疗方面的全局数据资产管理。

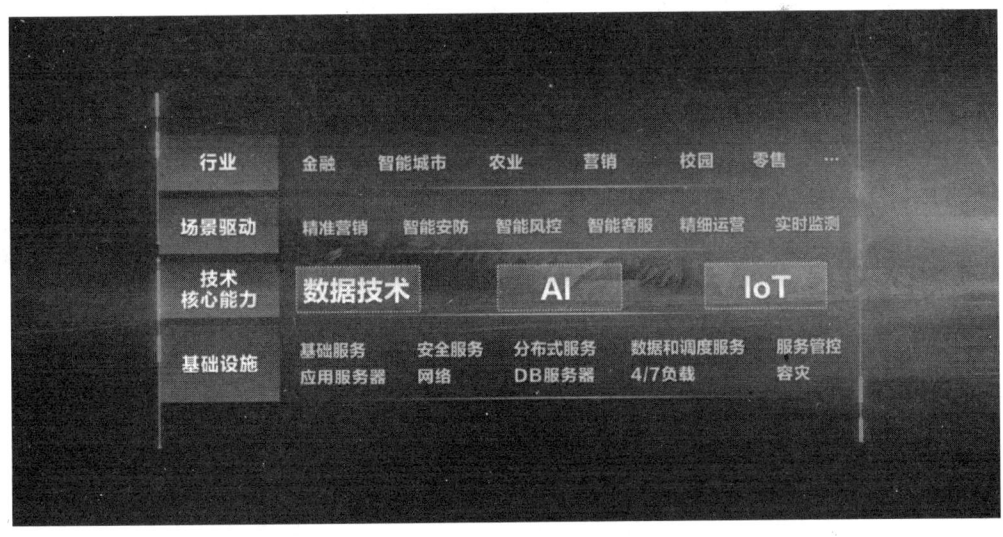

图 3-8 京东数科三大技术能力

在政府服务方面,京东数科以人工智能技术框架为支撑,力图为政府打造惠企政策的制定和发布,实现全面的政策解读、智能匹配、智能审批、智能监测以及快速兑现,如图 3-9 所示。

第 3 章 智慧城市与智能交通

图 3-9 京东数科发布"下一代智能协同开放平台"战略,助力政企数字化转型

在金融方面,京东数科构建了一系列智慧商业解决方案,如图 3-10 所示,实现了全域商业的数字化生态。本着为政府服务的核心目的,京东数科的商业系统还以政府政策为基础赋能商户,以实现商家管理、商业信用管理、交易数字化、消费营销和线上商城等功能,做到真正服务企业、商户和消费者。

图 3-10 智慧商业解决方案——京东零售云

3.2 智能交通

人工智能技术的发展给人们未来的交通方式带来了无限可能性,在无人运输、无人港口和自动驾驶等方面都得到了广泛应用。本节将列举一些在交通行业的先进企业及其所运用的人工智能技术和应用,来进行具体说明。

3.2.1 无人驾驶运输

北京图森未来科技有限公司（以下简称图森未来）是世界上唯一一个无人驾驶运输网络企业。它创立于北京,后来与美国优步公司合作。其研发的无人驾驶卡车搭载了14级别自动驾驶技术,能够保持一年全天候不间断地进行高效运输,如图3-11所示。

图 3-11 无人驾驶卡车

无人驾驶运输卡车是以图森未来货运网络（AFN）为基础,再加上其自主研发的高清地图,让卡车的感知距离长达1000米,并具备夜间感知功能,使其能够自动识别路线,即使在夜晚也能高效行驶,如图3-12所示。

图 3-12 高清地图自动识别路线

不仅如此，图森未来自主研发的高清地图的强大的处理能力，还能够实时检测道路情况并更新，以确保运输的安全和高效，如图 3-13 所示。其监控系统能将数据传送给管理者，以确保每辆卡车都能保持联系，并将货物准时送达。

图 3-13　检测道路情况并更新

总的来说，图森未来就是通过无人驾驶卡车、智能地图、精准定位和其独特的运营系统 TuSimple Connect，打造的一个面向全球的无人驾驶运输生态服务系统。图森未来目前拥有 50 多台无人驾驶卡车，它充分利用了人工智能技术，将卡车的价值提升到最大化，并利用大量的数据模型进行检测，反复验证，努力提升货物运输的安全性。当无人驾驶卡车遇到紧急情况时，还可以自主闪避，反应时间只需 0.1 秒，如图 3-14 所示。

图 3-14　反应时间更快

3.2.2 无人智慧港口

上海西井信息科技有限公司（以下简称西井科技）以人工智能算法和芯片为起点，打造了一套工业以及物流方面的全智能生态解决方案，具体包括智慧港口系统、智慧园区、智慧物流系统、智慧矿场系统以及工业 4.0 等。西井科技在视觉识别和无人驾驶方面实现了巨大突破，秉着高经济性、高系统性、高适应性、高智能性和高安全性的原则，已经拥有了整套的自动驾驶解决方案如图 3-15 所示。

图 3-15　自动驾驶解决方案

智慧港口系统是基于 AI 智能管理货物系统打造的无人化驾驶作业。当车辆进入港口时，该系统会自动识别，精准地分配货物应处位置，如图 3-16 所示。当车辆将要到达指定位置时，显示屏上会显示车辆离标准位置的距离，从而实现精准停车。

图 3-16　智慧港口无人化驾驶

另外，智慧港口还具有轮胎吊防撞安全设置，如图 3-17 所示。车辆可以自主检查上方空间是否有轨道在进行作业。车辆还可以根据具体情况进行加减速,遇到紧急情况时,发出报警并通知管理人员。

图 3-17 轮胎吊防撞安全设置

将 AI 赋能于传统工业,西井科技打造了全局智慧无人港口。从某种意义上来说,AI 想要解放生产力,就要找准商业落地,成为能创造实际价值的应用。推动 AI 与各产业互相结合,是西井科技的发展之道。

西井科技还与上海振华重工(集团)股份有限公司合作研发了全球首辆无人驾驶跨运车,如图 3-18 所示。它是基于深度学习的智能环境,利用车载上的传感器,代替人脑进行数据传输的智能货运车,能够帮助人们运输需要放置较高的货物,是一辆真正意义上的多场景无人驾驶重卡,能够满足特定场景下的所有需求。

图 3-18 全球首辆无人驾驶跨运车

3.2.3 百度车路智行

百度 ACE（Autonomous Driving、Connected Road、Efficient Mobility，自动驾驶、车路协同、高效出行）交通引擎是基于人工智能和自动驾驶等技术，可以应用在多个交通方面的生态融合体，它具体包含一个数字底座、两个智能引擎和 N 个生态应用，如图 3-19 所示。两个智能引擎即 Apollo 自动驾驶和车路协同，与传统交通相比，其系统更加智能化，从长远角度来看，更具有发展性。

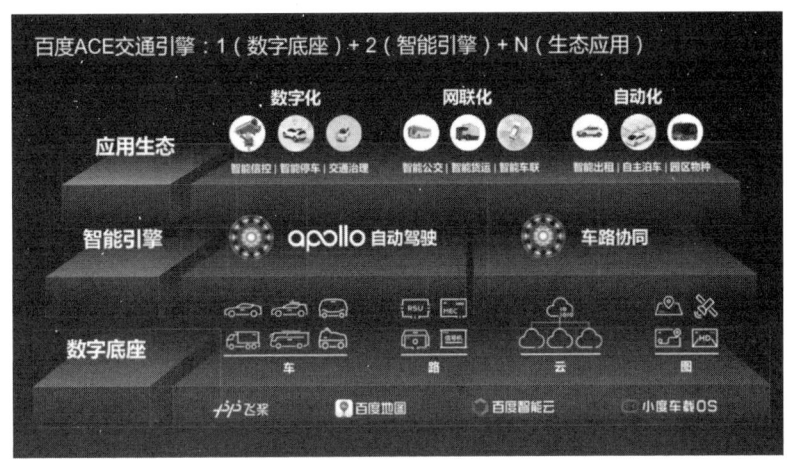

图 3-19　百度 ACE 交通引擎

百度 Apollo 作为国内最大的自动驾驶开放平台，截至 2019 年底，已经拥有了 177 家企业合作伙伴。它打造的车路协同智能交通系统，能够全面感知人、车和路全域数据，从而保障交通安全，如图 3-20 所示。

图 3-20　车路协同智能交通系统

另外，北京和长沙等地已经使用百度智能信控系统，也就是利用核心 AI 视觉技术以及交通大数据，并融合 5G 技术，智能优化道路通行方案，提高区域道路通行流畅度。

除此之外,百度还推出了智能出租,如图 3-21 所示。用户只需前往最近的"Robotaxi 停靠点",然后进入自动驾驶频道并输入目的地,车辆上的传感器就会根据用户定位自动导航到用户所在处。智能出租的针对人群十分广泛。

图 3-21　智能出租

截至 2019 年底,长沙已实现一万多次 Robotaxi 智能载客,吸引了 20 多家智能网联企业聚集。

为顺应未来车辆发展趋势,百度的车路智行方案中提到,预计于 2025 年完成数字化升级,在 2035 年全面实现车路网联化升级,即车路智行数字化程度达到 95%、网联化程度达到 80%,如图 3-22 所示。直到 21 世纪中期,车路智行将进入完全无人驾驶时代,实现零拥堵和零事故愿景,真正服务人类。

图 3-22　车路智行方案

3.2.4 小马智行

小马智行是一家专注于 L4 级自动驾驶的高端企业,是中国领先的自动驾驶公司。它基于机器学习和深度学习的双层融合,可以实时检测和判断周围的道路情况,如图 3-23 所示。

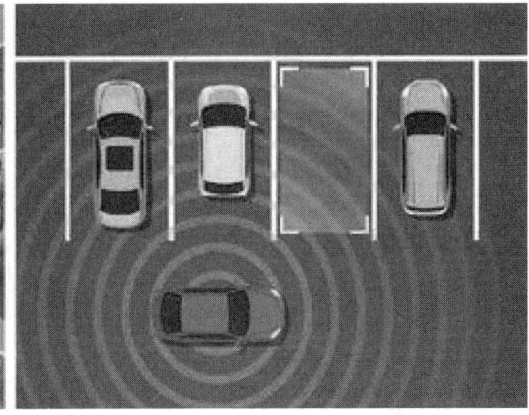

图 3-23 智能路段检测

在复杂的城市公开道路中,小马智行的自动驾驶车辆累积了数百万千米的里程,利用多传感器的深度融合技术,车辆具有超越人类障碍物检测、追踪和多场景理解能力,即使是在复杂的路况或天气,如大雾或大雪天,也能准确检测到周围的环境。

例如,基于最新一代的操作系统 PonyAlpha X,小马智行车辆能够智能扫描周围 200 米的视野。它还能提前预测前方事故,擅长各类场景处理。

规模化技术的应用也离不开完善的基础架构,小马智行的 PonyAlpha X 是一套集车载系统、仿真平台和可视化平台为一体的全域式操作系统,是兼具自动驾驶软硬件基础架构的体系,具有极高的稳定性和可扩展性。

PonyAlpha X 系统的传感器设置在车顶,如图 3-24 所示。一体化的设计让车辆看起来更加紧凑,同时采用人工智能视觉技术消除激光雷达的盲区,让扫描更加全面。

图 3-24 车顶智能传感器

3.2.5 文远知行车队

文远知行公司总部设立在广州,是一家致力于以无人驾驶技术打造自己的车队,争取实现大规模出租车商业化的企业,但这对人工智能的算法、技术模型、数据传输以及图像识别等技术的要求非常高。

截至 2022 年 5 月,文远知行的无人驾驶出租车已超过 300 辆,如图 3-25 所示,总计有六大车型,如日产 LEAF2、林肯 MKZ 和小鹏 P7 等,散落在广州各个地区,从而实现无人驾驶出租车运营。

图 3-25 文远知行的无人驾驶车队

文远知行拥有 L4 级自动驾驶技术,通过了 200 多万千米的无人驾驶道路测试,4 年内实现了广州大部分地区的无人驾驶运营,还获得了国内首个远程测试许可。远程测试中,车辆采用了先进的 5G 网络技术,运营者可远程操控车辆,车内所有设备都可进行智能化操作,如图 3-26 所示。

图 3-26 正在进行远程测试的车辆内部情况

图 3-27 所示为文远知行与清华大学交通研究所共同发布的无人车乘客调研报告。报告显

示，28%的居民每周至少使用一次无人驾驶出租车，甚至有56%的上班族用来当作日常通勤的工具。在人工智能技术逐渐成熟的今天，人们越来越多地使用智能出行方式来达到通勤或旅游的目的，这也正是研发人工智能的核心目标，即为人类服务。

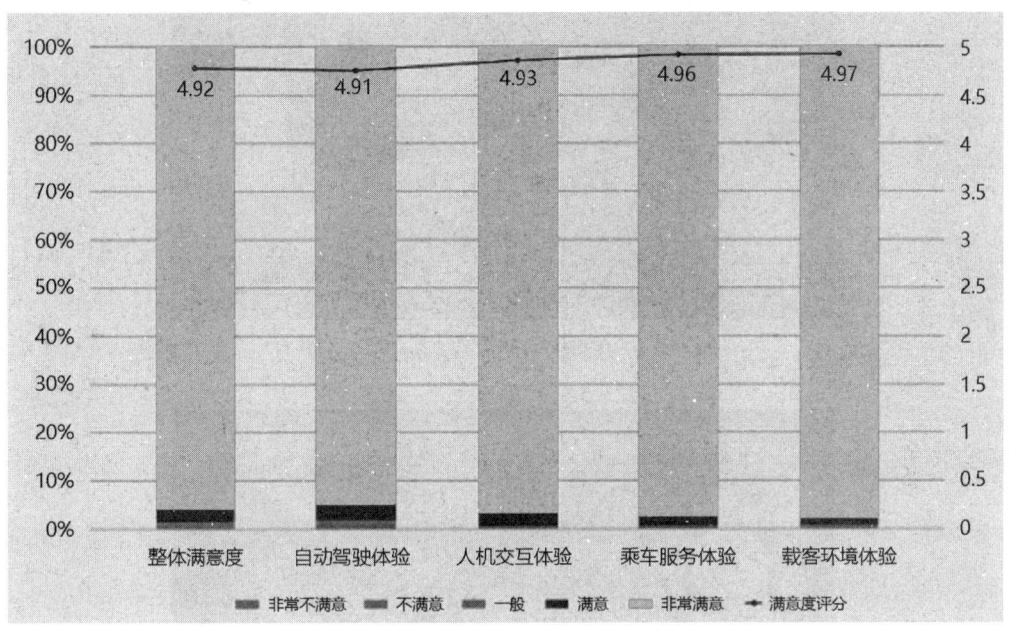

图 3-27　无人车乘客调研报告

3.3　自动驾驶车型

随着汽车软件和硬件更深层次的结合，人们的出行越来越方便，自动驾驶技术也越来越完善，但是对于真正实现大规模发展可能还需要一段时间。那么，现在市场上，搭载了自动驾驶技术的品牌或车型究竟有哪些？

3.3.1　吉利缤越

吉利缤越搭载了 L2 级自动驾驶技术，具有 ICC（Intelligent Cruise Control）智能领航系统，如图 3-28 所示，能够实现智能跟走、跟停以及转向等功能。同时，它还具有车道保持辅助系统和车道偏离预警系统，能有效降低车道偏离带来的危害。

出于安全考虑，吉利缤越的智能领航系统只能实现 150 千米/小时速度内的智能领航，提高了车辆的使用率。

为了保障行车安全，吉利缤越配备了 120 万像素的摄像头，能实时传输道路数据。它融合人工智能深度算法，搭载了城市预碰撞安全系统和行人识别保护系统，当检测到前方有紧急车辆或突然出现的行人时，车辆会及时示警，主动刹车，如图 3-29 所示。

另外，吉利缤越还具备限速信息功能（Speed Limit Information Function，SLIF）系统，如图 3-30 所示。它能智能检测道路最高限速，并使车速保持在一定范围内，避免车主因超速带来的不必要的麻烦，保证驾驶员及车内人员的安全。

图 3-28　智能领航系统

图 3-29　紧急情况示警或刹车

图 3-30　信息功能系统

3.3.2 宝马 4 系

由于技术路径的不同，各大品牌车辆在外观功能上也有所不同。宝马（BMW）作为汽车行业的佼佼者，其推出的全新宝马 4 系敞篷轿车，不仅搭配了现代化自动驾驶辅助系统 Pro 和数字功能服务，在外观上也十分醒目张扬，又一次引领了时尚潮流，如图 3-31 所示。

图 3-31 宝马 4 系敞篷轿车

宝马 4 系的自动驾驶辅助系统 Pro 包含了 10 多项辅助功能，如主动巡航、疏通道路、变道辅助和紧急停车等，让其面对复杂的道路场景也能从容不迫。

另外，它还具有宝马数字钥匙功能，如图 3-32 所示。用户随身携带的智能手机瞬间化身为车钥匙，车辆不仅能够智能响应、自主解锁，还能授权给五位家人或朋友共同使用。

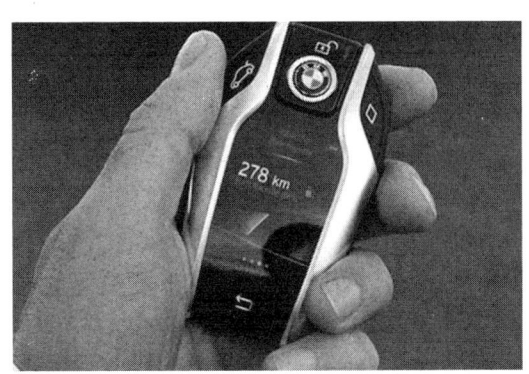

图 3-32 宝马数字钥匙

当然，车辆智能助理也是必不可少的。宝马 4 系敞篷轿车装有第七代 iDrive 人机交互系统。该系统能够实现多维人车自由切换，同时简化了轿车的操作界面，使用户享受更加智慧的开车体验，如图 3-33 所示。

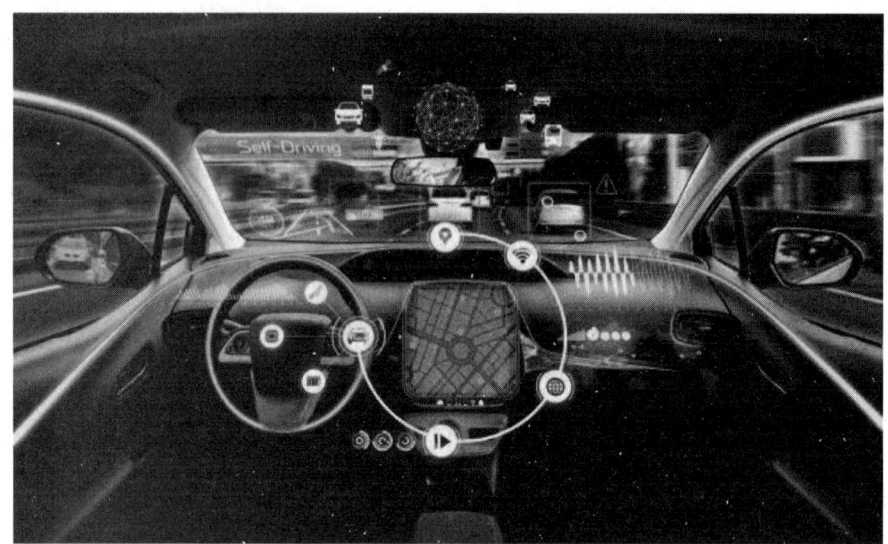

图 3-33 简化界面智慧出行

3.3.3 上汽通用

自动驾驶汽车除了宝马这种高端品牌，还有一些平民小众汽车品牌也具备很多智能化功能，上汽通用五菱汽车股份有限公司旗下的新宝骏就是一个很好的例子。它在安全及控制方面的性能比较优异，例如它的车载交通拥堵辅助（Traffic Jam Assist，TJA）功能，如图 3-34 所示。当与前车距离过近时，它能发出报警，避免发生交通事故。

图 3-34 车载交通拥堵辅助功能

新宝骏的目的是打造一套人、车和网络互联的智慧网联系统，如图 3-35 所示。在 5G 芯片的加持下，它能共享不同家用设备间的数据流，实现"手机+车机+智能家居"的车家互联。

另外，它的智能语音算法能达到普通车机的 20 倍，能够快速响应，且无须唤醒，直接说出命令即可，如图 3-36 所示。

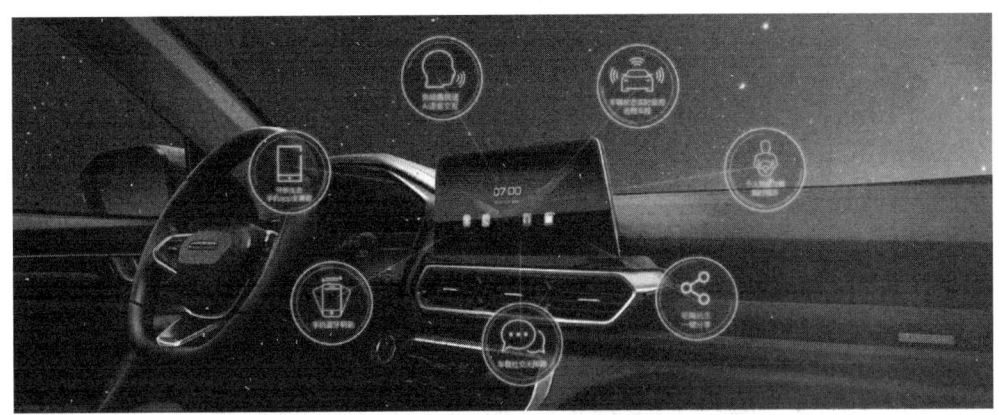

图 3-35　智慧网联系统

图 3-36　无须唤醒的智能语音

新宝骏还能与多个 App 云端互联，让车也能成为用户的私人放松空间。新宝骏是一款更适合家用的新能源汽车，可以远程控制家居，更多的是承载多口家庭的日常出行。

3.3.4　WEY VV7

WEY VV7 是长城汽车股份有限公司旗下的车型之一，有着国产豪华 SUV 之称。它凭借全新升级的 Pi4 平台，搭载了 L2 级自动驾驶技术，实现了一系列智能应用。例如，位于 A 柱内侧的 AI 智能面部识别，如图 3-37 所示。它能够检测并识别驾驶员面部信息，预防车辆盗窃或丢失。

另外，它还具有语音识别和远程控制功能，如图 3-38 所示。利用人工智能技术，车辆可以实现语音呼唤快速响应，解放了驾驶员的双手。它的生态智能驾驶舱内安装了多个人工智能应用，只需使用语音便可快速打开。

WEY VV7 的功能性很强，例如它还具有智慧躲闪系统，如图 3-39 所示。该系统可以自动识别相邻车道的大型车辆，当车速高于大型车辆的车速时，系统会自动控制车辆远离大型车辆的方向偏移，提高驾驶员的安全性。

图 3-37　AI 智能面部识别

图 3-38　语音识别和远程控制

图 3-39　智慧躲闪系统

3.3.5 大众探岳

大众探岳同样具备 L2 级自动驾驶技术,但是它的智能化技术与其他车型又有一些不同之处。例如,它在方向盘前安装了一个平视显示系统(Head Up Display,HUD),如图 3-40 所示。该系统可以智能显示车速和各类行车重要信息,让用户专注前方。

大众探岳还为用户提供了 Active Control 驾驶模式选择,如图 3-41 所示。用户可以根据道路情况,选择经济、标准、运动或个性化的智能驾驶模式,实现对车辆智能驱动系统、转向系统、空调和陡坡缓降系统的自由调节,全面升级用户的驾驶体验,让用户开车也能感觉到乐趣。

图 3-40 平视显示系统　　　　　　图 3-41 Active Control 驾驶模式选择

另外,它还具备 Pre-Crash 预碰撞保护系统,如图 3-42 所示。利用激光、雷达和人工智能的各种感应器以及算法,系统能够自主推测车辆可能遇到的紧急情况,提前关闭车窗,做好紧急防护,并提醒驾驶员,教导驾驶员进行智能操作,降低行车风险,保护车内人员的安全。

图 3-42 Pre-Crash 预碰撞保护系统

驾驶安全一直是人们关心的重点问题,所以企业在进行车辆技术研发时,重点研究车辆的安全系统,在人工智能技术的加成下,车辆的安全性能越来越高。

除此之外,在车辆正常行驶的状态下,车辆还具有疲劳驾驶系统,如图 3-43 所示。通过对车辆的油门和行车轨迹等状态的检测,系统可以自主判断驾驶员是否处于疲劳状态,并发出警告。

图 3-43 疲劳驾驶系统

它的后保险杠具有雷达检测识别系统,能监控车辆后方的情况,如图 3-44 所示。例如,倒车出库时,如果遇到其他车辆或障碍物,系统则会发出声光警报提醒驾驶员,并自动制动。

图 3-44 雷达检测识别系统

习 题

1. 国内企业在智慧城市领域的人工智能应用案例有哪些?试举三例。
2. 自动驾驶车型有哪些?试举三例。

第4章 智能农业

智能农业是农业信息化发展的高级阶段,以现代信息技术为基础,将信息和知识作为生产要素,实现农业生产全过程的信息感知、定量决策、智能控制、精准投入和工厂化生产,以及农业可视化远程诊断、远程控制、灾害预警等职能管理,是传统农业(1.0)、机械化农业(2.0)、自动化农业(3.0)的延续和发展。简单地说,农业 1.0 是人力与畜力为主的传统农业,农业 2.0 是隆隆作响的机械化农业,农业 3.0 是高速发展的自动化农业,而农业 4.0 则是即将来临的智能农业。

4.1 智能农业发展趋势

4.1.1 农业 1.0——传统农业

农业 1.0 时代是一个以体力劳动为主的小农经济时代,依靠个人体力劳动及畜力劳动,人们根据经验来判断农时,利用简单的工具和畜力来耕种。人类渔猎社会开始于 200 万年前,当时只有石刀、石斧与石锥等简单的生产工具;约 6000 年前,人类开始掌握炼铜技术;4000 年前,人类进一步掌握了炼铁技术,开始发明各种工具,如锄头、刀、犁、斧等生产和生活工具,使生产力进一步发展,这是农业 1.0 的萌芽。农业 1.0 时代主要追求的是农业耕种技术的"专"。改革开放后,个体农民为主体推动力量,通过精耕细作,化肥、农药和农机的使用,培育使用良种等方式来提高农产品的产量,为农业产业化奠定了基础。图 4-1 所示为传统农耕场景。

图 4-1 传统农耕场景

4.1.2 农业 2.0——机械化农业

20 世纪 90 年代以后,随着工业化浪潮在全国范围内的推进,农业 2.0 时代也应运而生,以"农场"为标志的大规模农业,以机械化生产为主、适度经营的"种养大户"时代正式到来。这一时代,通过运用先进适用的输入性动力农业机械代替人力、畜力生产工具,将传统的、低效的生产方式转变为大规模的高效生产,大幅提高了劳动生产率和农业生产力水平。此外,集农业生产、加工、销售为一体的"农业产业化"模式也成为改革开放后第二个十年的主旋律,以解决农产品"买难"和"卖难"现象,保障了农民的利益。

农业产业化是一种新型农业发展模式,由龙头企业牵头,以"公司+农户""公司+基地+农户""公司+合作社+农户"等形式,发挥一体化组织协调功能,实现农业深加工化、规模化、产业链化、市场化和品牌化,使农产品在沿海、某些商品粮基地、鱼米水乡、物产丰饶或地广人稀的地区,以及一些国有农场,形成良好的经济和社会效益。这种模式不但保持了家庭联产承包责任制的稳定,还能在更大范围内和更高层次上实现农业资源的优化配置和生产要素的重新组合,提高农业的比较效益,有利于在家庭经营的基础上,实现农业生产的专业化、商品化和社会化。

在农业 2.0 时代,以"产值高"为目标,农副产品深加工企业或食品制造企业向产业上游延伸,或者农业生产企业向产业下游延伸,市场提供的不再是初级农产品,而是加工后的农副产品或食品,如中粮集团、北大荒集团、华龙集团、金健集团、汇源果汁、国联水产等。国家高度重视农业机械化发展,2018 年我国的农业机械化率已超过 67%,2021 年年底已突破 70%。《"十四五"全国农业机械化发展规划》明确农业机械化发展目标,到 2025 年,全国农机总动力稳定在 11 亿千瓦左右,农机具配置结构趋于合理,农机作业条件显著改善,覆盖农业产前、产中、产后的农机社会化服务体系基本建立,农机装备节能减排取得明显效果,农机对农业绿色发展支撑明显增强,机械化与信息化、智能化进一步融合,农业机械化防灾减灾能力显著增强,农机数据安全和农机安全生产进一步强化。如图 4-2 所示为农业机械化场景。

图 4-2　农业机械化场景

从国际上看,1990 年,美国的大田种植业、荷兰的设施蔬菜和花卉产业、比利时的畜牧业、挪威的水产养殖业是农业 2.0 的模板。以美国大田种植业为例,美国在 20 世纪 40 年代领先世界各国最早实现了粮食生产机械化;在 20 世纪 60 年代后期,粮食生产机械化水平显著提高,达到了从土地耕翻、整地、播种、田间管理、收获、干燥全过程机械化;20 世纪 80 年代初完成了棉花、甜菜等经济作物从种植到收获各个环节的全面机械化;20 世纪 90 年代,美国在种植业、设施农业、农产品加工等全部完成了农业机械化。

4.1.3 农业 3.0——自动化农业

近年来，改革开放的推进使工业化和城市化的发展速度加快，工业化生产的物资大量增加，农产品的销售成为企业必须面对的问题；而城市化则吸引了大量农民进城，乡村衰落，人口减少，空心村和耕地抛荒现象层出不穷，城乡差别加深，使农村再次成为社会和政府关注的焦点与难点。为此，农业进入了 3.0 时代，该时代以现代信息技术的应用和局部生产作业自动化、智能化为主要特征，加强农村广播电视网、电信网和计算机网络等信息基础设施建设，充分开发和利用信息资源，构建信息服务体系，促进信息交流和知识共享，使现代信息技术和智能农业装备在农业生产、经营、管理、服务等各个方面实现普及应用。如图 4-3 所示为自动化喷洒农药机器人。

图 4-3　自动化喷洒农药机器人

从 2004 年开始，中央一号文件连续 16 年聚焦"三农"，开始从"三农"的制度体系、发展模式、鼓励政策、惠农补贴、实施保障等诸多方面引导农业的走向。于是，享受国家专项补贴的设施农业、工厂农业、高效农业等相继出现；获得地方政府政策优惠的科技农业、生态农业、休闲农业、循环农业等也相继出现。其中，这个阶段最受社会关注并取得实质性成果的要数蓬勃发展的休闲农业了。

这个阶段以"知名度高"为目标，出售的主要是优美的乡村环境和可靠放心的农产品。政府取消了存在了几千年的农业税，并直接利用财政资金改善农村的硬件环境，令优美的乡村环境和可靠放心的农产品得以销售。近年来，新农村、新社区、美丽乡村、五星级农家乐、休闲农业示范点、乡村旅游名村等如雨后春笋般出现，农业 3.0 时代即"一产+三产"的主流时代已经在我国萌芽，按照 70%的覆盖率即视为完成，预计到 2050 年，我国可完成农业 3.0，将以单一生产单元的自动化为主要特征，农业互联网、农业电子商务、农业电子政务、农业信息服务也取得了重大进展。生产信息化迈出坚实步伐。

物联网、大数据、空间信息、移动互联网等信息技术被广泛用于农业生产的在线监测、精准作业、数字化管理等方面。大田种植方面，遥感监测、病虫害远程诊断、水稻智能催芽、农机精准作业等正在大面积推广应用；设施农业方面，温室环境自动监测与控制、水肥药智能管理也在加速推广；畜禽养殖和水产养殖方面，精准饲喂、发情监测、自动挤奶等技术也已在规模养殖场实现广泛应用，水体监控、饵料自动投喂等也迅速集成应用。国家物联网应用示范工程——智能农业项目和农业物联网区域试验工程深入推进，在全国范围内总结推广了 426 项节本增效农业物联网软硬件产品、技术和模式。经营信息化快速发展。

农业农村电子商务在东部、中部和西部竞相迸发，农产品进城与工业品下乡双向流通的发展格局正在形成。农产品电子商务进入高速增长阶段，2015 年，农产品网络零售交易额超过 1500 亿元，比 2013 年增长 2 倍以上，网上销售农产品的生产者大幅增加，交易种类尤其是鲜活农产品品种日益丰富。农业生产资料、休闲农业及民宿旅游电子商务平台和模式不断涌现。农产品网上期货交易稳步发展。农产品批发市场电子交易、数据交换、电子监控等逐步推广。国有农场、新型农业经营主体经营信息化的广度和深度不断拓展。

近几年，我国农业互联网、农业电子商务、农业电子政务、农业信息服务取得了如下几方面的重大进展。

1. 生产信息化迈出坚实步伐

物联网、大数据、空间信息、移动互联网等信息技术在农业生产的在线监测、精准作业、数字化管理等方面得到不同程度的应用。在大田种植方面，遥感监测、病虫害远程诊断、水稻智能催芽、农机精准作业等开始大面积应用；在设施农业方面，温室环境自动监测与控制、水肥药智能管理等加快推广应用；在畜禽养殖方面，精准饲喂、发情监测、自动挤奶等在规模养殖场实现广泛应用；在水产养殖方面，水体监控、饵料自动投喂等快速集成应用。国家物联网应用示范工程智能农业项目和农业物联网区域试验工程深入实施，在全国范围内总结推广了426项节本增效农业物联网软硬件产品、技术和模式。

2. 经营信息化快速发展

农业农村电子商务在东部、中部和西部竞相迸发，农产品进城与工业品下乡双向流通的发展格局正在形成。农产品电子商务进入高速增长阶段，2020年，我国农产品网络零售额达到1937.7亿元，增速高达39.7%。2021年，我国农产品网络零售额达到4221亿元，同比增长2.8%。2022年，我国农产品网络零售额达到5313.8亿元，同比增长9.2%，增速较2021年提升6.4个百分点。可以看出，我国农产品网络零售额呈现快速增长的态势，尤其是在新冠肺炎疫情期间，线上消费得到了大幅提升。随着互联网、电子商务和冷链物流等的发展，以及政府和市场的支持，我国农产品网络零售市场还有很大的潜力和空间。网上销售农产品的生产者大幅增加，交易种类尤其是鲜活农产品品种日益丰富。农业生产资料、休闲农业及民宿旅游电子商务平台和模式不断涌现。农产品网上期货交易稳步发展。农产品批发市场电子交易、数据交换、电子监控等逐步推广。国有农场、新型农业经营主体经营信息化的广度和深度不断拓展。

3. 管理信息化深入推进

金农工程建设任务圆满完成并通过验收，建成国家级农业数据中心、国家农业科技数据分中心及32个省级农业数据中心，开通运行33个行业应用系统，视频会议系统延伸到所有省份及部分地市县，信息系统已覆盖农业行业统计监测、监管评估、信息管理、预警防控、指挥调度、行政执法、行政办公7类重要业务。农村土地确权登记颁证、农村土地承包经营权流转和农村集体"三资"管理信息系统与数据库建设稳步推进。农业部行政审批事项基本实现网上办理，信息化对种子、农药、兽药等农资市场监管能力的支撑作用日益增强。农产品质量安全追溯体系建设快速推进。建成中国渔政管理化和"船、港、人"管理的精准化。农业各行业信息采集、分析、发布、服务制度机制不断完善，创立中国农业展望制度，发布《中国农业展望报告》，市场监测预警的及时性、准确性明显提高。农业大数据发展应用开始起步。

4. 服务信息化全面提升

"三农"信息服务的组织体系和工作体系不断完善，形成政府统筹、部门协作、社会参与的多元化、市场化推进格局。农业部网站及时准确发布政策法规、行业动态、农业科教、市场价格、农资监管、质量安全等信息，日均点击量860万人次，成为最具权威性、最受欢迎的农业综合门户网站，覆盖部、省、地、县四级的农业门户网站群基本建成。12316"三农"综合信息服务中央平台投入运行，形成部省协同服务网络，服务范围覆盖到全国，年均受理咨询电话逾2000万人次。信息进村入户工作在全国展开，公益服务、便民服务、电子商务和培训体验开始进到村、落到户。基于互联网、大数据等信息技术的社会化服务组织应运而生，服务的领域和范围不断拓展。

4.1.4 农业4.0——智能农业

农业4.0是一种利用大数据、云计算、互联网、传感器、机器人等技术实现资源软整合的智能农业。它采用农业标准化体系进行系统管理，使农业生产过程变得可控、高效，并建立农业服务提供者与农业生产者之间的信息通道，以实现全链条、全产业、全过程的无人系统，提高农业资源的技术含量，提升农业生产效率和质量。

随着我国在"三农"领域多年"摸着石头过河"式的探索，基本上解决了绝大部分农村地区的温饱问题，以及危房改造、环境整治、吃水用电、交通设施等硬件问题，并在农业的科技研发、惠农政策补贴、农民的观念改进等方面取得了很大的进步。无论是城市人还是农村人，以市场需求为导向，投身农业农村的创业积极性空前高涨，特别是在大城市周边和景区周边，已经形成热点，在个别环节、个别领域和个别区域，农业4.0时代已悄然来临。

首先，农业4.0表现为一种"三产"融合互动，即将产业链、价值链等现代产业组织方式引入农业，以更新农业现代化的新理念、新人才、新技术、新机制，以及形成新产业、新业态、新模式等，培育出"第六产业"，实现综合乘数效应。

其次，农业4.0表现为一种"三农"融合互动，即农业、农村和农民的共生共存，家庭农场、专业大户、农民合作社、农业产业化龙头企业都必须放在"三农"的背景下，以发展农业4.0，带动农村的乡土文化复兴，带动农民的富裕小康，实现"三农"的统筹发展。

最后，农业4.0表现为一种"三生"融合互动，即生产、生活和生态的融合，以及城与乡、工与农、知识与资本、线上与线下等社会多要素的融合，泛农产品以城带乡、以工促农、生活工作两不误、知识和资本平等互换、线上和线下共同营销推广，如乡村文创、互联网技术、众筹、私人定制、绿色共享理念等都将成为农业4.0时代的标签。

农业4.0是靠知识和资本推动的，是以先进的发展理念和商业模式为前提，以新技术、新机制、新人才和新资本下乡为内容，以城乡统筹和社会资源大融合为目标的现代化"三农"解决方案。农业4.0以全社会"共赢共享"为目标，出售的不再是某一系列农村产品，而是一种让人向往的乡村生活方式。无论是参与、共享，还是体验、购买，均伴随着一种情怀。因此，农业4.0追求的是体验的"广"，旨在打造一个泛农业的生态圈，充分进行资源的软整合。智能化农业场景如图4-4所示。

图4-4 智能化农业场景

从信息化的角度看，农业 4.0 具备以下特征。

1. 农业 4.0 是无人的生产系统

人工智能和无人系统技术是农业 4.0 的核心，物联网技术使各种农业要素可以被感知、被传输，实现智能处理和自动控制。农业生产活动中将不再使用传统的机械和农具，而是一个由物联网技术联接起来的智能网络，由传感器、嵌入式终端系统、智能控制系统和通信设施组成，它可以实现对种植、养殖环境的全面感知，对个体行为的实时监测，对农业装备工作状态的实时监控，以及自动化操作和可追溯的农产品质量管理，使农业装备、机械、作物、农民和消费者实现互联，促进"互联网+"农业的发展。

2. 农业 4.0 是信息技术的集成

农业发展过程中，以农业专家系统为核心的计算机农业、以 3S 技术（遥感技术、地理信息系统、全球定位系统）为核心的精准农业、以电子技术和决策支持系统的应用为核心的数字农业，其本质上都不需要整个信息技术的集成应用，但实现农业 4.0 时，单一的信息技术恐怕是不够的，必须整合更加深入的感知技术、更广泛的互联互通技术和更深远的智能化处理技术，以实现农业全链条中信息流、资金流、物流的有机协同与无缝连接，使农业系统更加有效且智能运作，达到农产品竞争力强、可持续发展、有效利用能源，以及环境保护的目标，凸显出整体系统的最优性。

3. 农业 4.0 实现泛在的智能化

如果说农业 3.0 解决了农业的局部自动化与智能化，那么农业 4.0 的重要特征之一就是实现农业全链条、全过程、全产业、全区域的泛在智能化与无人化。农业全链条全过程的智能化是指优化调度农业生产资料的使用、配置和优化各种农业资源、加工、包装、运输、存储、物流、交易的成本最低化，最终实现全链条的整体智能化。农业全产业的智能化是指达到人员技术、装备、资金、体系、结构等的最佳配置，以保证产业的竞争力。农业全区域智能化是指在单个企业、单个种植或养殖单元实现自动化与智能化的基础上，通过链条与产业的智能化来实现大区域或整体的智能化，达到资源最佳配置、生产过程最优化、成本最优控制。

4. 农业 4.0 是现代农业的最高阶段

农业 4.0 中，现代信息技术贯穿于农业产业链全过程，使整个农业产业链实现智能化。规模化畜禽养殖场建设、日光温室、批发市场、物流中心的改造以及工业化生产线和大型制造商的参与，使农业生产更加产业化，技术的融合也带来了低成本化的新型农业形态。

美国约翰迪尔公司是农业 4.0 实践的典型代表企业，该公司通过和杭州爱科科技有限公司（以下简称爱科公司）合作，不仅将农机设备互联，更连接了灌溉、土壤和施肥系统，公司可以随时获取气候、作物价格和期货价格的相关信息，从而优化农业生产的整体效益。

4.2 智能农业种植

4.2.1 种植业发展介绍

1. 种植业 1.0

种植业 1.0 时代始于新石器时代，大约距今 1 万年至 4000 年之前，当时只能依靠简陋的石器、棍棒等生产工具，以采集和狩猎为主，人们在日积月累的采集过程中，逐渐掌握了栽培技术,发展出原始农业,通过简单协作的集体劳动,获取有限的生活资料,维持低水平的共同生活需要。随着青铜冶炼技术和炼铁技术的发现,使种植业得到长足发展,进入传统农业阶段,金属农具和木制农具代替了原始的石器农具,畜力成为生产的主要动力,一整套农业技术措施逐步形成,但由于使用不便即所能提供的功率有限,该措施逐渐成为制约种植业发展的主要因素,直到蒸汽机的出现才得到改善。

2. 种植业 2.0

1776 年,英国发明家詹姆斯·瓦特(James Watt)发明的蒸汽机给人类开启了一个新纪元,它改变了人们的工作方式,解决了动力源的问题,开创了机器代替手工劳动的时代,为世界工业革命奠定了坚实的基础。随着蒸汽机在工业领域应用的不断深化,在农业耕作上用蒸汽机替代人力和畜力也开始流行,这使各式各样的农业机械被发明出来,并被广泛用于农业种植的各项作业。因此,瓦特蒸汽机发明的重要性是不言而喻的,它的发明实现了农业作业的机械化,标志着种植业正式迈入 2.0 时代。

(1) 蒸汽拖拉机的发明与应用。自 19 世纪 30 年代起,人们开始研究怎样利用蒸汽机驱动农机具进行田间作业,但当时的蒸汽机设备庞大笨重,若是把它们拖拉到田间,会使土地压得很实,根本无法再进行耕种。1851 年,英国的法拉斯和史密斯发明了一种把蒸汽机安放在田头,用钢丝绳牵引在田里翻耕的犁铧,这就解决了土地压实的问题,从此这种田间作业方式也被认为是农业机械化的开端。随着蒸汽机制造技术的发展,由法国的阿拉巴尔特和美国伊利诺伊州的 R.C.帕尔文分别在 1856 年和 1873 年发明的蒸汽拖拉机,可以安装小型的蒸汽机,它们自重更小,可以从地头开进田间直接牵引农机具作业。这种装载小型蒸汽机的拖拉机,行驶速度较慢,但是马力更大,且在 19 世纪中期开始朝着更加小型化的路线发展,用来在公路上进行负重牵引和田间犁地作业。蒸汽拖拉机时代历经半个世纪,虽然后来拖拉机技术发生了翻天覆地的变化,但第一代拖拉机结构的某些基本特征至今仍未发生根本的变化。

(2) 内燃机拖拉机的发明与应用。蒸汽拖拉机虽然促进了农业机械化的发展,但是其存在的缺陷阻碍了它的普及使用:首先,因过重而不适合路面使用;其次,操作不当容易发生危险;再次,每天首次启动需预热 30~60 分钟;最后,在收获脱粒季节易引发火灾。为了解决这些问题,1889 年,查特尔汽油机公司将汽油机装在轮子上尝试代替蒸汽机;1892 年,德裔美国人约翰·弗洛里奇自制的汽油拖拉机在美国南达科他州田野上连续工作了 52 天;1901 年,哈特和帕尔建立了第一个以制造拖拉机为目的的哈特帕尔公司,开启了汽油拖拉机的时代,而威廉斯又将"Tractor"这一称谓普及到行业中。

1912 年,哈特帕尔公司开始使用"Farm Tractor"这一术语,因其简练准确,在随后的一段时间内,这一词汇便得到了行业的广泛接受。汽(煤)油拖拉机相比蒸汽拖拉机,具有多种显著优点:质量仅为几十千克至 1 吨多;只需要一个人操作,无须随行供应燃料和水,无须一批伺候人员;成本低于 1000 美元。汽(煤)油拖拉机的出现,为农业拖拉机进入普通农户的农作生活提供了方便,也被认为是拖拉机产业百年发展史的正式起点。

(3) 各种农具的发展与应用。种植业的发展从茹毛饮血到规模化耕种,农具的发明和革新历经不断的进步,拖拉机的出现成就了农具的大发展,解决了动力要求的瓶颈。从 19 世纪至 20 世纪初,新式畜力农业机械快速发展并大量投入使用;20 世纪初,以内燃机为动力的拖拉机开始取代牲畜;20 世纪 30 年代后期,英国的弗格森创制成功拖拉机的农具悬挂系统,使拖拉机和农具二者形成一个整体,大大提高了拖拉机的使用和操作性能。由液压系统操纵的农具悬挂系统也使农具的操纵和控制更为轻便、灵活。与拖拉机配套的农机具由牵引式逐步转向悬挂式和半悬挂式，使农机具的重量减轻、结构简化；20世纪40年代起，谷物联合收获机逐步由牵引式转向自走式；20世纪60年代，水果、蔬菜等收获机械得到发展；20世纪70年代起，电子技术逐步应用于农业机械作业的监测和控制，农业正在走向种植业2.0时代，即全面机械化时代。

3. 种植业3.0

信息化技术的发展，以及大规模和超大规模集成电路的出现，使计算机技术和通信技术在工业领域有了全面的应用，促进了工业技术的进步。随着信息化技术的渗透，农业进入种植业3.0时代，表现为高度发展的农业机械化、精准农业和工厂化农业，使信息化技术渗透到农业生产、市场、消费以及农村社会、经济、技术等各个方面。

（1）高度发展的农业机械化。高度发展的农业机械化的表现主要有：

1）农机与农艺结合，细致作业加快，较难作业项目也可实现机械化。

2）机器功率增大，作业范围加宽，速度快，效率高。

3）农机自动化，液压、电子技术与微型计算机结合，许多机器可无人操纵。

4）设施农业发展，工厂化成为现实。

5）系统工程在农业机械中得到广泛应用，农业资源配置更为合理。

6）新能源开发和利用受到重视，提倡无机农业发展。

7）农业企业化和工厂化，耕地更为集中。

部分国家和地区农业机械化发展较快，主要原因是：人口稀少，农业劳动力负担较重，要求实现农业机械化；工商运输、科技文教、社会服务吸收大量农村劳动力，劳动力紧缺促使农民迫切需求机械化；这些国家都有发达的工业科技教育，能制造高质量农机产品并提供优良的社会服务；政府经济政策出台支持，通过贷款、免税、分期付款或补贴等手段支持农民购机；在市场经济下，农民经营规模越大，利润越高，美国、英国、法国、德国政府在经济上鼓励和支持农场发展，促使农民使用农机；科技的发展应用，随着拖拉机通用化和液压悬挂机械的设计成功，机械化耕作栽培制度建立，应用范围扩大，液压和自动化技术的引入提升了机械先进性；社会化服务体系和推广指导工作的开展，以用户至上，推广高质量产品，重视销售服务，技术部门提供业务咨询，大办展览传播，交流先进技术，加快农业机械化发展。

（2）精准农业。随着信息技术的发展，精准农业正在成为当今世界农业发展的新趋势。它是一种现代化农事操作技术与管理的系统，根据不同的土壤类型和作物生长的空间变异，以最少或最省的投入，达到同等收入或更高的收入，以及改善环境、高效利用农业资源、取得经济和环境效益。它由全球导航卫星系统（Global Navigation Satellite System，GNSS）、农田地理信息系统、农田遥感监测系统、农田信息监测系统、农业专家系统、智能化农机具系统等组成。

1）全球导航卫星系统。GNSS为农业提供了信息获取和实时精确定位的服务，全球定位系统（Global Positioning System，GPS）和自主建设的北斗卫星导航系统（图4-5）都可以满足农业方面厘米级和全国分米级的定位导航需求，引导农机自动作业，实现精准农业和精密农业的目标。

2）地理信息系统。地理信息系统（Geographic Information System，GIS）技术为精准农业提供了建立精准管理空间信息数据库的有力工具，是实施精准农业的关键步骤。

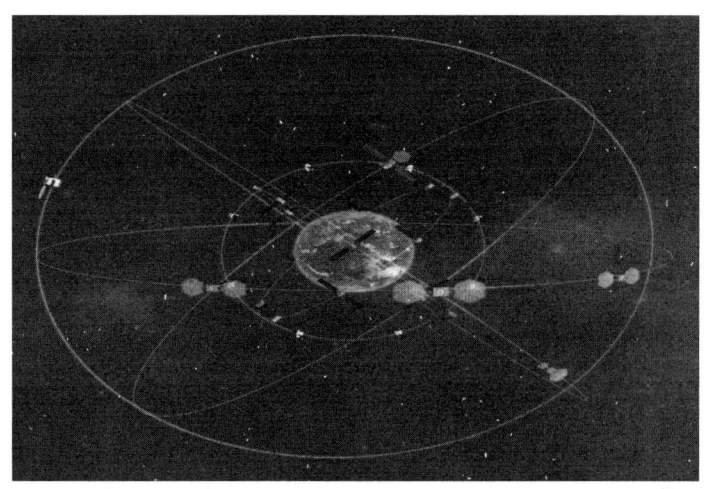

图 4-5 北斗卫星导航系统

3)遥感系统。遥感技术的使用可以满足精准农业的要求,即提供农田小区内作物生长环境、生长状况和空间变异信息。

4)农情监测系统。农情监测系统可以通过布设传感器和数据采集传输设备,实现大田养分、墒情、苗情以及病、虫、草害的监测和信息处理传输。

5)作物生产管理专家决策系统。作物生产管理专家决策系统的核心内容是用于提供作物生长过程模拟、投入产出分析与模拟的模型库,支持作物生产管理的数据资源的数据库,作物生产管理知识、经验的集合知识库,基于数据、模型、知识库的推理程序,人机交互界面程序等。

6)装备了 GNSS 的智能化农业机械装备技术。这类设备是精准农业的主要执行设备,能够实现土地精密平整、深耕、精密播种、变量施肥、变量洒药、收获测产等精准农业需求。

传统农业的发展在很大程度上依赖于生物遗传育种技术,以及化肥、农药、矿物能源、机械动力等投入的大量增加而实现。由于化学物质的过量投入引起生态环境和农产品质量下降,高能耗的管理方式导致农业生产效益低下,资源日显短缺,在农产品国际市场竞争日趋激烈的时代,这种管理模式显然不能适应农业持续发展的需要。精准农业并不过分强调高产,而主要强调效益,它将农业带入数字和信息时代,是 21 世纪农业的重要发展方向。

(3)工厂化农业。设施农业是一种高度集约化的农业生产技术,通过建设设施,将农业生产环境与外界隔离,从而利用自然环境条件,创造更佳的光温等环境气候,为植物和动物生长提供良好的环境条件。它克服了传统农业的季节和地域限制,创造了速生、优质、高产、均衡、高效的现代化农业,具有高投资、高产出、高效益、无污染、可持续农业等特征。工厂化农业是可控环境农业的其中一种,是在可控的环境条件下,以工厂化的生产模式进行农业生产的新型农业,其最高目标是能使农业生产和工业生产无须受自然环境因素制约,并实现自动化高效生产,是农业信息化发展的方向。

大型现代化温室采用工业化生产方式,可以把养殖业、种植业生产从自然环境中解放出来,实现可控条件最佳的全年、全天候和反季节的企业化规模生产。它通过装置传感器来控制和改善种养业的环境因子和营养因子,有效地提高单位土地面积的作物产量和品质,达到集约高效及可持续发展的现代化农业生产。与传统的农业生产方式相比,工厂化农业具有可控性强、劳动强度低、生产效率高、产量高和稳定的特点,是设施农业向工厂化农业发展的必然趋势。

如图4-6所示为工厂化农业场景。

图4-6　工厂化农业场景

在一些发达国家，工厂化农业正朝着实用化和产业化的方向发展，取得了不少成功。1957年，丹麦的斯滕森农场投产，推出了世界上第一家植物工厂。该工厂生产生吃叶菜，从播种到收获只需6天，其500万包的年产量可满足哥本哈根市80%的需求，而只需20名员工就可以完成。日本是先进的工厂化农业生产技术国家，2013年，人工光源植物工厂的市场规模为34亿日元，太阳光型植物工厂的市场规模为199亿日元，预计到2025年将达到1500亿日元。某800平方米的日本小蔬菜工厂，栽培速生菌苗和小白菜，每亩可产10万千克，只需2名工人就可以管理，效率非常高。据农业部统计，2016年，全国设施农业总面积达 2.08288×10^{10} 平方米，使中国成为设施园艺生产的全球领先国家。

4.2.2　智能种植

2013年，德国政府提出了一种称为"工业4.0"的概念，这在国际社会引发了巨大反响。从机械化到电气化到自动化、信息化，再到网络化和智能化，德国人将工业技术和生产模式的演进划分为四个阶段。与此同时，种植业也可以按照1.0的传统农业、2.0的机械化农业，3.0的信息化（自动化）农业，以及2015年开始出现的"农业4.0"来划分，这是一种基于物联网、大数据、移动互联网、云计算技术支撑的智能农业，是继传统农业、机械化农业和信息化（自动化）农业之后进步到更高阶段的产物。智能种植农场如图4-7所示。

1. 种植业农情自动获取及智能处理

随着种植业的进步，农情数据的重要性日益凸显。农情主要涉及墒情、苗情、病虫情、灾情以及农作物的经济和市场供应量数据，如果能够观测到这些数据，就可以准确判断农场内发生的情况，以及掌握市场供需数据，从而避免农作物产量下降和经济损失。但是，当前农情获取手段还不完善，关键参数无法在原位快速精准获取。随着种植业4.0的到来，农情监测技术自动化系统将会得到普及，利用无线传感器、物联网、云平台、大数据以及互联网等技术，可以实时监控和管理农场内发生的各种情况，提供智能化、自动化的农情诊断及管理决策，极大提升了农业生产效率。

图 4-7 智能种植农场

2. 农机自动作业及调度

随着现代农业机械作业高标准的不断提高,传统的人工驾驶农机已经无法满足要求。为此,种植业4.0的发展方向之一是采用农业机械自动作业及调度技术,利用无人驾驶农机,实现无人现场完成作业任务,有效提高作业效率、降低成本。然而,要实现这一目标,还需要在视觉、激光雷达、超声传感器、微波雷达、全球卫星导航系统和农机具作业状况监测设备等关键技术上有所突破。主要有以下几个技术。

（1）环境感知技术。无人驾驶农机可以利用环境感知技术来确定其所处环境,从而做出相应行为决策。它搭载了多种传感器,包括视觉传感器、激光传感器、微波传感器等,可以收集环境参数,并利用数据融合技术从中提取有关自身姿态和周围环境等信息。

（2）远程运维技术。无人驾驶农机利用了物联网、大数据、云计算和人工智能技术,实现了自动化、信息化、智能化,提高了复杂程度,并具有远程运维能力,可实时监测农机具作业参数,进行远程故障诊断和故障预警。

（3）路径规划技术。路径规划可以看作实现无人驾驶农机自主驾驶的桥梁。它的任务是在避免障碍物的情况下,根据评价标准,从起始状态（包括位置和姿态）到达目标状态找到一条无碰撞路径。路径规划分为全局路径规划和局部路径规划,全局路径规划是在已知地图的情况下,利用已知局部信息确定可行和最优的路径；局部路径规划是在全局路径规划生成的可行驶区域指导下,基于传感器感知的局部环境信息来决策行驶轨迹。路径规划的算法有可视图法、栅格法、人工势场法、概率路标法、随机搜索树算法和粒子群算法等。

（4）决策控制技术。凯斯（Case IH）公司推出的概念车标志着无人驾驶拖拉机技术的发展,其决策控制模块是无人驾驶拖拉机的大脑,它能够根据感知系统提供的信息进行判断决策,为下一步行为提供指导。决策控制技术包括模糊推理、强化学习、神经网络和贝叶斯网络等多种技术,其行为方式可分为反应式、反射式和综合式三类。反应式控制是基于反馈控制的过程,根据农机当前位置与期望路径的偏差,调整方向转角和车速,以到达目的地；反射式控制是一种低级控制,用于处理行进过程中的突发事件；综合式控制则是将反应式与反射式控制结合在一起。

纽荷兰驱动概念拖拉机配备了自动驾驶软件，并发布相关 App，农场工作人员可通过路径规划让拖拉机自动驾驶到农场完成工作，然后自行返回停车位。约翰迪尔公司与爱科公司合作，不仅将农机设备联网，还将气候、作物价格和期货价格以及灌溉、土壤和施肥系统等都进行联网。因此，公司可以获取有关信息，从而提升农业生产的效益。种植业 4.0 时代，基于农机自动驾驶技术，应用物联网、车联网、人工智能和互联网技术，将所有农机具接入统一的农机智能调度网络，采用智能优化算法实施农机具的合理调度，从而实现可靠、高效、自动的农业生产作业。

3. 智能植物工厂

智能植物工厂是一种运用现代生物工程技术、农业工程技术、环境工程技术、信息技术和自动化技术实现农作物高效生产的高级系统，它通过设施内高精度环境控制来实现周年连续生产。除此之外，智能植物工厂还使用保温不透光材料、立体栽培技术、荧光灯、LED 等作为围护结构，并配备循环风机、空调、CO_2 施肥系统、营养液循环系统等设备，可自动调控植物生长发育所需的部分或全部生产要素，植物产量可达到传统农业产量的几十倍甚至上百倍。此外，智能植物工厂还采用了物理、农业技术来代替化学农药，使植物品质达到绿色甚至有机品质，同时也实现了资源循环利用，提高了多种资源的利用率，实现了零排放零污染。植物工厂最初源自 1957 年的欧洲，它被认为是 21 世纪解决人口、资源、环境问题的一种工厂。智能植物工厂如图 4-8 所示。

图 4-8 智能植物工厂

丹麦作为全球第一个建立植物工厂的国家。1964 年，奥地利首先试验出塔式植物工厂，随后推广至俄罗斯、北欧及中东地区。1971 年，丹麦也建成一座叶菜工厂，以生产独行菜、鸭儿芹等蔬菜。日本在植物工厂技术发展上起到重要作用，1974 年建成一座由电子计算机调控的花卉、蔬菜工厂，并于 1980—2000 年成功生产蔬菜、小麦、水稻等，引领了产业发展方向。此外，荷兰在太阳光植物工厂及 LD 补光技术方面也发展较快，惠及世界各国。2000 年起，我国开始引进、消化、吸收先进的工厂化设施及栽培技术，研发植物工厂技术。

从传统设施农业到智能植物工厂是通过生产要素的自动化水平来判定的，生产要素包括环境要素和植物产品的管理要素。随着种植业 4.0 时代来临，大数据、人工智能、物联网以及智能机器人等技术的应用，让生产要素的控制实现了完全自动化，实现了环境要素、水肥要素的自动化、智能化调控，植物产品从育苗到采收、分级等环节也能完全无人化管控，最终实现高产、优质和无人化，这是植物工厂发展的最高级阶段。

目前，智能植物工厂的发展需要在以下几个方面进行突破。

（1）研究植物生长模型和环境模型。大数据是当前国际上的热点研究方向，通过大数据获取技术以及数据挖掘处理技术，研究智能植物工厂数字化作物高效生长管理模型，建立作物生理信息与环境、营养物之间的定量规律，为温室精准化管理提供依据。通过不间断实时连续获取植物工厂环境参数以及调控设备的工作状态，采用深度学习算法等人工智能技术，研究具有在线自动优化能力的植物工厂环境参数模型，为智能植物工厂环境智能控制提供技术支持。

（2）研究植物生产调控策略。随着深度学习算法等人工神经网络技术的发展，人工智能正逐渐被引入工业、农业等领域。将人工智能技术引入智能植物工厂，能大大提高环境管理调控水平。采用人工神经网络、遗传算法、支持向量机、模糊控制等人工智能技术，根据植物工厂环境模型和植物生长模型建立以植物工厂效益最大化为目标的智能化环境及水肥控制策略是未来智能植物工厂的研究重点。

（3）基于物联网技术，建立智能植物工厂管理控制系统。开发基于温室的数据采集与控制系统软硬件，通过环境、生物、营养物等生物、物理传感器以及无线传感器网络，将智能植物工厂中的环境采集设备和环境调控设备以无线方式联网，建立网络化环境调控系统，实现植物工厂可靠、实时、精准的集约化控制。

（4）研发植物工厂智能机器人。农业机器人是未来工厂化农业的主要技术装备，通过机器人自主导航技术、目标自动识别技术以及机器人精准作业技术的发展，机器人在智能植物工厂的育种、种植管理、采收以及果实分级等方面大有用武之地。针对设施内复杂的工作环境，采用 GNSS 导航、视觉导航、激光导航、惯性导航、测距导航、电磁导航等多种导航技术融合的综合导航技术，实现机器人的高精度自主导航，满足机器人作业所需的高精度定位和路径规划要求。采用机器视觉技术、超声波技术和光谱分析技术相结合的方式，实现机器人的目标识别及定位。采用柔性设计的机械臂和末端执行器，实现育种、种植、采摘、果实分级等工作的自动化。

当前的植物工厂技术还达不到智能植物工厂的水平，且存在成本高、能耗大、盈利能力差的问题。随着自动化、智能化等高新技术的研发与应用，产业规模化、标准化发展，植物工厂终将走向智能化、无人化、低成本、高产量、高品质、高效益的健康之路。随着世界人口数量的不断增长和生活区域的集中，智能植物工厂必将得到大面积应用，成为未来解决农业土地空间不足、资源短缺的有效途径。

4. 全自动无人农场

随着种植业 4.0 各项技术的不断推进，全自动无人农场将逐步变为现实。全自动无人农场的实现是种植业 4.0 的主要标志。

由英国的乔纳森·吉尔、基特·富兰克林和马丁埃布尔三位科学家组成的研究小组，拟制出了一整套智能化的自动化技术，旨在创建全球第一家全自动无人农场，以此标志着种植业 4.0 的到来。2017 年，他们在试验田上春播作物大麦，并于 8 月和 9 月收割。这种技术可以实现自动拖拉机播种和喷洒,利用无人机采集"四情"数据,进行空中评估,观察作物生长情况,并有一台自动联合收割机进行收割,从而节省农学家亲自去农田观察和作业的时间。接下来,他们将采用多种小型、轻型机械,利用自动化创造一个可持续系统进行耕地作业,减少土壤板结度,而这些智能化的小型自动化机械反过来将促进高分辨率精准农业的发展,有望解放农民,让他们拥有更多时间。如图4-9所示为全自动无人农场。

图4-9　全自动无人农场

Spread公司投资1670万美元,在日本京都木津川市建立了一座面积为4800平方米的无人蔬菜农场,该农场采用智能植物工厂和机器人技术,将温室内的CO_2浓度和光照水平由计算机和机器人控制,实现从种植到收获的所有生产环节,2017年该农场正式开张。此外,该农场还采用立体栽培和水培技术,减少水源消耗、土地占用。另外,由于该农场不需要喷洒杀虫剂,也不受天气的影响,从而大幅提升了产量,节省了50%的人工,可谓具有极大的优势。虽然目前还不能完全实现全自动化操作,但随着技术的进步,将来终会解决这些问题。2017年下半年,该农场蔬菜日产量达到8万棵。

北京水木九天科技有限公司研发的水木蔬菜工厂是一款国内自主研制的智能植物工厂,可以连续生产不耐储运的蔬菜,目前已完成番茄、黄瓜、彩椒、茄子以及部分叶菜的工业化种植模式研究。它的核心理念是利用种子自身的无限生长特性,建立标准化完全可控的环境体系和规范化的生产工艺流程,以降低建设成本,保证产品质量。改进的连栋温室结构确保了其生产设施的标准化要求,通过改进温室钢架连接结构和采用"地源+太阳能光热+电辅助加热"控制模式有效地降低了冬季增温耗能。大数据技术使种植管理模型能够学习多年来的气象数据和作物生长周期,根据作物生育期给出环境、能源、水肥和人力调控分配模式,实现成本和品质的控制。该工厂总建设面积为33333平方米,有效种植面积为28000平方米,辅助育苗、办公、包装、冷库等部分占地$4400m^2$,预计全年度产量为100万千克。目前,该公司在北京的一个番茄生产模块已经落成,投资8650万元,生产的高品质番茄受到市场认可,以优异的品质和合理的价格满足市场需求。

4.3 智能农业机器人

4.3.1 果蔬采摘机器人

果蔬采摘机器人是一种将先进工业技术和装备应用于农业生产环境的经典案例。它的应用非常广泛，不仅可以用于农田采摘，也可以用于工厂的自动化装卸作业。它包括一个手柄，用于抓取和处理农作物，还有一个摘取装置，能够精确地将作物从它们的支架上剥离出来。研究这类机器人的基础理论和技术集成应用将对现代农业生产的高效发展具有重要影响。果蔬采摘机器人如图 4-10 所示。

图 4-10 果蔬采摘机器人

随着全球人口老龄化及城镇化的深入，农业人口流失、成本上涨以及供需矛盾已成为当前农业可持续发展的重要问题。研发出高效、高质量、低成本的自动化作业机械，以取代人工作业，是从工程技术角度应对当前形势的重要手段。由于鲜食果蔬需要良好的外观和口感，而采收过程需要对每个果实进行成熟度判断和精准采摘，采用人工采收的弊端是劳动强度大、成本高，以草莓为例，人工采收成本占总生产成本的 25% 以上。因此，从鲜食果蔬采收着手，研究自动化作业生产方式和装备，对于果蔬产品的安全供应和产业可持续发展具有重大意义。

发达国家的机器人研究在番茄、黄瓜和苹果采摘领域处于领先地位，其定位误差小于 10 毫米，识别准确率达到 85% 以上，每次工作循环 10～50 秒。其中以日本的研究成果最多，而且主要集中在 20 世纪 90 年代初到 21 世纪初，主要由东京大学和冈山大学等单位主导。这些日本农业机器人设计紧凑，智能化程度高，自由度多，灵活度高，采用了最先进的机器视觉技术，其中冈山大学的番茄采摘机器人更具有避障能力。虽然实用性不高，但是最接近商业化的可能是冈山大学绀户（Kondo N）等人研制的草莓采摘机器人，它具有的履带导轨式导航，适用于温室或大棚条件下的规范化种植，采用双目视觉技术，采摘时间已达到每个 8 秒，正努力推向市场。而美国的农业机器人更接近于大型自动化联合收获机械，收获效率很高，更有利于实现商业化。机器人视觉（Vision Robotics）公司正在研制一款最新的柑橘采摘机器人，采用立体摄像机虚拟三维图像，将柑橘的大小与位置反馈回来，实现8个机械手的采摘运动。

自20世纪末我国开始研发果蔬收获机器人起，已经在样机作业对象、工作效率和精度方面达到与国际先进水平相当的地步，但在系统整体构型设计和样机试验应用方面，以跟踪模仿为主，与当下我国农艺管理条件结合度不够。此外，在解决复杂农业环境下目标识别方法研究方面，国内尚未形成可行技术方案，而日本和荷兰在此方面取得了一定进展，例如日本针对草莓和番茄采摘机器人设计的人工补光策略研究，能够克服温室中光学环境变化；荷兰则研究了黄瓜叶片自动识别定位测量方法，从而有效减少了果实被叶片遮挡而无法识别的情况。

农业智能装备技术领域的研究前沿主要集中于采摘机器人，它涉及农业复杂环境下作业目标视觉信息稳定获取、针对生物组织的柔性无损操作以及融合农机农艺的生产系统集成等问题，这些问题也正在限制农业机器人走出实验室进行产业应用。

农业环境中，太阳光照不稳定、作物植被乱荡、作业对象形态各异，令获取有效信息变得困难，这也成为制约农业机器人发展的关键瓶颈。因此，研究农业环境下视觉信息的获取方法和装备，已经成为国内农业智能装备技术领域的研究热点。

与工业机器人不同，农业机器人被赋予了操纵生物体的任务，这些生物体在形状、大小上各不相同，作业环境不断变化，目标位置和姿态随机变化。因此，在末端操作部件的设计上，需要满足各种需求，实现对特定对象的无损柔性操作。多传感器融合的手爪、真空吸附和柔性夹持都可以实现这一目的，而研究针对作业对象的新材料也有助于农业机器人的柔性操作。

传统农业生产条件是以人工作业为主，这与机器人对结构化作业环境的要求不相符，成为阻碍农业机器人走出实验室进入农田作业的重要因素。基于以农机农艺结合的产品设计理念，以提高农业机器人对作业工况的适应性为基础，综合考虑生产效率和成本，以及改造作物生产的种植模式和作物品种特性，成为推动新型农业智能装备实现产业应用的关键之一。

中国是世界上最大的番茄生产和消费国之一，全国番茄种植面积为1.46×10^{10}平方米，其中鲜食番茄种植面积约占50%。国人消费主要集中在鲜食番茄上，年人均消费量高达21千克，占全国番茄消费总量的90%。然而，番茄的采摘费用约为每平方米15.7元，占总生产成本的30%以上，且劳动强度大。因此，随着农村人口流失和生产成本的不断上升，开展番茄采摘机器人系统的研究和应用具有重要意义。

我国研制的番茄智能采收系统由移动底盘、升降平台、视觉单元、机械臂、采摘手爪、控制系统和其他辅助单元等组成，是一种通用平台，可用于不同高度和层次的高架立体栽培模式下的果实采收，提高了智能采收机器人的实用性。机器视觉系统的平均准确率为83.5%，果粒视觉对靶的平均偏差为8.38像素，果串长度和宽度的平均误差分别为8.25毫米和5.25毫米。当前机器人采摘成功率为83%，单次作业耗时为12秒。

传统农业生产的工作主要由人类完成，而机器人需要的结构化作业环境与农田环境不相适应，这是机器人进入农田作业的主要障碍。太阳光照变化迅速、作物丛生无序以及作业对象柔嫩易损等特殊条件，都是机器人所面临的客观问题。尽管现有的采摘机器人开发和试验应用取得了一定的进展，但想要把它们从实验室带到农田，仍需解决各种技术难题，例如面对非结构环境下的具有生物特性的作业对象、信息获取和高效作业的技术难题，以及机器整体构型设计的改进等。只有实现低成本、工作时间长、性能可靠和易操作的自动采收机器人，才能促使它们走出实验室，进入农田作业。

同时，也需要政府部门加大对农业智能装备的支持力度，通过出台相关政策和资金支持，鼓励企业加大技术研发和推广力度，推动农业机器人技术的应用和发展。

另外，需要加强农民的技能培训和普及，提高他们对农业机器人的认知和使用能力，这样才能更好地推广和应用农业机器人技术。

总之，开展番茄采摘机器人系统的研究和应用是一个具有重要意义的课题，通过技术创新和政策支持，可以实现机器人在农业生产中的广泛应用，提高农业生产效率和质量，推动农业现代化进程。

4.3.2 除草机器人

随着人们对食品安全要求的提高及农业可持续发展的需求，有机农业生产及农产品越来越受到人们的关注。除草是农业生产中的重要环节，非化学方式除草是摒弃除草剂、生产有机农产品的重要保障。除草机器人如图 4-11 所示。

图 4-11 除草机器人

传统的中耕锄草机主要解决行间锄草问题，而株间苗草集聚，机械锄草难度较大，主要依靠人工，导致劳动成本高且效率低。智能株间锄草机器人是一种能够实时识别作物行和苗草信息，并能控制株间锄草刀高速作业的自动锄草装备，具有智能、高效、环保等特点，可大大减少劳动力，提高锄草效率。

智能株间锄草技术在欧洲被研究，原因是政府对除草剂使用的限制，同时市场需求也促进了该技术的发展。近年来，美国、日本、加拿大和中国等国也在研究株间智能锄草技术。

不同的国家和研究机构也开发出了各种类型的锄草机器人。例如，2002 年，瑞典哈尔姆斯塔德大学研制了一种基于机器视觉的锄草机器人移动平台，导航误差为±2 厘米。2003 年，英国克兰菲尔德大学研制了一种摆动株间锄草系统，平均株距为 300 毫米，前进速度在 4 千米/小时以下时锄草效果良好，8 千米/小时以下有 17%的作物根区域被锄刀入侵。2014 年，西班牙塞维利亚大学设计了一款协作株间锄草机器人，其最佳工作速度为 1.2 千米/小时，8 小时连续作业伤苗率为 0.5%。

在中国，智能株间锄草机器人的研究起步较晚，目前主要研究集中在部分关键技术上。例如，中国农业大学的张春龙等提出了一种基于机器视觉的最小耗时、最大包容准确度的作物信息获取方法。试验表明,该方法检测平均误差为±5毫米,平均耗时小于20毫秒。中国农业机械化科学研究院的毛文华等采用基于多特征的田间杂草识别方法,识别率为89%~98%,耗时为157~252毫秒。

株间锄草刀是智能株间锄草机器人的关键部件之一,它需要在快速运动的同时准确地锄除株间苗草。因此,株间锄草刀的设计需要考虑多种因素,如锄草刀的形状、尺寸和锄草的方式等。同时,株间锄草刀的材料也需要具备良好的耐磨性和强度,以保证机器人长时间的高强度工作。

由于田地面积较大,单个智能株间锄草机器人的工作效率有限,因此多机器人协作技术成为了研究的热点之一。多机器人协作需要解决机器人之间的通信、协调和任务分配等问题,同时还需要考虑机器人之间的避障和碰撞等安全问题。

总之,智能株间锄草机器人是一种能够实现自动化锄草的高效、环保的装备,其研究热点包括对行技术、苗草信息获取技术、运动控制技术、株间锄草刀设计技术和多机器人协作技术等。在未来的研究中,需要进一步完善这些技术,提高智能株间锄草机器人的工作效率和精度,以适应不同农业生产环境的需求。

4.3.3 农产品分拣机器人

我国是一个农业大国,随着我国社会的进步、生活节奏的加快、饮食结构的变革以及加入世贸组织后参与国际竞争,消费者必然对进入市场的农产品的质量标准和分级包装等有更高的要求。我国目前已经逐步重视对农产品的拣选、分级和包装。农产品产后商品化处理是提高产品竞争力和产品价值的重要手段。通过产后商品化处理,可大幅度提高农产品的外观和内部品质,提高其商品价值,是农产品从数量型向质量型、健康型发展的需要,是增强市场竞争力的需要,也是进入国际市场、扩大出口的需要。高档次、洁净化的农产品(如水果、蔬菜等)往往需要按照大小尺寸及品质等级进行拣选、分类和包装。在分选的过程中,被分选产品的外观形状、内部品质、成熟程度和破损情况等特征复杂,人工拣选时对产品等级的判断是根据个人经验,瞬间得出判断结果,其结果往往因人而异,将机器人引入农产品加工车间,可以大幅度提高分选的一致性、降低产品的破损率、提高成产率,从而降低生产成本和改善劳动条件。农产品分拣机器人是一种新型的智能农业机械装备,它是人工智能检测、自动控制、图像识别技术、光谱分析建模技术、感应器、柔性执行等先进技术的集合。目前,农产品分拣机器人已经有了很大的发展,在农产品生产中广泛使用分拣机器人,将会极大改变传统农业的劳作模式,降低对大量劳动力的依赖,实现从传统农业向现代农业的转变。如图4-12所示为农产品分拣场景。

发达国家对农产品分拣机器人的研制起步早、投资大、发展快,这些国家农业规模化、多样化、精确化的快速发展,有效促进了农产品分拣机器人与其他智能化农业机械的发展。自20世纪80年代起,发达国家根据本国实际,纷纷开始进行农产品分拣机器人的研发,并相继研制出了适用于不同水果和蔬菜等多种农产品质量品质分级分拣装备。日本是农产品分拣机器人研究最早、市场发育最为成熟的国家之一。目前,日本在果蔬分拣系统及果蔬拣选机器人的研究、开发和使用方面居世界领先地位。英国研制的农产品分拣机器人,采用光电图像识别和提升分拣机械组合装置,把大的番茄和小的樱桃加以区别,然后分拣装运;也能把土豆进行分类,且不擦伤外皮。意大利JNITEC公司开发出一系列用于水果及蔬菜采摘后进行体积、尺寸和颜色识别的专用分拣机器人，能使径向尺寸小于 40 毫米的水果分拣速度达到 18 个/秒，大于 40 毫米的水果达 12 个/秒。1995 年，美国研制成功的 Merling 高速主频计算机视觉水果分级系统，其生产效率约为 40 吨/小时，已广泛用于苹果、柑橘、桃和番茄等水果的分级。目前，外国基于计算机视觉技术的农产品，尤其是水果外观品质分拣技术与装备研究已经较为成熟。

图 4-12　农产品分拣场景

20 世纪 90 年代中期，我国开始了水果分拣机器人技术的研发，由于起步晚，与发达国家相比差距明显，农产品分拣机器人的应用和发展还面临观念和技术两方面的挑战。但随着中国科技和经济的快速发展，尤其是国家对农产品产后质量的重视和不断加大的农业机械化发展扶持力度，中国农机化事业进入了前所未有的良好发展时期，也为农产品分拣机器人提供了良好的发展机遇。国内农产品分拣机器人的研究单位主要有浙江大学、江苏大学、中国农业大学、国家农业智能装备工程技术研究中心等，相关单位已取得了良好的研究进展，并开发出了相应的产品，尤其以浙江大学应义斌团队和江苏大学赵杰文团队为代表，率先研发出了我国拥有自主知识产权的农产品分拣机器人，其项目"基于计算机视觉的水果品质智能化实时检测分级技术与装备"和"食品、农产品品质无损检测新技术和融合技术的开发"均获得国家发明二等奖。除此之外，目前国内也出现了一些农产品分拣机器人制造企业，如江西绿盟、北京福润美农、江苏福尔喜、合肥美亚光电等。但是，这些厂家或机构所开发的农产品分拣机器人的分拣对象通常都是水果，指标主要是外观品质。除外部品质分拣机器人外，目前国内关于农产品内部品质在线检测方面的研究尽管起步较晚，但经过国内相关研究单位的不懈努力，也已取得了一定的成果。相关研究单位主要包括浙江大学应义斌团队、中国农业大学韩东海团队、江苏大学赵杰文团队、华东交通大学刘燕德团队、国家农业智能装备工程技术研究中心黄文倩团队等，但是目前对农产品内在品质在线检测分拣机器人的市场应用还没有可见报道。

综上所述，农产品尤其是水果内部品质在线无损检测和分级技术具有广泛的应用前景。国外的研究起步较早，其部分农产品分拣机器人已迅速从实验室研究走向产品化实现。我国也有部分针对农产品外部品质分拣的机器人投入市场，就内部品质分拣机器人而言，相对于国外的进展，我国目前仍处于实验研发阶段，技术还不够成熟，更没有自主知识产权的装备投放市场，仍然存在很多关键问题没有充分解决。

习 题

1. 智能农业中常用的无人机技术包括以下哪种？（　　）
    A．灌溉技术　　　　　　　　　B．施肥技术
    C．农作物监测技术　　　　　　D．病虫害防治技术
2. 智能农业中的精准农业不包括以下哪种技术？（　　）
    A．区块链技术　　　　　　　　B．光学成像技术
    C．GPS 技术　　　　　　　　　D．气象传感器技术
3. 智能农业中常用的物联网技术包括以下哪种？（　　）
    A．RFID 技术　　　　　　　　 B．Wi-Fi 技术
    C．ZigBee 技术　　　　　　　 D．人脸识别技术
4. 智能农业中常用的大数据技术包括以下哪种？（　　）
    A．数据挖掘技术　　　　　　　B．人工智能技术
    C．云计算技术　　　　　　　　D．物联网技术
5. 智能农业中常用的土壤监测技术包括以下哪种？（　　）
    A．酸碱度监测技术　　　　　　B．养分含量监测技术
    C．温度监测技术　　　　　　　D．风速监测技术
6. 智能农业中常用的水质监测技术包括以下哪种？（　　）
    A．pH 值监测技术　　　　　　 B．温度监测技术
    C．光照强度监测技术　　　　　D．土壤含水率监测技术
7. 智能农业中常用的植保无人机技术包括以下哪种？（　　）
    A．遥感监测技术　　　　　　　B．光学成像技术
    C．空气动力学技术　　　　　　D．红外线技术
8. 智能农业中常用的精准喷洒技术包括以下哪种？（　　）
    A．GPS 技术　　　　　　　　　B．机器视觉技术
    C．传感器技术　　　　　　　　D．人工智能技术

第5章 智能安防

互联网技术推动了数据共享,引发了安防从本地时代向网络时代的转变。而人工智能技术的应用使数据不仅对过去有意义,也对未来有价值。安防从只能事后应急的传统模式转向能够事前预测、预警的智能模式。信息时代的安防工作需要事先预测和预警,需更加重视人工智能技术的应用,以保障公共安全和应急工作。

5.1 智能安防技术

5.1.1 概述

安防领域的发展起始于科技产品和技术在其应用上的实现。安防作为一个独立的行业,能够集合各种资源,形成产业分工的基础。同时,它也为很多新的科学技术提供了适用场景。科技是推动安防行业发展和模式变革的关键因素。实际上,安防技术的发展是建立在多种基础科学技术发展基础上的应用。换言之,安防技术的发展实质上是新技术在安防领域应用的演进。

以视频监控为例,随着新技术的成熟和应用,安防也从一开始的本地时代逐步发展为网络时代和智能时代。传统上,安防可分为"采、传、存、显、控"五个阶段。安防是光学成像、通信、数据存储、图像显示和系统控制等多个学科和技术的综合应用。

每个学科都在不断发展,有些甚至会有突破性的变化,但只有多种技术同时升级,才有可能从根本上促成安防模式的革新。安防技术的本地时代、网络时代和智能时代是由信息技术的革命性突破点燃的,其他相关技术的创新应用共同推动了整个安防行业的模式升级。根据安防监控数据的使用水平和模式的差别可划分为本地安防时代、网络安防时代和智能安防时代三个阶段。

1. 本地安防时代

本地安防时代数据的采集、存储和使用都受到了局限,只能在本地进行,无法方便地实现共享,也很难实现不同地区的协同。前端的数据采集工具主要是标清的摄像头,数据的存储方式主要有磁带、硬盘、光盘和U盘等几种,前端的显示则经历了传统的显像管显示器向液晶显示器的换代。这些因素导致安防的效率和效果都较低,便利性也比较差。

随着摄像技术和产品的数码化、存储和显示技术的数字化进程,安防行业也经历了从模拟向数字升级的过程。这个升级带来了几个明显的变化。首先,数字存储的容量大幅提升,监控不再需要频繁更换存储介质,大大提高了视频监控的实用性,同时也拓展了更多的应用场景和市场空间。其次,监控数据的数字化使监控的信息可以在不同的终端设备上显示,其复制、留存和传播的便利性也大为提高。最后,数字监控产品的应用提高了监控摄像头部署的灵活性,从而扩大了监控的覆盖范围和对关键位置、关键角度的覆盖。从安防的模式角度看,模拟向数字的转化并没有带来本质上的模式变化,可以综合定义为安防的本地时代。

2. 网络安防时代

随着互联网技术的普及和云计算技术的发展,安防监控设备可以实现远程共享和存储容量无限增大,使采集和存储的数据量大幅增加。这些数据可以通过大数据分析得出更多的安防监控功能和应用场景。高清视频监控系统也得到了广泛应用,包括高分辨率的摄像头和显示器,以及宽带网络的普及,这些都促进了高清监控设备的推广和应用。同时,云计算技术的普及也彻底打破了数据存储和计算能力的瓶颈,让我们能够看清一个人在一个区域、一个时期内的活动轨迹,从而提供了数据和技术支撑,进一步增强了安防的防范力度和效果。但是,如何有效利用这些海量数据仍然是一个新问题。因此,深度学习和人工智能技术的发展为安防行业注入了新活力,提供了更多的应用场景和发展动力,推动安防行业向智能时代前进。

3. 智能安防时代

智能安防技术已广泛应用于安全监控的各个环节,包括采集、传输、存储、显示和控制。各种监控设备和系统,无论是云端、边缘还是终端,都已具备不同程度的智能,能够实现人与机器之间的无障碍交流,并能快速调用跨系统和跨平台的数据。智能安防设备,如无线监控设备、机器人和无人机等,得到了广泛的应用,安防监控具备了移动化的能力,可以根据需要实现动态布控。跨职能的安防综合管理平台也得到了广泛应用,预测和预警成为了安防工作的重点。智能安防技术的应用,使系统的自主决策和自动反馈能力大幅提升,逐渐接手了大部分的日常安防工作场景。如图 5-1 所示为智能巡视车巡视场景。

图 5-1 智能巡视车巡视场景

智能安防技术的起始点是人脸识别技术在视频监控行业的应用。安防工作的重点在于识别对公共安全构成威胁的人,如"坏人"。在过去,这项工作主要由人来完成。但随着人脸识别技术的应用,人工智能可以比对"坏人"的照片和监控数据,从中发现"坏人"的行踪,并且可以通过比对安全事件嫌疑人的照片和"坏人"数据库,确定嫌疑人的信息或其是否有案底。智能安防技术的应用使监控进化到了"看得懂"的阶段。

除了人脸识别技术,人工智能技术还可以在预防、预测和预警方面发挥作用。人工智能技术使每个监控设备都具备感知和判断能力,形成了一个全覆盖、无死角的立体智能监控感知网络。此外,人工智能技术与海量数据的结合,将第一次让我们看到了预测和预防的可能性。

智能安防技术可以补足人类在预防、预测和预警方面的不足,并实现"天网恢恢,疏而不漏"的理想状态。

5.1.2 智能安防需求

1. 信息时代更要防患于未然

随着信息技术的发展,人们之间的社交网络不再受限于时间和空间,社会关系和互动方式也变得更加复杂。虽然这种扩展提高了社会关系的丰富程度,但也增加了公共安全风险的风险点。在互联网时代,人与人之间的直接沟通和协作越多,出现问题的可能性就越大。例如,P2P 借贷模式的快速发展得益于互联网强关系网络的扩展,但也暴露了新的安全问题。因此,信息时代的安防工作需要事先预测和预警,更加重视人工智能技术的应用,以保障公共安全和应急工作。

2. 信息时代更有机会出现团伙作案

信息技术不仅武装了执法人员,同时也让犯罪分子获得了前所未有的能力。

以 QQ、微信等为代表的即时通信产品让犯罪分子能够远距离完成协作,这种能力使他们分工合作的效率大为提高。这也促使在互联网环境中长大的年轻一代,更加容易结成或松散或严密的团伙,实施一次或多次犯罪行为。其中,偷窃、抢劫、故意伤害等占绝大多数。虽然看起来这些团伙无非还是干一些小偷小摸、抢东西、打群架之类的一般违法行为,但从一开始这些行为就都是以团队的形式在实施,每一次小的犯罪活动都在刺激着这个团伙向正式化、长期化的方向发展,假以时日很容易演化成黑社会组织等对社会危害极大的帮会活动。因此,这种利用新的网络通信工具进行联系、沟通,并在实施犯罪行为时进行指挥,甚至在完成犯罪活动后进行分赃等全过程的违法犯罪活动,需要引起相关执法部门的高度重视,尽可能将其消灭在萌芽状态。具体可采取以下措施。

(1) 对特殊人群、重点人物的网络行为进行适度监控,尤其是一些异常的活动,如在非正常时间接入网络、频繁登录不常用的特殊网站、与某个人或某群人在短时间内互动频率异常升高、购买了大量不常用的特殊物品等,能够及时掌握部分关键人员的动向。

(2) 在团伙犯罪活动实施过程或后续案件侦破过程中,应用人脸识别、声纹识别等生物特征识别技术,对团伙成员的身份进行识别确认,以快速完成对犯罪分子的抓捕。

(3) 在案件侦破过程中,还可以对相关嫌疑人员的行踪、网络行为等进行持续跟踪监控,直到发现相关证据,完成嫌疑人员的抓捕。人工智能技术在对团伙成员日常活动的系统化监控、分析,犯罪活动进行过程中的情报捕捉、通信干扰、综合布控,以及事后的应急救援、侦破、抓捕等全过程中都有巨大的价值,一方面能够大幅降低人为监控的成本,提高监控的效率,尤其是对于网络行为的在线监控、人工智能的效率和效果都会大幅优于人类;另一方面,只有更加高效地利用同样的社交工具,用同样的语言沟通、同样的方式思考,这样才能"以其人之道,还治其人之身",在充分了解对手的基础上,掌握先机,战胜对手。

信息时代,在新的通信和协作工具的支持下,团伙犯罪呈现以下特点:

(1) 松散化,团队成员不固定,根据不同的目的临时组建。

(2) 短期化,能够快速组队,快速实施犯罪活动,完成后随即快速解散。

(3) 异地化,团伙成员可以来自多个不同的地区,临时聚集到某地实施犯罪,之后迅速分散回到各地。

这些新的团伙犯罪特点要求安防工作也要与时俱进，突破传统思维的限制，广泛、深入地应用各种新的技术，尤其是人工智能技术，有针对性地进行防范和打击，这样才能赢得新时代的安防斗争。

3. 信息时代更容易出现群体性事件

群体性事件的发生需要信息的大规模传播、社会民众的低成本参与、群体情绪的一致性激发等前提条件。传统社会形态下，这些条件同时得到满足的难度极高。因此，群体性事件的发生概率也相对较小。但在信息时代，尤其是伴随着新媒体的发展，信息的传播效率和规模已经远超传统媒体；民众的参与成本也大幅降低，单击就可以完成一次转发，为事件的发展推波助澜；而新媒体的社会化传播特性更是极易促成群体性情绪的生成和传播。

社交媒体更在群体性事件的发生发展过程中，有效地推动了群体情绪一致性的产生。例如，一个基本的认识是，社交媒体的传播效率已经超出人类能够控制的范围，常规的舆论控制手段在新的社交媒体面前几乎没有任何作用。只有充分应用新的技术，对海量的社交媒体数据进行抓取、分析，才有可能发现群体性事件的蛛丝马迹，才有可能获知群体性事件背后的真实推动力量，才有可能抓住应对群体性事件的关键环节和关键人物，才有可能提前预判群体性事件的发展态势，进而实施有效的控制和疏解。

总之，新的时代背景给安防工作带来了新的要求。预测、预警的作用在新的社会形态中显得尤为重要。安防的智能化发展正逢其时。

5.2 智能安防应用场景

安防的目的是最大限度地保障人民群众的生命、财产安全。为了能够达成这个目的，安防工作越早介入，安全问题的发生发展过程越好。如果把这个过程分为事前、事中、事后三个阶段，我们的工作重心就应该从救援、侦破、善后等事后工作向应急、控制、指挥等事中处置和预测、预警等事前防范转移。这个转移单靠人力已经无法完成，需要以人工智能、大数据、云计算、区块链等新技术的应用来驱动。

在社会治安、防暴反恐、灾害应急、食品安全等公共服务领域，通过人工智能的应用可以对社会安全运行的态势做出相对准确的感知和预测。例如，人工智能已应用于案件的侦破过程，通过广泛分布的安防监控摄像采集的数据，应用人脸识别等智能感知技术，可以及时发现异常，锁定嫌疑人员，为警方破案提供重要线索。在美国，多地警方通过部署人工智能警务风险评估软件，通过对历史犯罪数据的分析，有效预测哪些犯罪高发区域更有可能出现新的问题，从而将犯罪活动扼杀在萌芽状态。

2017年国庆期间，公安部门在北京天安门广场采用动态人像布控和识别技术，一共触发90余次报警，在60多次人工盘查的情况下，准确命中各类嫌疑对象50多人。在灾害应急领域，人工智能技术也在灾情分析、处置，降低财产损失等方面开始发挥重要作用。通过对灾区航拍影响的高效处理和分析，其可以为救援人员实时提供灾情和风险评估，并基于数据分析为救援计划提供优化建议，不但能够减少受灾地区和群众的损失，也能最大限度地降低救援人员的风险。

在日本，消防厅主导推动的由小型无人机、侦查机器人、灭火机器人等组成的"机器人消防队"已经开始实际发挥作用。美国航空航天局也推出了用于消防作业的AI系统Audrey，可以通过消防员随身携带的穿戴式传感器，准确获取火场位置、温度、着火材料及卫星图像等多维信息，并通过机器学习算法对火情和风险做出分析评估，指导消防员的实际行动。

总体来看，人工智能技术已经在安防领域找到了一些应用场景，但从应用的深度和广度来看，其在公共安全服务领域还处在相对早期的阶段，研究人员还需要结合不同的安防场景继续深入挖掘这些新技术的潜力，使其能够更好地发挥作用，服务于各个领域的安防工作。

安防的需求从影响范围的角度可以分为个人安全、群体安全两种，从应对方式的角度可以分为主动安全、被动安全两种。所有的主动安全行为，无论是个人通过合理饮食、适度运动保持良好的身体状态，以提升应对风险的能力，还是培养良好的生活、行为习惯，尽量远离风险高发的情境，或者一个群体着力提供安全教育，培养安全文化，都高度依赖自身的意识提升，很难为外力所改变。安防更多是指以独立第三方的形式向目标对象提供被动的安全服务。

在特殊情况下，个体也会有独立的被动安全服务需求，例如一些特殊人物通过雇佣私人保镖的方式来保障自身的安全。当然，雇佣的行为是主动的，但站在个体的位置，从对风险的分析判断和应对角度看，这种情况下对安全问题的防控其实是被动的。

因此，智能安防的应用场景主要是面向群体的被动安全需求，按照其影响范围和人群的大小，可以分为社区安全、食品安全、环境安全三个主要的细分场景。

这样分类的依据主要是考虑该场景是否有可以相对明确划定的物理边界。社区安全是指那些具有相对明确边界的场景，如校园、医院、工厂、监狱、博物馆等依托独立物理建筑的空间，或者车站、机场、港口等公共场所；食品安全问题是一个链条，影响的范围很难用物理边界来分割，通常出现食品安全问题时，波及的都是一个面；而环境安全问题的波及范围通常都非常广，如地震、海啸、台风等自然灾害或森林火灾、空气污染等人为灾难，其影响范围基本上都不能以我们常规的行政或土地边界来划分。边界特性的不同，会使各个场景对于安防工作的要求也不尽相同，尤其是新科技在其中发挥作用的方式更需要根据各场景的特性和目标要求区别设计。

5.2.1　社区安全

随着社会发展的不断推进，智能安防技术也在不断发展，其应用范围也在扩大，其中尤以社区安防应用最为广泛。如图 5-2 所示为安防在社区安全中的应用。

图 5-2　安防在社区安全中的应用

社区在这里不是指一般意义上的居民小区或街道等,而是指具备相对明确物理边界的空间或场所的总称。在这些有物理边界的空间内,出现的安全问题都被归类为社区安全问题。大多数人群活动都是在这种空间中完成的,社区是大部分针对人群的安全问题发生的主要场景,也是安防的重点场所。

由于社区具有物理边界的特性,所以社区安防场景可以分为边界控制和内部空间监控两个部分。人工智能技术在这两个部分中都能够发挥重要作用。智能化的卡口管理利用生物特征识别技术,如人脸识别、声纹识别等,取代传统的人工识别模式,能够有效提高对非合格人员的辨别能力,防止危险源进入社区内部。对于需要付费才能进入的场所,如博物馆、音乐厅等,如果通过微信支付或支付宝等电子支付方式完成支付,那么身份信息事实上也已被获取。尽管仍需依赖手机等移动设备,但新的移动支付方式已经能够在完成支付的同时记录来人的身份信息。

智能安防主要应用于以下场景。

1. 校园

校园安防近年来发展较快,防闯入、防伤害、防劫持是防范重点。校园出入口的人脸识别,以及对接送人员的身份确认等是学校安防工作的特色之处。另外,校园内部的异常活动监控也是安防的重点工作之一。

2. 文体场馆

文化馆、博物馆、音乐厅、剧场、体育场馆是一类人群临时聚集、长时间停留、以流动人员为主的场所,其防范重点为防破坏、防盗窃,以及应对暴恐、群体性突发事件等。因此,这类空间未来安防智能化的重点在于对进入人群的身份辨认,对进入者在空间内部的行为和活动轨迹的监控,以及对异常行为、异常活动的预警等。

3. 企业及园区

企业及园区的安防是比较新的领域,但需求较为旺盛,近年来获得了较快的发展。其安防应用的需求非常广泛,除进行一般的防入侵、防盗窃、防破坏之外,还有生产安全、消防、应急指挥等。因此,需要在卡口控制的基础上,联合应用包括机器人、无人机、周界防护、电子巡查等多种方式,以人工智能监控、预警平台为中心,结合企业的6S(整理、整顿、清扫、清洁、素养、安全)管理工作,共同促进企业或园区的安全防范工作。

4. 医院

医院是近几年安防应用发展较快的领域之一。除作为一个重点的安防社区场景,需要在卡口和空间内部两个角度计划并实施可操作的安防工程以外,还需要在传染病的隔离控制、医疗器材及废弃物的处理处置、医患关系的处理等方面加强管理。同时,医院作为最重要的事故救援实施单位,其120急救车管理系统、移动救治系统等应急救助救援功能也很关键。

5. 监狱

监狱、看守所等是最高防范级别的单位,需要采取立体化、全方位安全防范技术手段。高清智能监控摄像、生物特征识别、专用门禁、现代实体防护设备等都是重要的安防工作内容。

6. 机场及车站

机场、车站、港口等作为半开放的社区场景,是一个城市的出入口,是流动人口高度聚集的场所。这类场景的重点是人员身份的确认、危险物品的识别及反恐防爆等方面。人工智能技术的应用在这几个方面都会极大地提高识别的准确度和效率,尤其是远程识别技术的应用,可以无死角地对空间内的人群实施不间断的监控。

未来，随着人脸识别支付的普及和多重生物特征识别技术的综合应用，社区安防场景的卡口控制能力将大幅提升。卡口场景下的身份认证和费用支付完全可以合二为一，以一种高度自然的方式进行。通过步态、声音等识别技术进行空间内部监控，智能系统能够预测可能出现的安全事件并及时进行预警。一旦出现安全事件，智能系统可以在第一时间对社区物理边界进行封锁，有效避免安全事件扩散到社区以外更大的区域。未来智能系统还可以根据社区周边的相关数据，给出最优化的方案和路线规划，并协助人类完成资源调配和应急指挥。随着智能技术的不断发展，边界封锁的动作将会在人工智能的决策下自动执行，从而进一步提高社区安全的防范能力。

5.2.2 食品安全

随着社会发展和人类文明的进步，食品安全已经成为人们关注的焦点。智能安防技术可以有效帮助企业提高食品安全水平，保护食品安全。如图5-3所示为监控在食品安全中的应用。

图5-3 监控在食品安全中的应用

食品安全是非常重要的，人们越来越注重吃得安全、吃得健康。2008年，三鹿集团生产的奶粉中添加了工业原料三聚氰胺，导致很多使用8款奶粉的婴儿出现肾结石症状，此事件对消费者和整个食品行业造成了极大的冲击。类似的事件不止发生一次，还有苏丹红事件、地沟油、农残、重金属残留和有害添加剂等问题。任何一次食品安全事件都会影响到成千上万人的生活，给受害者带来生理和心理上的伤害，他们需要很长时间才能恢复。

保障食品安全是一项复杂的任务，因为食品行业的产业链非常长，涵盖了种养殖、生产、储存、运输、加工和销售等多个环节。特别是在城市化率越来越高的现代社会，食品生产和消费分离的情况更为普遍。同时，食品行业的风险点非常多，每个环节都可能出现不同程度的安全问题，包括食材残留、非法添加、变质、卫生和污染等。食品行业的市场结构分散且复杂，既有大型专业化食品企业，也有小商小贩、路边小吃等，管理难度大。

为了保障食品安全，国家出台了各种政策法规，成立了专门的政府部门，对食品从业人员的资质进行管理，对食品生产流通企业进行牌照管理，加强食品质量监管和信息公开。消费者也需要提高安全意识，选择正规渠道购买食品，注意食品标签和保质期，妥善保存和烹饪食品。只有大家共同努力，才能保障食品安全，让人们吃得更加安心和健康。

5.2.3 环境安全

智能安防技术在环境安全中的应用受到了人们越来越多的关注。智能安防技术可以有效检测、监控和预防环境安全事件。它可以提高环境安全事件的发现率，减少环境安全事件的发生次数，从而改善环境安全状况。如图 5-4 所示为智能安防技术在火灾中的应用。

图 5-4　智能安防技术在火灾中的应用

环境安全问题一直是人类面临的重大挑战。自然灾害是其中最为突出的问题之一，其对人类生产生活带来的影响不可估量。因此，越来越多的关注集中在如何应用智能安防技术来预防、监测和应对自然灾害。智能安防技术能够提高灾害发现率，减少灾害发生次数，并且改善环境安全状况。自然灾害的种类多样，包括地震、火山爆发、洪水、海啸等，其特点在于能量的突发和破坏性，常常超出人类的应对能力。因此，对于环境安全问题，人们应该着重防范自然灾害的发生，并采用智能安防技术来提高灾害预防、监测和应对的能力，从而最大限度地降低灾害带来的损失。

5.3　智能安防应用解决方案

智能安防应用解决方案是指通过采用新兴技术，如智能感知、云计算存储、大数据分析、人工智能及物联网，帮助用户进行安防预测和监控，从而实现多层级的安防体系。它可以根据不同的场所环境及用户需求，设计相应的闭环系统，实现安全预警、应急指挥、智能管理等，从而对中小企业的安全状况进行全面监控。

5.3.1　软件定义摄像机

软件定义摄像机是华为技术有限公司（以下简称华为）提出的智能安防解决方案。如图 5-5 所示为华为智能安防发布会场景。软件定义摄像机是一种基于软件的网络摄像机，其具有高度的灵活性和可配置性,能够满足不同应用场景的需求。在智能安防中,软件定义摄像机可以发挥以下几个重要作用。

图 5-5　华为智能安防发布会场景

(1) 软件定义摄像机能够实现高精度的智能识别和分析。通过使用人工智能和机器学习算法,软件定义摄像机可以实现高精度的人脸识别、车牌识别、行人识别等功能,从而实现对区域内异常行为的及时发现和预警。

(2) 软件定义摄像机可以实现高效的视频数据处理和存储。由于其采用的是软件定义的方式,所以摄像机的功能和性能可以通过软件更新和升级来实现。同时,软件定义摄像机支持分布式存储和云存储,可以有效减轻网络负载,保障视频数据的安全性和可靠性。

(3) 软件定义摄像机可以实现远程监控和操作。通过支持网络互联,软件定义摄像机可以实现远程监控和操作,如远程视频播放、录制和存储等功能,从而实现对远程场所的实时监控和管理。

(4) 软件定义摄像机可以实现智能化的安全管理和预警。通过与其他智能安防系统集成,如门禁系统、告警系统等,软件定义摄像机可以实现更加智能化的安全管理和预警,例如通过识别人脸和车牌等信息,实现对特定人员和车辆的访问控制和实时监控。

HoloSens 是华为旗下的智能安防品牌,该品牌提供了一系列的解决方案,旨在帮助用户更加高效地管理和保护自身安全。

HoloSens 智能安防解决方案基于人工智能技术,利用智能摄像机、智能分析算法和大数据分析等技术,实现对监控场景的智能分析、识别和预警,以及对事件的实时响应和处理。

HoloSens 智能安防解决方案包括以下几个方面。

(1) 视频监控方案:基于智能摄像机和视频分析技术,实现对监控场景的实时监控、识别和预警,提高监控的准确性和效率。

(2) 人员管理方案:基于人脸识别技术和大数据分析技术,实现对人员进出场所的自动识别和管理,提高安全管理的效率和准确性。

(3) 车辆管理方案:基于车牌识别技术和大数据分析技术,实现对车辆进出场所的自动识别和管理,提高车辆管理的效率和准确性。

(4) 门禁管理方案:基于人脸识别技术和智能门禁控制器,实现对门禁系统的自动管理和控制,提高门禁管理的效率和安全性。

（5）智能安防云平台：基于云计算技术和大数据分析技术，实现对多个安防系统的集中管理和监控，提高安防管理的效率和准确性。

总之，HoloSens 通过智能摄像机、人工智能技术、大数据分析等技术，为用户提供了一系列高效、智能、安全的安防解决方案，帮助用户更好地管理和保护自身安全。

安防行业已经进入智能时代，摄像机不再只是简单地"看得见"，而是具备了"看得深""看得懂"和"能预见"的多维智能感知视觉能力。相比传统摄像机因为软硬件固定而导致应用受限，华为提出了软件定义摄像机的概念，明确了三大核心标准，即基于开放的摄像机操作系统、开放的算法和应用生态，以及配备专业 AI 芯片的设计理念。在硬件性能充足的情况下，华为采用智能算法的设计理念，通过对前端算法的不断优化迭代，实现了一次硬件投资、全生命周期内算法可持续成长的目标。华为建立了开放的生态系统，并吸引了众多合作伙伴提供优秀的算法，实现普惠 AI，为客户持续创造社会价值和商业价值。

面对快速变化的需求和海量的信息和数据，AI 算力成为智能安防产品的重要基础之一。华为旗下的软件定义摄像机采用超强算力的 AI 芯片加持，打造了三大系列，即 X（eXtra）、M（Magic）和 C（Credible），以适应不同算力和算法的需求，服务于各种智能化场景。基于软件定义摄像机的解决方案，华为的智能安防产品能够实现以下效果。

（1）全息感知：采用智能图像识别技术，自动识别不同场景下的逆光、低照度、雨雾、人物和车辆等，自动调整摄像机参数，帮助用户获得最佳图像质量，确保关键信息不丢失。

（2）全场景智能：凭借华为自主研发的超强算力，轻松实现 10 个人脸画面的抓拍，并且能够准确识别戴口罩、戴墨镜等非约束场景，广泛应用于交通、平安城市、园区等各种应用场景。

（3）全网协同：华为充分考虑客户现有的存量摄像机智能化需求，利用华为软件定义摄像机的充足算力，实现一个智能摄像机带动周边 2~3 个普通摄像机的智能升级，客户无须进行大规模的网络改造，就能轻松实现全网智能化。

5.3.2 智能安全分析

智能安全分析系统是大数据和人工智能企业——北京百分点科技集团股份有限公司（以下简称百分点集团）针对公安业务的解决方案。如图 5-6 所示为百分点集团。

图 5-6　百分点集团

百分点集团是我国领先的数据智能技术企业，提供完整的大数据和认知智能产品线以及行业智能决策应用产品,拥有丰富的行业解决方案和模型库,具备强大的行业知识图谱构建能力。该公司已经为国内外 10000 多家企业和政府客户提供服务,致力于推进数据到知识再到智能决策的演进。

百分点集团以"用数据智能推动社会进步"为使命,建立了企业级、政府级和软件运营服务(Software as a Service,SaaS)三大核心业务体系,覆盖多个行业,包括报业、出版业、零售快消业、金融业、制造业等,并提供多款 SaaS 产品,如舆情洞察、在线调查、社交媒体大数据聆听、MobileQuest 等。

为了促进科技落地,百分点集团注重产学研用相结合,与国内一流高校和研究机构成立了 8 个合作研究中心。公司还向亚洲、非洲、拉丁美洲等多个国家和地区提供国家级数据智能解决方案,帮助当地政府实现数字化和智能化转型。

百分点集团的产品技术创新和坚实服务获得了多方认可。该公司多次入选 Gartner、Forrester、德勤、毕马威等国际知名分析机构的权威榜单,多次获得大数据和人工智能领域重量级奖项,核心产品也通过了多个国家级权威机构的认证。

百分点智能安全分析系统(DeepFinder)是一款利用可视化分析技术、战法模型和协同作战平台,提供准确的线索研判和高效共享的综合安全分析系统。该系统基于大数据和人工智能技术,收集公共安全领域的海量、多源、异构数据,并构建基于人、地、事、物、组织等要素的专业知识图谱,以揭示数据中的时空规律和关联关系。DeepFinder 可以应用于多个场景,包括复杂关系网络挖掘、多层级资金流向分析、社交媒体分析、反恐预警分析和恐怖威胁评估等,有助于公共安全和执法机构提高自身预测、预警和预防的能力。该系统的特点在于其统一、灵活和动态可扩展的知识图谱,以及其强大的数据挖掘和分析功能。

DeepFinder 具有以下几个方面的功能。

(1)联合搜索:系统提供多种搜索方式,用户可以通过交互界面快速发现数据中的行为模式、异常现象、相互关系及所关注的实体对象。

(2)关联分析:系统包含多种功能,可以帮助用户发现分析目标与相关实体的相互关系、分析目标之间的关系,以及分析目标的地理分布特征、不同事件的规律等。

(3)风险识别:系统可以从海量的原始信息中筛选出可疑事件,并监测重点人员、物品、组织及其相关事件,将其推送至线索分析人员处进行相应处理。

(4)战法管理:系统结合公共安全行业专家知识,拥有多种战法应用,支持分析人员快速对海量信息展开分析研判,从而锁定嫌疑目标。

(5)协同工作:系统作为用户的消息管理平台、任务管理平台、资源共享平台,为每位用户提供一个单独的工作空间,用户可以在该空间内进行任务分配、监测任务状态、接收可疑信息等工作。

综上所述,DeepFinder 可以帮助用户快速发现异常行为和潜在威胁,提高公共安全和执法部门的预测、预警和预防能力,有效防范和打击恐怖主义、犯罪等违法行为。

5.3.3 智能消防

智能消防解决方案是阿里云"城市大脑"板块众多功能之一,主要面向消防业务的智能化解决方案。如图 5-7 所示为城市大脑形象。

阿里云是一家全球领先的云计算和人工智能科技公司,成立于 2009 年,服务范围覆盖 200

多个国家和地区的企业、开发者和政府机构。阿里云的目标是通过在线公共服务的方式，为全球数十亿用户提供安全、可靠的计算和数据处理能力，让计算和人工智能成为普惠科技。目前，阿里云在全球 18 个地域开放了 49 个可用区，为客户提供全球独有的混合云体验。阿里云推出的数据智能技术，包括智能语音交互、图像/视频识别、机器学习、情感分析等能力，能够解决社会和商业中的难题。数据智能的核心能力在于多维感知、全局洞察、实时决策、持续进化，在复杂局面下快速做出最优决策。

图 5-7　城市大脑形象

针对各行各业，阿里云的科学家对数据智能进行专项训练，研发出了城市大脑、工业大脑、医疗大脑、环境大脑等，它们成为人类的强大助手。其中，城市大脑利用实时全量的城市数据资源全局优化城市公共资源，即时修正城市运行缺陷，实现城市治理模式、城市服务模式和城市产业发展的三重突破。城市治理模式突破主要体现在提升政府管理能力，解决城市治理突出问题，实现城市治理智能化、集约化、人性化；城市服务模式突破主要体现在随时随地更精准地服务企业和个人，城市的公共服务更加高效，公共资源更加节约；城市产业发展突破主要体现在开放的城市数据资源是重要的基础资源，其对产业发展发挥催生带动作用，促进传统产业转型升级。

阿里云智能消防解决方案聚焦智慧消防各场景的隐患管理，通过阿里云 IoT 城市物联网平台的架构实现海量异构消防终端设备的统一接入管理，从而提升消防监管的科学性，实现消防监管从经验型向数据决策型转变。

阿里云智能消防解决方案具备全域感知、火患预警、多维研判、智能调度等特点，能够突出火患协同共治、实现主动性防火、全域感知精准防控、消防数据全时在线等价值。

阿里云智能消防解决方案能够实现消防隐患的全链路闭环处置，真正做到防患于未然；同时，能够通过阿里云 IoT 边缘端视频接入和 AI 算法能力，实现烟、火难逃"火眼金睛"，在线识别、精准定位火情；此外，还能够基于 BIM 构建应急预案，为消防演练、应急预案制定、紧急情况应对提供沉浸式、可视化的空间框架；最后，通过区块链加持数据安全可靠，能够解决消防数据在流程过程中虚假上报、篡改记录的问题，使各消防主体责任清晰明了。

5.3.4 警务大脑

"警务大脑"是一种综合智能警务解决方案,由明略科技集团针对公安决策和指挥的智能化需求而打造。该方案集数据融合、分析、挖掘和应用等功能为一体,作为公安核心决策中心,能够实现各警种多源数据信息的高度融合,进行宏观态势的全方位感知,并自动识别潜在风险点,实现重点问题的超前预测、治安隐患的超前排查、可疑人员的提前盯防、各方态势的精准掌握,在支持案件侦办的基础上实现犯罪预防。该方案具有多个优势,包括国内首创基于公安行业知识图谱的标准、可视高效的数据治理能力、创新公安大数据使用交互模式、创新大数据背景下的公安情报内生能力以及创新警务大数据服务模式。该方案的应用场景包括公安大数据资源融合服务平台、思维中心基础研判和知识图谱挖掘模型等。如图 5-8 所示为某省公安大脑建设会议。

图 5-8 某省公安大脑建设会议

明略科技集团是中国领先的一站式企业级人工智能产品与服务平台,致力于探索新一代人工智能技术在高复杂度的知识和管理行业中的落地。其打通感知与认知智能,通过多模态人工智能和大数据技术,连接人、机器、组织的智慧,最终实现具有分析决策能力的高阶人工智能应用,让组织内部高效运转,让更多的人和资源投入创新工作,实现人机同行的美好世界。

2018 年 9 月,明略科技集团联合公安部第一研究所共同发布业内首个《公安知识图谱标准与白皮书》。

"警务大脑"作为公安核心决策中心,可实现各警种多源数据信息的高度融合,进行宏观态势的全方位感知。结合机器学习、模式识别和智能分析等先进技术,通过多警联动和专业分析,从根本上提高了公安机关打击犯罪、应急处突、治安防范、社会治理等多方能力与效率。警务大脑的应用场景主要有以下几个。

1. 公安大数据资源融合服务平台

该平台负责公安内外部各类数据的接入和治理,将公安机关掌握的各类数据融合汇总成以人、地、事、物、组织等实体为节点,属性、时空、语义、特征等联系为边的关系网络,从而再现真实世界对象之间的错综复杂的关系,为警务大脑平台提供可靠的数据支撑。公安大数据资源融合服务平台主要包括数据接入、数据处理、数据治理、数据建库和数据服务等内容。

2. 思维中心基础研判

思维中心主要提供各类实战的支撑,用于对具体问题进行研判支撑。主要功能包括以下几个。

(1) 治安态势分析:可实现人员多维分析、案件多维分析、警情多维分析等。
(2) 检索:实现各类数据的实时检索。
(3) 知识图谱研判:可基于知识图谱实现人员关系可视化研判。
(4) 信息核查:包括人员背景信息核查及车辆核查。
(5) 线索分析:提供案件、线索、车辆、资金流等各类线索分析工具等功能。

思维中心可提高侦查人员获取有效信息的效率,延伸侦查人员的侦查智慧,提高侦查人员对数据的掌控和利用水平。

3. 知识图谱挖掘模型

知识图谱挖掘模型是指根据不同的业务场景,基于公安知识图谱,构建各类分析和挖掘模型,通过分析人员关系,发现隐藏在背后的团伙关系及潜在嫌疑,帮助公安人员掌握全面的犯罪人员情况,获取相关违法犯罪行为的线索。

知识图谱挖掘模型提供各种专业模型包,其中包含大量针对各类犯罪人员及群体的挖掘模型,用于支持业务人员的分析研判。

4. 警种专业智能应用

警种专业智能应用提供更为复杂的挖掘模型应用,结合各行动部门的痛点问题,通过犯罪特征的归纳,有针对性地引入相关数据资源,通过大数据算法、模型确定相关违法犯罪人员的身份、位置、关系等情况,并根据积分计算进行高危人员的推荐,帮助行动部门获取精准的行动线索,从而有效进行犯罪打击。

警种专业智能应用包括模型和应用,针对多个专业警种提供面向业务需要的全流程闭环服务及用户辅助研判的模型集。

警种专业智能研判提供高危涉毒人员及团伙分析挖掘应用、高危假药售贩人员及团伙分析挖掘应用、高危车险诈骗人员及团伙分析挖掘应用、高危盗人员及团伙分析挖掘应用、扫黑除恶人员及团伙分析挖掘应用、网络雇凶人员及团伙分析挖掘应用、网络贩枪人员及团伙分析挖掘应用、高风险人员预测分析挖掘应用等多种服务于警种实战的智能应用模块。

5. 警务大脑门户

警务大脑门户主要整合核心的应用功能,为用户提供统一的导航与准入。通过单击登录、用户管理等手段,基于门户整合警务大脑的各类功能,实现本平台线索挖掘、情报研判、侦察分析手段的用户端共享和集成,由应用导航、线索预警、信息推送等功能组成。X战警应用门户提供全站式应用导航服务和统一的身份认证及权限划分,分公共服务区域和个人服务区域,并根据不同角色,提供不同的系统使用、信息发布权限。

5.3.5 全城 Smart 智慧监控

全城 Smart 智慧监控解决方案是杭州海康威视数字技术股份有限公司（以下简称海康威视）面向平安城市建设的一个综合性智能解决方案。如图 5-9 所示为 Smart 2.0 智系统宣传画面。

图 5-9 Smart 2.0 智系统宣传画面

海康威视是一家以视频技术为核心的智能物联网解决方案和大数据服务提供商。公司拥有视频技术方面的核心技术，包括视音频编解码、视频图像处理、视音频数据存储等，同时也积极研发前瞻技术，如云计算、大数据、深度学习等。公司主要为公安、交通、司法、文教卫生、能源和智能楼宇等行业提供专业的细分产品、智能可视化管理解决方案和大数据服务，并将业务延伸到智能家居、工业自动化和汽车电子等行业。

海康威视的产品和解决方案已经应用在 150 多个国家和地区，并且在很多重大项目中发挥了重要的作用。公司多次荣膺全球安防 50 强榜单中的第 1 位。其经营理念是"专业、厚实、诚信"，核心价值观是"成就客户、价值为本、诚信务实、追求卓越"，致力于不断发展视频技术，为人类服务。

过去十年，各地的平安城市建设如火如荼，监控探头的数量急剧增加，监控数据也呈现爆炸式增长。这给公安业务应用带来了严峻的技术挑战和困难。监控探头每天记录的视频是一种非结构化数据，需要人工进行查证。海量的图像数据让人工排查变得困难和耗时，效率低，成本高。在公安案件追溯过程中，这个问题一直困扰着行业。

为了解决这个问题，海康威视推出了全城 Smart 智慧监控解决方案。该方案包括智慧前端、智慧存储和智慧应用三个方面。通过在监控摄像机中嵌入多种智能识别算法，这个智慧监控系统可以给监控探头装上"智慧大脑"，实现监控系统的智能化。

全城 Smart 智慧监控系统有三个主要特点。首先，它可以自动发现异常情况并弹出智能化告警，包括越界、进入/离开区域、区域入侵、徘徊、人员聚焦、快速移动、非法停车、物品遗留/拿取等。其次，它可以自动识别车牌，并将提取的车牌号码、车牌颜色等结构化信息存储下来，以实现智能化特征搜索和车辆黑名单布撤控。最后，它可以自动完成动静分离，并将实时分析出的智能多元信息直接存储在 Smart 存储设备中,从而实现视频的智能检索、浓缩回放和摘要回放。

全城 Smart 智慧监控系统的核心产品包括 Smart 摄像机、Smart 存储和 Smart 平台。Smart 摄像机支持一项特征识别、5 项智能侦测以及 10 项行为分析等智能增值功能。Smart 存储采用基于视频流直写技术的存储产品,具备多种录像保护机制。Smart 平台则基于云计算和视频大数据处理技术构建,以公安业务需求为导向,提供贴近公安实战需要的智慧监控应用。

全城 Smart 智慧监控系统的用户价值主要体现在三个方面。

1. 破案效率提高

从传统的视频回看、人工查证,转向以车牌搜索、特征搜索为核心的智能搜索应用,以及以浓缩播放、视频摘要为核心的智能查看应用,破案时线索排查效率提升 20~100 倍。

2. 指挥效率提高

可通过密布全城的智慧监控网,实现车辆智能布控,主动发现黑名单车辆并及时报警,真正做到"一点布控,全城追踪",在公安执行布控缉逃任务时可极大提高指挥效率。

3. 防控效率提高

能够实时分析,自动发现人员聚焦、徘徊、非法停车等异常情况并提示报警,促成监控业务模式从事后查证到主动视频防控的质的飞跃,提高城市治安防控预警效率。

智慧监控是一种全新的监控理念,它将从根本上改变目前公安视频业务应用的模式,全面提升公安机关侦查破案、指挥调度、治安防控的能力和效率,为新一代平安城市建设带来深刻的变革。

习　题

1. 以下不属于智能安防中常用的技术手段的是（　　）。
   A．人脸识别技术　　　　　　　　B．智能视频分析技术
   C．机器学习技术　　　　　　　　D．人工智能技术
2. 以下不属于智能安防系统的组成部分的是（　　）。
   A．摄像头和视频监控系统　　　　B．门禁系统
   C．报警系统　　　　　　　　　　D．车辆监控系统
3. 以下不属于智能安防的应用领域的是（　　）。
   A．家庭　　　B．商业　　　C．军事　　　D．交通
4. 以下属于智能安防中常用的数据处理技术的是（　　）。
   A．机器学习技术　　　　　　　　B．大数据技术
   C．数据挖掘技术　　　　　　　　D．区块链技术
5. 以下哪个是智能安防技术的代表性应用之一？（　　）
   A．智能音响　　B．智能灯光　　C．智能家居　　D．智能门禁
6. 在智能安防系统中,常用的人脸识别技术是基于以下哪个技术实现的？（　　）
   A．模式识别技术　　　　　　　　B．深度学习技术
   C．传感器技术　　　　　　　　　D．机器视觉技术

7. 智能安防中常用的智能门锁系统是基于以下哪个技术实现的？（ ）
　　A．指纹识别技术　　　　　　B．人脸识别技术
　　C．蓝牙技术　　　　　　　　D．红外线技术
8. 智能安防中常用的视频监控系统是基于以下哪个技术实现的？（ ）
　　A．传感器技术　　　　　　　B．机器视觉技术
　　C．语音识别技术　　　　　　D．红外线技术
9. 智能安防中常用的入侵报警系统是基于以下哪个技术实现的？（ ）
　　A．红外线技术　　　　　　　B．光学识别技术
　　C．机器学习技术　　　　　　D．GPS 技术
10. 智能安防中常用的安全防护服是基于以下哪个技术实现的？（ ）
　　A．红外线技术　　　　　　　B．机器视觉技术
　　C．传感器技术　　　　　　　D．语音识别技术

第 6 章 智能工业

未来十年,第四次工业革命将步入"分散化"生产的新时代。工业 4.0 是以智能制造为主导的第四次工业革命,通过决定生产制造过程的网络技术,实现实时管理或革命性的生产方法,其中包含了由集中式控制向分散式增强型控制的基本模式转变,目标是建立一个高度灵活的个性化和数字化的产品与服务的生产模式。工业 4.0 项目主要分为两大主题:一是"智能工厂",重点研究智能化生产系统及过程,以及网络化分布式生产设施的实现;二是"智能生产",主要涉及整个企业的生产物流管理、人机互动以及 3D 技术在工业生产过程中的应用等。

6.1 从工业 1.0 到工业 4.0

6.1.1 工业 1.0 到工业 4.0 的演变过程

工业 1.0 是机械制造时代,即 18 世纪引入的机械设备制造时代,时间大约是 18 世纪 60 年代至 19 世纪中期。

工业 1.0 通过水力和蒸汽机实现工厂机械化。这次工业革命的结果是机械生产代替了手工劳动,经济社会从以农业、手工业为基础的旧模式转型到以工业、机械制造带动经济发展的新模式。这个阶段的机械设备还没有出现电气自动化控制这一概念。蒸汽火车如图 6-1 所示。

图 6-1 蒸汽火车

工业 2.0 是电气化与自动化时代,即 20 世纪初的电气化与自动化时代,时间大约是 19 世纪后半期至 20 世纪初。

工业 2.0 是指在劳动分工基础上采用电力驱动产品的大规模生产，因为有了电力，所以才进入了由继电器、电气自动化控制、机械设备生产的年代。这次的工业革命，通过零部件生产与产品装配的成功分离，开创了产品批量生产的高效新模式，如图 6-2 所示。

图 6-2　工业 2.0 时代

工业 3.0 是电子信息化时代，即 20 世纪 70 年代开始并一直延续至今的信息化时代。

在升级工业 2.0 的基础上，工业 3.0 广泛应用电子与信息技术，大幅度提高了制造过程自动化控制程度，同时生产效率、良品率、分工合作效率、机械设备寿命都得到了前所未有的提高。在此阶段，工厂大量采用由个人计算机、可编程逻辑控制器/单片机等电子、信息技术自动化控制的机械设备进行生产。自此以后，机器能够逐步替代人类作业，其不仅接管了相当比例的"体力劳动"，还接管了部分"脑力劳动"，如图 6-3 所示。

图 6-3　工业 3.0 时代

未来 10 年，第四次工业革命将步入"分散化"生产的新时代。工业 4.0 通过决定生产制造过程的网络技术，实现实时管理，如图 6-4 所示。

图 6-4　工业 4.0 时代

6.1.2　工业 4.0

工业 4.0 的概念最早出现在德国。德国学术界和产业界认为，工业 4.0 是以智能制造为主导的第四次工业革命，其目的是提高德国工业的竞争力和制造业的智能化水平。

德国的工业 4.0 项目主要分为以下四大主题。

（1）智能工厂，重点研究智能化生产系统及过程，以及网络化分布式生产设施的实现。

（2）智能生产，主要涉及整个企业的生产物流管理、人机互动及 3D 技术在工业生产过程中的应用等。

（3）智能物流，通过互联网、物联网、物流网整合物流资源，充分发挥现有物流资源供应方的效率，使需求方能够快速获得服务匹配，得到物流支持。

（4）智能服务，以客户为中心，促进企业向服务型制造业转型。智能产品加上状态感知数据与大数据处理，将会改变企业现有的销售模式，采取在线智能服务新模式，实现人员、产品、装备、系统的时时联通，达到有效及时的服务。

工业 4.0 的核心是智能制造，精髓是智能工厂，精益生产是智能制造的基石，工业机器人是时代所趋，工业标准化是必要条件，工业大数据是未来黄金。

工业 4.0 的九大技术支柱如图 6-5 所示。

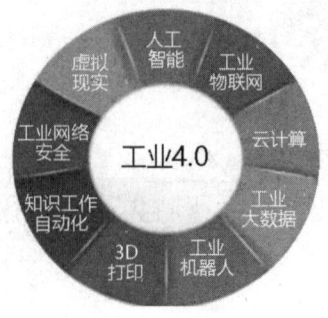

图 6-5　工业 4.0 的九大技术支柱

（1）工业物联网。工业物联网代表全球工业系统与智能传感技术、高级计算、大数据分析及互联网技术的连接和融合，其核心要素包括智能设备、先进的数据分析工具、人与设备交互接口。工业物联网是智能制造体系和智能服务体系的深度融合。

（2）云计算。云计算是互联网虚拟大脑的中枢神经系统，负责将互联网的核心硬件层、核心软件层和互联网信息层统一起来，为互联网各虚拟神经系统提供支持和服务。

（3）工业大数据。工业大数据是掌控未来工业的关键。可以通过工业传感器、无线射频识别、条形码、工业自动控制系统、企业资源计划、计算机辅助设计等技术来扩充工业数据量。

（4）工业机器人。工业机器人是工业 4.0 的最佳助手，是面向工业领域的多关节机械手或多自由度的机器装置。它能自动执行工作，是靠自身动力和控制能力来实现各种功能的一种机器。

（5）3D 打印。3D 打印通过数字化增加材料的方式进行制造。

（6）知识工作自动化。知识工作自动化主要包括智能控制、人工智能、机器学习、人机接口、基于大数据的管理等。

（7）工业网络安全。产业互联网的安全风险和安全压力远远大于消费互联网，因为它涉及行业机密甚至国家机密。

（8）虚拟现实。虚拟现实技术是一种可以创建和体验虚拟世界的计算机仿真系统。它利用计算机生成一种模拟环境，通过多源信息融合的交互式三维动态视景和实体行为的系统仿真，使用户沉浸到该环境中。

（9）人工智能。人工智能技术是工业 4.0 技术的核心和关键，是一切技术的基础，几乎所有技术中都涉及人工智能技术。

6.2 中国制造 2025

6.2.1 概述

《中国制造 2025》是经国务院总理签批，由国务院于 2015 年 5 月印发的部署全面推进实施制造强国的战略文件，是中国实施制造强国战略第一个十年的行动纲领。

制造业是国民经济的主体，是立国之本、兴国之器、强国之基。18 世纪中期开启工业文明以来，世界强国的兴衰史和中华民族的奋斗史一再证明，没有强大的制造业，就没有国家和民族的强盛。打造具有国际竞争力的制造业，是我国提升综合国力、保障国家安全、建设世界强国的必由之路。

《中国制造 2025》由百余名院士专家着手制定，为中国制造业未来十年设计顶层规划和路线图，通过努力实现中国制造向中国创造、中国速度向中国质量、中国产品向中国品牌三大转变，推动中国到 2025 年基本实现工业化，迈入制造强国行列。

《中国制造 2025》提出："加快推动新一代信息技术与制造技术融合发展，把智能制造作为两化深度融合的主攻方向；着力发展智能装备和智能产品，推进生产过程智能化，培育新型生产方式，全面提升企业研发、生产、管理和服务的智能化水平。"由此可见，人工智能、智能化、智能制造是中国制造业的重要发展方向。智能制造的内涵包括产品智能化、装备智能化、生产智能化、服务智能化、管理智能化，如图 6-6 所示。

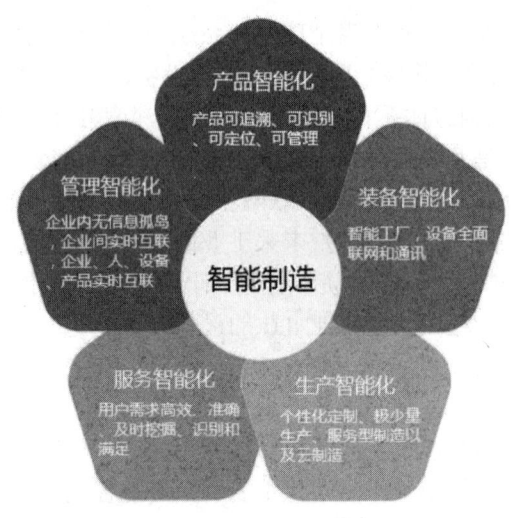

图 6-6 智能制造的内涵

"中国制造 2025"与德国"工业 4.0"的合作对接渊源已久。2014 年，中德双方签署的《中德合作行动纲要：共塑创新》中，有关"工业 4.0"合作的内容共有四条，第一条就明确提出工业生产的数字化（工业 4.0）对于未来中德经济发展具有重大意义。双方认为，两国政府应为企业参与该进程提供政策支持。

6.2.2 战略任务

实现制造强国的战略目标，必须坚持问题导向，统筹谋划，突出重点；必须凝聚全社会共识，加快制造业转型升级，全面提高发展质量和核心竞争力。九大战略任务如图 6-7 所示。

图 6-7 九大战略任务

1. 提高国家制造业创新能力

完善以企业为主体、市场为导向、政产学研用相结合的制造业创新体系。围绕产业链部署创新链,围绕创新链配置资源链,加强关键核心技术攻关,加速科技成果产业化,提高关键环节和重点领域的创新能力。

2. 推进信息化与工业化深度融合

加快推动新一代信息技术与制造技术融合发展,把智能制造作为两化(信息化和工业化)深度融合的主攻方向;着力发展智能装备和智能产品,推进生产过程智能化,培育新型生产方式,全面提升企业研发、生产、管理和服务的智能化水平。

3. 强化工业基础能力

核心基础零部件(元器件)、先进基础工艺、关键基础材料和产业技术基础等工业基础能力薄弱,是制约我国制造业创新发展和质量提升的症结所在。要坚持问题导向、产需结合、协同创新、重点突破的原则,着力破解制约重点产业发展的瓶颈。

4. 加强质量品牌建设

提升质量控制技术,完善质量管理机制,夯实质量发展基础,优化质量发展环境,努力实现制造业质量大幅提升。鼓励企业追求卓越品质,形成具有自主知识产权的名牌产品,不断提升企业品牌价值和中国制造整体形象。

5. 全面推行绿色制造

加大先进节能环保技术、工艺和装备的研发力度,加快制造业绿色改造升级;积极推行低碳化、循环化和集约化,提高制造业资源利用效率;强化产品全生命周期绿色管理,努力构建高效、清洁、低碳、循环的绿色制造体系。

6. 大力推动重点领域突破发展

瞄准新一代信息技术、高端装备、新材料、生物医药等战略重点,引导社会各类资源集聚,推动优势和战略产业快速发展。重点发展新一代信息技术、高档数控机床和机器人、航空航天装备、海洋工程装备及高技术船舶、先进轨道交通装备、节能与新能源汽车、电力装备、新材料、生物医药及高性能医疗器械、农业机械装备十大领域。

7. 深入推进制造业结构调整

推动传统产业向中高端产业迈进,逐步化解过剩产能,促进大企业与中小企业协调发展,进一步优化制造业布局。

8. 积极发展服务型制造和生产性服务业

加快制造与服务的协同发展,推动商业模式创新和业态创新,促进生产型制造向服务型制造转变。大力发展与制造业紧密相关的生产性服务业,推动服务功能区和服务平台建设。

9. 提高制造业国际化发展水平

统筹利用两种资源、两个市场,实行更加积极的开放战略,将引进来与走出去更好结合,拓展新的开放领域和空间,提升国际合作的水平,推动重点产业国际化布局,引导企业提高国际竞争力。

6.3 智能工厂

6.3.1 智能工厂的概念

智能工厂是现代工厂信息化发展的新阶段,是在数字化工厂的基础上,利用物联网技术和设备监控技术加强信息管理和服务,清楚掌握产销流程,提高生产过程的可控性,减少生产线上人工的干预,及时正确地采集生产线数据,以及合理进行生产计划编排与生产进度控制,使用人工智能等新兴技术,构建一个高效节能、绿色环保、环境舒适的人性化工厂,如图6-8所示。

图 6-8 智能工厂

智能工厂内部的设备、产品、操作者等通过企业内部的通信机制实现沟通,包括生产数据的采集与分析、生产决策的确定等。众多智能工厂通过物联网交互形成庞大且完整的智能制造网络。

6.3.2 智能工厂的特点

(1)生产智能化。利用人工智能信息网络,智能工厂的生产和通信将变得更加流畅,生产速度将大大加快。

(2)设备智能化。在人工智能技术的帮助下,工厂的生产设备能自动判别生产环境,对生产过程进行调节。

(3)能源管理智能化。智能工厂具有无障碍的通信系统,工厂中的电力系统、楼宇控制系统、电力微机综合保护系统等都能实现智能化,做到能源的最优分配。

(4)供应链管理智能化。智能工厂是一个完全整合的系统,从原料的配送到产品的运输,供应链的管理会从全局考虑,统筹安排,制定更加合理的管理体系,实现效率最优原则。

6.3.3 智能工厂的衡量标准

一般来说,智能工厂有以下衡量标准。

(1)是否实现车间物联网。在智能工厂中,人、设备、系统三者之间应构建起完整的车间物联网,实现智能化的交互式通信。建立起车间物联网后,车间内的所有人与物都可通过物联网连接,方便管理。

(2)是否利用大数据分析。随着工业信息化的程度加快,工厂生产所拥有的数据日益增多。由于生产设备产生、采集和处理的数据量与企业内部的数据量相比要大很多,因此,智能工厂要充分利用大数据技术对数据进行分析。大数据技术利用这些数据能够建立起生产过程的数据模型,与人工智能技术相结合,不断学习优化生产管理过程。同时,如果在生产过程中发现某处生产偏离了标准,系统就会自动发出警报。

(3)是否实现生产现场无人化。智能工厂的基本标准是自动化生产,不需要人工参与。当生产过程出现问题时,生产设备可自行诊断和排查,一旦问题得到解决,立即恢复自动化生产。目前,很多智能工厂还是需要人工进行监督和检查。

(4)是否实现生产过程透明化。在信息化系统的支撑下,智能工厂的生产过程能够被全程追溯,各种生产数据也是真实、透明的,通过人工智能系统可以轻松实现查询与监管。

(5)是否实现生产文档无纸化。无纸化可以减少纸张浪费,避免查找纸质文档的麻烦,提高文档检索的效率。

6.3.4 国内外的智能工厂案例

1. 隆力奇智能工厂

隆力奇是我国知名的日化品牌,率先开始了建设智能工厂的尝试,并成功入选首批"江苏省示范智能车间",是德国工业 4.0 中国首家试点项目,实现了本土化妆品从"中国制造"到"中国智造"的历史性转变。

隆力奇的智能工厂配备了智能净化车间、自动配送系统,以及一系列高端智能生产设备,现有设施设备也得到了自动化和智能化的升级改造。隆力奇智能生产车间拥有世界领先的智能设备,护肤洗涤类车间使用了香波全自动灌装线,每分钟可以灌装 200 瓶以上。隆力奇智能车间如图 6-9 所示。

图 6-9 隆力奇智能车间

此外,隆力奇也全力打造自己的人工智能工厂云平台,利用多种无线技术,使工厂中各个工位的数据都传输和汇总到该平台上。智能车间加强了人机之间的各种交互设置,如语音控制、视觉识别、手势识别等,同时建立了以云平台为基础的智能工厂辅助系统,提高了工作人员解决问题的能力。在整个智能车间中,只需要 1~2 名操作人员就可实现对整个车间的控制。

2. 九江石化智能工厂

中国石油化工股份有限公司九江分公司(以下简称九江石化)是我国首批石化智能工厂的试点单位之一,在结合石化流程型企业特点和人工智能的前提下,成功打造了石化智能工厂。

九江石化实现了智能工厂的转型后,获得了如下成果。

（1）智能工厂提高了生产安全性，减少了安全事故的发生。利用智能化生产设备和智能化生产系统，即使在员工操作失误或机器发生故障时，也不会发生安全事故，因为智能系统有自动纠错设置、自动报警设置功能，大大提高了整个工厂的安全性。

（2）智能工厂促进了环保管理。通过应用人工智能数字炼厂平台，九江石化工厂的生产工艺不断进步，形成了绿色、高效、可持续发展的生产工艺流程，工厂的环保水平不断提升。

（3）智能工厂提升了企业的盈利能力。人工智能的使用优化了炼油的流程，以经济效益最大化为目标，确保了九江石化面对市场变化时的敏捷性和准确性，大大提升了企业的盈利能力。

（4）智能工厂提高了企业的管理效率。智能工厂采用智能管控模式，提升了企业的管理效率，在炼油产量增加一倍的同时，工厂的操作室数量、班组数量和员工数量都下降了。

3. 德国西门子智能工厂

作为工业中的龙头企业，西门子股份有限公司（以下简称西门子）在建设智能工厂方面同样处于领先地位。西门子的智能工厂中，四分之三的工作都由机器和计算机自主处理，产品的合格率高达 99.99%，生产速度和生产质量在全球同类企业中遥遥领先。

西门子的智能工厂具有以下三个特点。

（1）全面智能化。在智能化的生产线上，产品可以通过产品代码自行控制、调节自身的制造过程。通过通信设备，产品可以"告诉"生产设备自身的生产标准是什么、下一步要进行的工序是什么。西门子利用产品和生产设备的通信，所有生产流程实现了计算机控制并不断进行算法优化，西门子智能工厂如图 6-10 所示。

图 6-10　西门子智能工厂

除了生产线，西门子智能工厂还实现了生产供应链的自动化和信息化。当生产线上需要某种物料时，信息会自动传递到自动化仓库，此时物料就会被传送带自动传输到生产线上。

在全面智能化的环境下，西门子智能工厂的生产路径不断优化，生产效率不断提高。

（2）员工不可或缺。在高度智能化的生产流程中，员工依然不可或缺。员工的工作是日常巡查车间、检查生产进度、为生产流程的优化提出更改意见。

（3）大数据技术的运用。智能工厂有一个关键和核心的内容，就是对生产过程中不断产生的大数据进行挖掘、分析和管理，让数据变得更符合智能工厂的生产需要，通过数据分析改进工艺、提高效率、分析市场需求，从而提高企业的效益。

6.4 工业机器人

6.4.1 工业机器人的概念

工业机器人是面向工业领域的多关节机械手或多自由度的机器装置，能自动执行工作，是靠自身动力和控制能力来实现各种功能的一种机器。

现代的工业机器人是集机械、电子、控制、计算机、传感器、人工智能等多学科先进技术于一体的现代制造业重要的自动化装备。它可以接受人类指挥，也可以按照预先编排的程序运行。

机器人技术及其产品发展很快，已成为柔性制造系统、自动化工厂、计算机集成制造系统的自动化工具。

企业在其生产过程中广泛采用工业机器人，不仅可提高产品的质量与产量，而且对保障人身安全、改善劳动环境、减轻劳动强度、提高劳动生产率、节约原材料及降低生产成本有着十分重要的意义。和计算机、网络技术一样，工业机器人的广泛应用正在日益改变着人类的生产和生活方式。

6.4.2 工业机器人的发展

1920年，捷克作家卡雷尔·恰佩克（Karec Capek）在其科幻小说《罗萨姆的机器人万能公司》中，根据Robota（捷克文，原意为"劳役、苦工"）和Robotnik（波兰文，原意为"工人"），创造出Robot（机器人）一词。

1939年，美国纽约世界博览会上展出了西屋电气公司制造的家用机器人Elektro。这台机器人由电缆控制，可以行走，能说77个字，而且可以抽烟，但离真正干家务活还差很远。

1948年，诺伯特·维纳（Norbert Wiener）出版了《控制论》，阐述了机器中的通信和控制机能与人的神经、感觉机能的共同规律，率先提出了以计算机为核心的自动化工厂。

1954年，美国人乔治·德沃尔（George Devol）成功研制出世界上第一台可编程的机器人，并且注册了专利。这台机器人能按照不同的程序从事不同的工作，具有通用性和灵活性。

1959年，美国人约瑟夫·恩格尔伯格（Joseph Engecberger）和德沃尔联手制造出世界上第一台工业机器人，如图6-11所示。他们认为汽车工业最适合使用机器人干活，因为使用重型机器进行工作，生产过程较为固定。随后，恩格尔伯格成立了世界上第一家机器人制造工厂——Unimation公司。由于恩格尔伯格对工业机器人的研发和宣传作出了重大贡献，因此他被称为"工业机器人之父"。从此，工业机器人的历史才真正开始。

图6-11 世界上第一台工业机器人

国外工业机器人技术日趋成熟，现在的国外工业机器人市场主要有四大品牌：德国 KUKA、日本 FANUC、日本 Yaskawa、瑞典 ABB。

国内工业机器人产业增长势头非常强劲。我国具有代表性的工业机器人企业包括沈阳新松机器人自动化股份有限公司、哈尔滨博实自动化股份有限公司、南京埃斯顿自动化股份有限公司等，如图 6-12 所示。

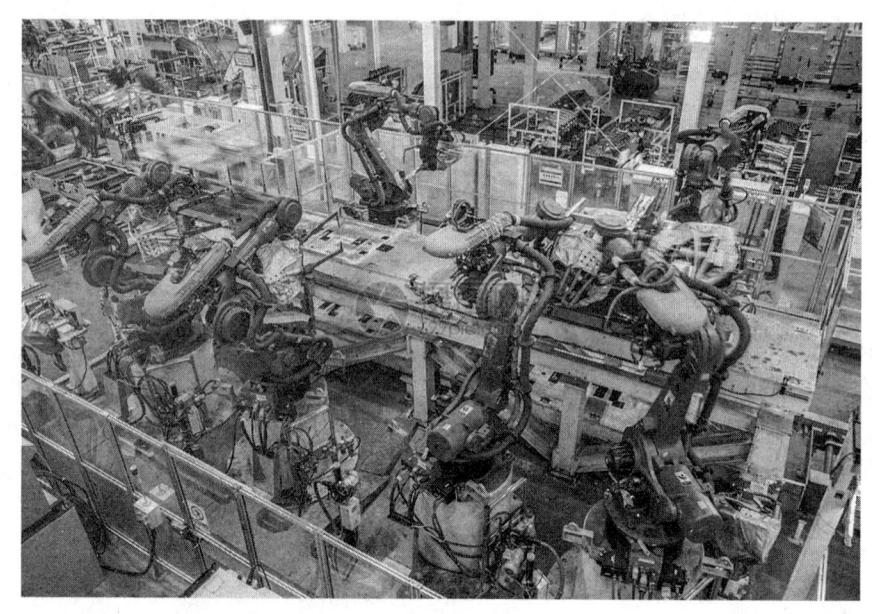

图 6-12 工业机器人

随着人工智能技术的发展，工业机器人的功能越来越强大，在很多领域得到了广泛应用。它在提高生产自动化水平、劳动生产率、产品质量及经济效益，改善工人劳动条件等方面，有着重要作用，引起了世界各国社会各界人士的广泛关注。

6.4.3　人工智能技术在工业机器人中的应用

人工智能技术包括机器视觉、深度学习、自然语言处理、大数据、云计算等。将人工智能技术和机器人技术结合，实现既具备机器人的肢体又具备类人智慧的机器人，是人工智能和机器人技术发展的终极目标。

未来，智能机器人是人工智能技术和传统工业机器人技术融合发展的结果。

（1）微电子、大数据、云计算、移动互联网等信息技术的发展为机器人智能化程度的提高奠定了坚实基础。

通过摄像头、传感器感知外部环境变化，凭借强大的计算机处理能力和大数据、云计算技术获得超强的运算处理能力，甚至模拟人类解决问题的能力，机器人正从依赖嵌入程序或输入指令执行命令向自主学习、自主决策和自主作业的方向发展。近年来，国际商业机器公司、谷歌、微软、亚马逊等企业大举进入机器人产业，带来强大的信息网络技术，进一步推动了机器人的智能化。

（2）机器视觉赋予工业机器人"慧眼"。机器视觉可以通过视觉传感器获取环境的二维图像,并通过视觉处理器进行分析和解释,进而转换为符号,让机器人能够辨识物体,并确定其位置。

机器视觉硬件主要包括图像获取和视觉处理两部分,而图像获取由照明系统、视觉传感器、数字模拟转换器和帧存储器等组成。由于功能不同,机器视觉可分为视觉检验和视觉引导两种,广泛应用于电子、汽车、机械等工业部门和医学、军事领域。

在工业机器人行业,视觉技术主要充当机器人的"眼睛",与机器人配合,定位各种产品,为机器人抓取物体提供坐标信息。

(3)自然语言识别赋予工业机器人"耳朵"和理解力。自然语言的智能识别,相当于给工业机器人安上了"耳朵",赋予它理解能力,能够让它正确识别和处理自然语言,能够听懂人类发出的处理指令,从而让人类能够更加方便地指挥和操纵工业机器人。

(4)深度学习给工业机器人安上一双"翅膀"。将深度学习与智能机器人结合,将给工业机器人的发展安上一双腾飞的"翅膀"。深度学习不仅使机器人在自然信号处理方面的潜力得到了发挥,而且使它拥有了自主学习的能力,每个机器人都在工作中学习,且数量庞大的机器人并行工作,然后分享它们学到的信息,相互促进,如此必将带来极高的学习效率,极快地提升机器人的工作准确度。

6.4.4 工业机器人的应用

工业机器人最早应用于汽车制造业,常用于焊接、喷漆、上下料和搬运。随着工业机器人技术应用范围的延伸和扩大,工业机器人现在已可代替人从事危险、有害、有毒、低温和高热等恶劣环境中的工作及繁重、单调的重复劳动,并可提高劳动生产率,保证产品质量。工业机器人与数控加工中心、自动搬运小车及自动检测系统可组成柔性制造系统和计算机集成制造系统,实现生产自动化。工业机器人主要应用于以下几个方面。

(1)恶劣工作环境及危险工作。工业机器人可代替人,在压铸车间及核工业等有害于身体健康或危及生命的环境,或者不安全因素很大且不宜于人去做的作业领域工作,如图 6-13 所示。

图 6-13 从事危险工作的机器人

(2)特殊作业场合和极限作业。机器人可用于火山探险、深海探秘和空间探索等人类能力所不能及的工作,如航天飞机上用来回收卫星的操作臂等。海底探险机器人如图 6-14 所示。

图 6-14　海底探险机器人

（3）自动化生产领域。在制造业中，尤其是在汽车制造业中，工业机器人得到了广泛的应用。例如在毛坯制造（冲压、压铸、锻造等）、机械加工、焊接、热处理、表面涂覆、上下料、装配、检测及仓库堆垛等作业中，机器人都已逐步取代了人工作业。焊接机器人如图 6-15 所示。

图 6-15　焊接机器人

工业机器人造就了"黑灯工厂"，即无须开灯的全机器人工厂。

（4）医疗行业。医学上，达芬奇机器人已经能帮助医生完成更高质量、低创伤的手术，且能进行远程操作，如图 6-16 所示。

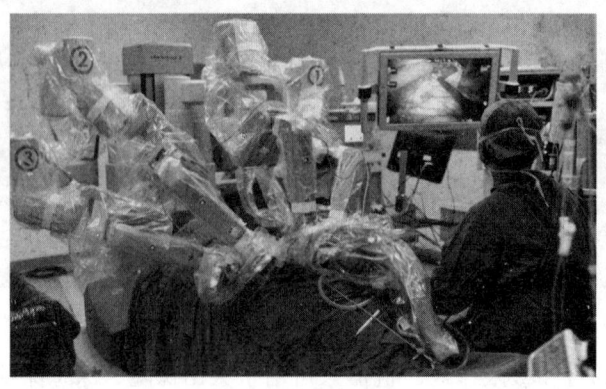

图 6-16　达芬奇机器人

（5）国防军事领域。军用机器人是一种用于军事领域的具有某种仿人功能的自动机器人。从物资运输到搜寻勘探及实战进攻，军用机器人的使用范围广泛。军用机器人有无人侦察机（飞行器）、警备机器人等，如图 6-17 所示。

图 6-17　军用机器人

（6）生活服务领域。家政服务机器人是指能够代替人完成家政服务工作的机器人，如图 6-18 所示，包括行进装置、感知装置、接收装置、发送装置、控制装置、执行装置、存储装置、交互装置等。感知装置将在家庭居住环境内感知到的信息传送给控制装置，控制装置接收到信息并做出响应，能够进行防盗监测、安全检查、卫生清洁、物品搬运、家电控制，以及家庭娱乐、病况监视、儿童教育、报时催醒、家用统计等工作。

图 6-18　家政服务机器人

6.4.5　工业机器人的产业发展趋势

工业机器人的产业发展趋势包括以下几个方面。

（1）人形机器人快速发展。人形机器人一直是很多人心中理想的机器人，很多公司也一直致力于发展人形机器人。美国佛罗里达人机交互研究所设计的一款阿特拉斯类人机器人，拥有高度的机动能力，在设计上能够应对复杂地形，可以靠两足行走，上肢可以举起和搬运重物。在遇到较为复杂的地形时，该款机器人还可以手脚并用，应对挑战。更有趣的是，谷歌还研发了一个系统，允许机器人从网上下载新性格。

（2）机器人概念从传统的机械臂扩展到更广泛的范围。传统概念中的机器人是指人形机器人，或是广泛应用于工厂中的机械臂。但实际上，机器人不仅仅指人形机器人和机械臂，还包括具有人工智能特点的软件，或是并不像人的扫地机器人。设计者可以根据工作场合的需要，将机器人设计成各种形状。随着中央处理器、传感器的微型化和产品的智能化、联网化，多台机器人间能实现数据共享和协作，汽车、家电、手机、住宅、无人机等产品也具备了机器人的特征。

（3）机器人和人的关系越来越密切。传统的工业机器人往往被铁栅栏隔离以防止其伤及工人，新一代机器人可以与人在同一空间内密切接触、密切配合，人类可以安全地与机器人并肩工作。例如，库卡轻型机器人在接触到人体时，受力传感器会及时限制机器人的运行力量，自动与人保持安全距离。

（4）机器人成本持续下降。随着机器人数字化零部件的增加，加之技术和工艺日益成熟，其成本低于雇佣工人的拐点正在到来。因此，未来机器人将会越来越普及，家用机器人将会走进千家万户。

（5）机器人的灵活性继续提高，性能更加完善。工业机械手、机械臂所做的工作要求有速度、精度、重载，但是灵活性往往不够，还需要进一步完善。人类以胳膊为主的工作占20%，以双手为主的工作占80%。富士康有百万台工业机器人的应用计划，但最后并没有实现，因为它的很多工作需要手部的操作，而不是臂。

因此，现有的工业机器人要扩展功能、提高性能，使其变成一个智能设备。在新型机器人研发过程中，要研发灵巧的机器人，包括双臂机器人、柔性机器人、灵巧手、智能传感机器人等。

（6）机器人正在进行着由"机器"向人进化的过程。现在的机器人只是一个传统的特殊设备，应用在一些关键性的环节上，与人之间是互补的关系，但可以满足市场对质量和效率的要求。新一代机器人才可以称为"机器人"，其应用更加普遍，可以实现与人的替代关系，可以满足市场对新制造模式的需求，减人力、降成本、提高产品竞争力。

除此之外，还需要考虑机器人的应用场景。例如，卫浴五金的打磨抛光，看似简单，如果让机器人来做，则需要一些力的感知，它的应用要求甚至比在汽车生产线上的要求高，如要求防水、防尘、防爆等。这个行业对价格也非常敏感，如何研发低成本的系统，是机器人设计和制造行业所要考虑的。

工业机器人要和传感相结合，尤其要与视觉相结合，以此来扩展工业机器人的应用，同时也可以使工业机器人更加适应环境和任务的变化。

习　题

以下题目可多选。

1. 以下属于德国的工业 4.0 项目的是（　　）。

    A．智能工厂　　　B．智能生产　　　C．智能物流　　　D．智能服务

2. 以下是由国务院于 2015 年 5 月印发的部署全面推进实施制造强国的战略文件的是（　　）。

    A．《中国制造》　　　　　　　B．《中国制造 2025》

C.《中国制造 2015》　　　　　　D.《中国制造 2035》

3. 以下属于智能工厂的特点的有（　　）。
   A．生产智能化　　　　　　　B．设备智能化
   C．能源管理智能化　　　　　D．供应链管理智能化

4. 以下属于智能化工厂的衡量标准包括的有（　　）。
   A．是否实现车间物联网　　　B．是否利用大数据分析
   C．是否实现生产现场无人化　D．是否实现生产文档无纸化

5. 以下属于人工智能技术的有（　　）。
   A．机器视觉　　　　　　　　B．深度学习
   C．自然语言处理　　　　　　D．云计算

6. 以下被称为"工业机器人之父"的是（　　）。
   A．卡雷尔·恰佩克　　　　　B．诺伯特·维纳
   C．约瑟夫·恩格尔伯格　　　D．乔治·德沃尔

第 7 章 智能物流

本章导读

智能物流是指利用条形码、射频识别技术、传感器、全球定位系统等先进的物联网技术并通过信息处理和网络通信技术平台广泛应用于物流业运输、仓储、配送、包装、装卸等基本活动环节,实现货物运输过程的自动化运作和高效率优化管理,提高物流行业的服务水平,降低成本,减少自然资源和社会资源消耗。物联网为物流业将传统物流技术与智能化系统运作管理相结合提供了一个很好的平台,进而能够更好、更快地实现智能物流的信息化、智能化、自动化、透明化、系统的运作模式。智能物流在实施的过程中强调的是物流过程数据智慧化、网络协同化和决策智慧化。智能物流在功能上要实现六个"正确",即正确的货物、正确的数量、正确的地点、正确的质量、正确的时间、正确的价格;在技术上要实现物品识别、地点跟踪、物品溯源、物品监控、实时响应。

7.1 概　　述

7.1.1 智能物流的概念

物流环节包括物资的运输、仓储、包装、搬运装卸、流通加工、配送及相关的物流信息更新等。传统物流有较保守的生产线、较正规的运输线,各个环节都需要有人工值守的仓库,彼此之间相对独立而封闭,耗费了大量不必要的人力、物力、财力、时间,成本巨大、效率低下。智能物流是指通过智能硬件、人工智能技术、物联网、大数据等智慧化技术与手段,提高物流系统分析决策和智能执行的能力,提升整个物流系统的智能化、自动化水平。智能物流应用场景如图 7-1 所示。

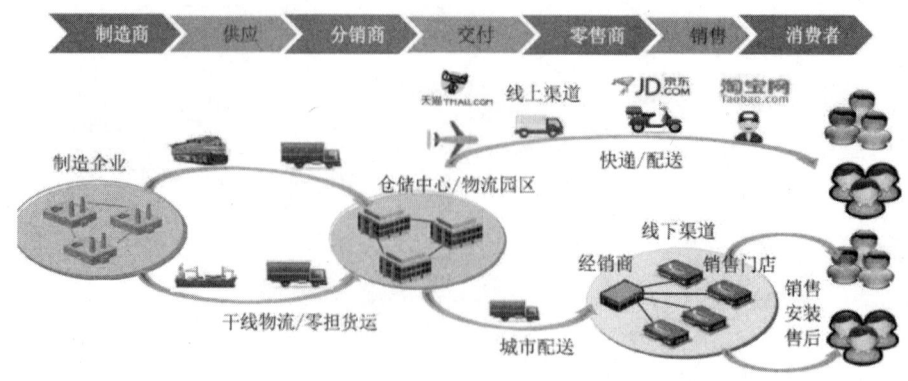

图 7-1　智能物流应用场景

7.1.2 发展方向

智能物流未来的发展方向：运输成本在经济全球化的影响下，竞争日益激烈。如何配置和利用资源，有效降低制造成本是企业所要重点关注的问题。要实现这种战略，没有一个高度发达、可靠快捷的物流系统是无法实现的。随着经济全球化的发展和网络经济的兴起，物流的功能也不再只是降低成本，而是提高客户服务质量，从而提高企业综合竞争力。当前，物流产业正逐步形成七个发展趋势，它们分别为信息化、智能化、环保化、企业全球化与国际化、服务优质化、产业协同化以及第三方物流。

1. 信息化趋势

信息网络技术的发展和不断普及，推动传统物流方式向物流信息化转变。物流信息化是现代物流的核心，是指信息技术在物流系统规划、物流经营管理、物流流程设计与控制和物流作业等物流活动中全面而深入的应用，并且成为物流企业和社会物流系统核心竞争能力的重要组成部分。物流信息化一般体现在以下三个方面。

（1）公共物流信息平台的建立将成为国际物流发展的突破点。公共物流信息平台（Public Logistic Information Platform，PLIP）是指为国际物流企业、国际物流需求企业和其他相关部门提供国际物流信息服务的公共的商业性平台。其本质是为国际物流生产提供信息化手段的支持和保障。公共物流信息平台的建立，能实现对客户的快速反应。现代社会经济是一个服务经济的社会，建立客户快速反应系统是国际物流企业更好服务客户的基础。公共物流信息平台的建立，能加强同合作单位的协作。东北城市共同配送中心信息化平台总体架构如图 7-2 所示。

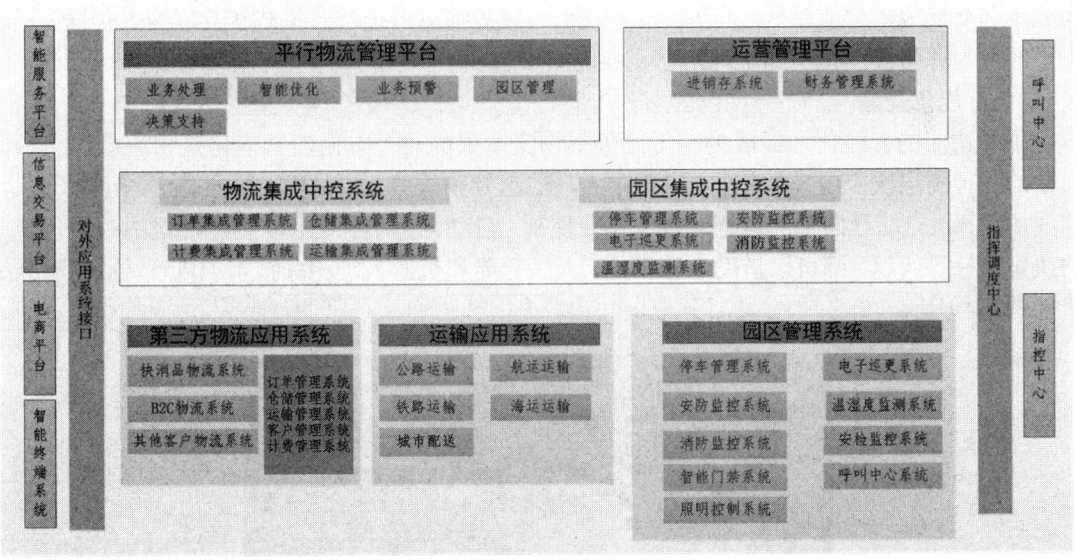

图 7-2　东北城市共同配送中心信息化平台总体架构

（2）物流信息安全技术将日益被重视。通过网络技术发展起来的物流信息技术，在享受网络飞速发展带来巨大好处的同时也时刻饱受着可能遭受的安全危机，如网络黑客无孔不入的恶意攻击、病毒的肆虐、信息的泄密等。应用安全防范技术，保障国际物流企业的物流信息系统平台安全、稳定地运行是国际物流企业长期面临的一项重大挑战。基于主机的入侵检测系统如图 7-3 所示。

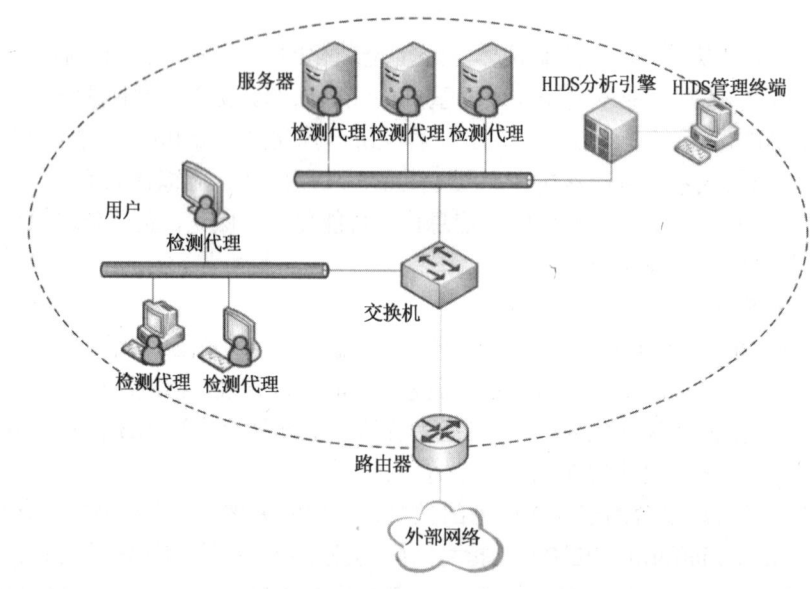

图 7-3　基于主机的入侵检测系统

（3）信息网络将成为国际物流发展的最佳平台。连接全球的互联网从科技领域进入商业领域后，得到了飞速的发展。互联网以其简便、快捷、灵活、互动的方式，全天候地传送全球各地的信息，跨越时空限制，"天涯若比邻"，整个世界变成了"地球村"。网上信息流通的时间成本和交换成本空前降低。商务、政务及个人事务都可以把信息搭载在互联网上传送。互联网已经成为并将继续担负起全球信息交换的新平台。

2．智能化趋势

国际物流的智能化已经成为电子商务下物流发展的一个方向。智能化是物流自动化、信息化的一种高层次应用，物流作业过程中大量的运筹和决策，如库存水平的确定、运输（搬运）路线的选择、自动导向车的运行轨迹和作业控制、自动分拣机的运行、物流配送中心经营管理的决策支持等问题，都可以借助专家系统、人工智能和机器人等相关技术加以解决。自动分拣机如图 7-4 所示。

图 7-4　自动分拣机

除了智能化交通运输，无人搬运车、机器人堆码、无人叉车、自动分类分拣系统、无纸化办公系统等现代物流技术，都大大提高了物流的机械化、自动化和智能化水平。同时，还出现了虚拟仓库（图 7-5）、虚拟银行的供应链管理，这都必将把国际物流推向一个崭新的发展阶段。

图 7-5　虚拟仓库

3. 环保化趋势

物流与社会经济的发展是相辅相成的，现代物流一方面促进了国民经济从粗放型向集约型转变，另一方面成为消费生活高度化发展的支柱。然而，无论是在"大量生产-大量流通-大量消费"的时代，还是在"多样化消费-有限生产-高效率流通"的时代，都需要从环境的角度对物流体系进行改进，即需要形成一个环境共生型的物流管理系统。环境共生型的物流管理就是要改变原来经济发展与物流、消费生活与物流的单向作用关系，在抑制物流对环境造成危害的同时，形成一种催促经济和消费生活同时健康发展的物流系统，即向环保型、循环型物流转变。

绿色物流正在这一背景下成为全球经济可持续发展的一个重要组成部分。绿色物流是指在物流过程中抑制物流对环境造成危害的同时，实现对物流体系的净化和优化，从而使物流资源得到充分利用。在我国，经营者和消费者对绿色经营、绿色消费理念认识的提高，使绿色物流正日益受到广泛和高度的重视，初步搭建起企业绿色物流的平台。不少企业使用"绿色"运输工具，即采用小型货车等低排放运输工具，降低运输车辆尾气排放量；采用绿色包装，即使用可降解的包装材料，提高包装废弃物的回收利用率；开展绿色流通加工，以规模作业方式提高资源利用率，减少环境污染。截至 2005 年底，全国已有 12000 多家企业获得了 ISO 14000 环境管理体系认证，800 多家企业、18000 多种规格型号产品获得环境标志认证。物流绿色化作为一种可持续发展的观念正在得到人们的普遍认同。绿盏杯的绿色流通加工如图 7-6 所示。

4. 企业全球化与国际化趋势

近些年，经济全球化以及我国对外开放的不断扩大，更多的外国企业和国际资本"走进来"、国内物流企业"走出去"，推动国内物流产业融入全球经济。在我国承诺国内涉及物流的大部分领域全面开放之后，美国邮政服务（United States Postal Service，USP）、联邦快递、联合包裹、日本株式会社中央仓库等跨国企业不断通过独资形式或控股方式进入中国市场。外资物流企业已经形成以长三角、珠三角和环渤海地区等经济发达区域为基地，分别向东北和中西部扩展的态势。同时，伴随新一轮全球制造业向我国转移，我国正在成为名副其实的世界工厂，在与世界各国之间的物资、原材料、零部件和制成品的进出口运输上，无论是数量还是质量均在发生较大变化。这必然要求物流国际化，即物流设施国际化、物流技术国际化、物流服务国际化、货物运输国际化和流通加工国际化等。义乌国际物流中心如图 7-7 所示。

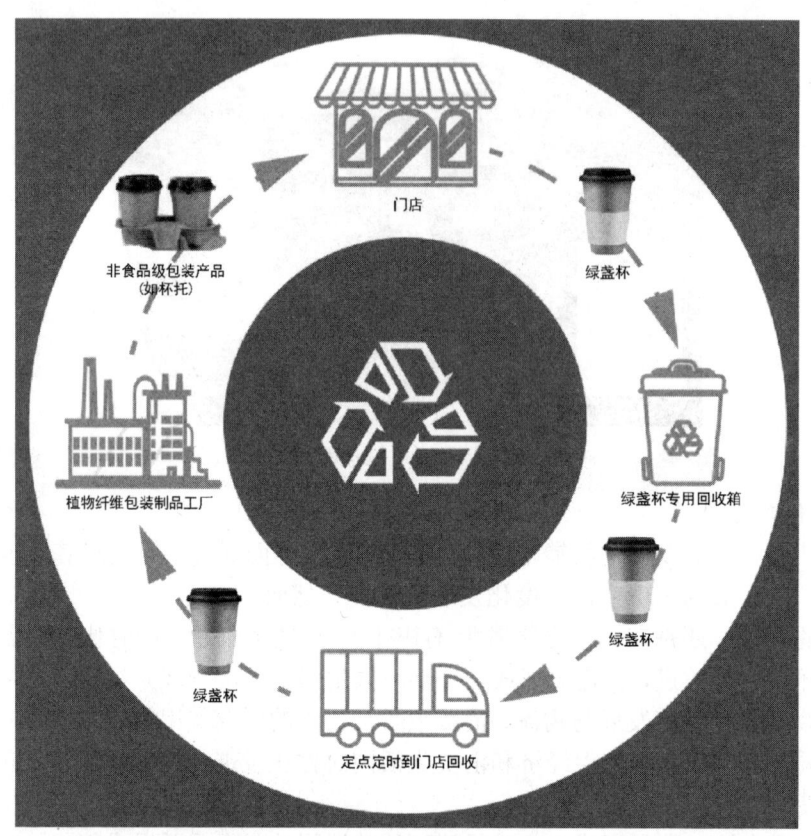

图 7-6 绿盏杯的绿色流通加工

图 7-7 义乌国际物流中心

5. 服务优质化趋势

消费多样化、生产柔性化、流通高效化时代使社会和客户对现代物流服务提出更高的要求，给传统物流形式带来了新的挑战，进而使物流发展出现服务优质化的发展趋势。物流服务优质化努力实现"5 Right"的服务,即把好的产品在规定的时间、规定的地点,以适当的数量、合适的价格提供给客户将成为物流企业优质服务的共同标准。物流服务优质化趋势代表了现代物流向服务经济发展的进一步延伸,表明物流服务的质量正在取代物流成本,成为客户选择物流服务的重要标准之一。

6. 产业协同化趋势

21 世纪是一个物流全球化的时代,制造业和服务业逐步一体化,大规模生产、大量消费使经济中的物流规模日趋庞大和复杂,传统、分散的物流活动正逐步拓展,整个供应链向集约化、协同化的方向发展,成为物流领域的重要发展趋势之一。从物流资源整合和一体化角度看,物流产业重组、并购不再仅仅局限于企业层面上,而是转移到相互联系、分工协作的整个产业链条上,经过服务功能、行业资源及市场的一系列重新整合,形成以利益供应链管理为核心的、社会化的物流系统;从物流市场竞争角度看,随着全球贸易的发展,发达国家一些大型物流企业跨越国境展开连横合纵式的并购,大力拓展物流市场,争取更大的市场份额,物流行业已经从企业内部的竞争拓展为全球供应链之间的竞争;从物流技术角度看,信息技术把单个物流企业连成一个网络,形成一个环环相扣的供应链,使多个企业能在一个整体的管理框架下实现协作经营和协调运作。橡胶工业产业协同如图 7-8 所示。

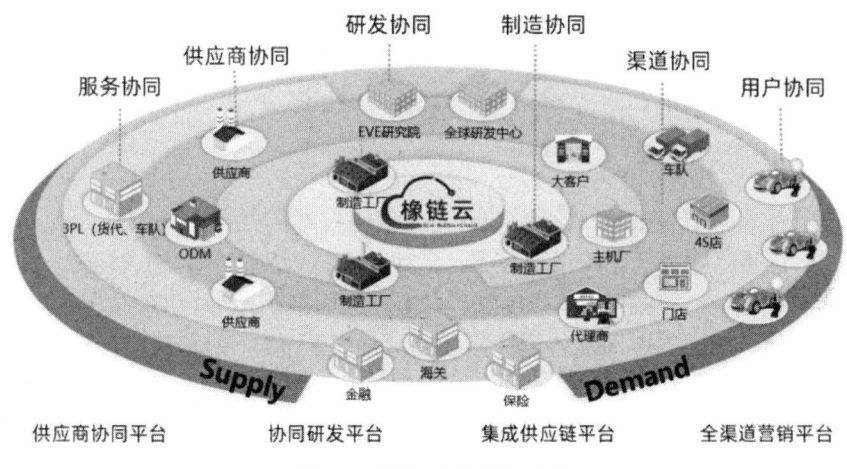

图 7-8　橡胶工业产业协同

7. 第三方物流趋势

随着物流技术的不断发展,第三方物流作为一个提高物资流通速度、节省仓储费用和资金在途费用的有效手段,已越来越引起人们的高度重视。第三方物流是指在物流渠道中由中间商提供的服务,中间商以合同的形式在一定期限内,提供企业所需的全部或部分物流服务。据调查统计,全世界的第三方物流市场具有潜力大、渐进性和高增长率的特性。它的潜力性集中表现在其具有的极高的优越性,具体为节约费用、减少资本积压、集中主业、减少库存、提升企业形象,给企业和顾客带来了众多益处,如图 7-9 所示。此外,大多数公司创立初期并不是第三方物流服务公司,而是逐渐发展进入该行业的。可见,第三方物流的发展空间很大。

综上所述,在竞争日益激烈的 21 世纪,进一步降低物流成本,选择最佳的物流服务,提高自身产品的竞争力,必将成为商家在激烈的商战中取胜的主要手段。物流必将以多方向的趋势更快更好的发展。

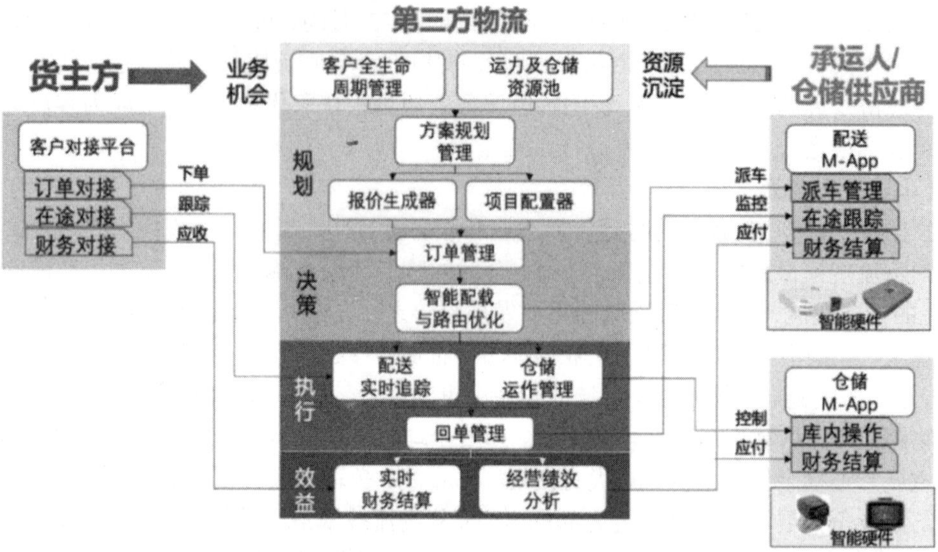

图 7-9 第三方物流服务

7.2 主要技术

7.2.1 自动识别技术

自动识别技术是以计算机、光、机、电、通信等技术的发展为基础的一种高度自动化的数据采集技术。它通过应用一定的识别装置，自动获取被识别物体的相关信息，并提供给后台的处理系统来完成相关后续处理。它能够帮助人们快速而准确地进行海量数据的自动采集和输入，在运输、仓储、配送等方面已得到广泛应用。经过近 30 年的发展，自动识别技术已经发展成为由条码识别技术、射频识别技术、生物识别技术等组成的综合技术，并正在向集成应用的方向发展。

条码识别技术是使用最广泛的自动识别技术，它是利用光电扫描设备识读条码符号，从而实现信息的自动录入，如图 7-10 所示。条码是由一组按特定规则排列的条、空及对应字符组成的表示一定信息的符号。不同的码制，条码符号的组成规则不同。较常使用的码制有 EAN/UPC 条码、128 码、ITF-14 条码、交叉二五码、39 码、库德巴条码等。

射频识别（Radio Frequency Identification，RFID）技术是现代自动识别技术，它是利用感应、无线电波或微波技术的读写器设备对射频标签进行

图 7-10 条码识别技术

非接触式识读，达到对数据自动采集的目的。它可以识别高速运动物体，也可以同时识读多个对象，具有抗恶劣环境、保密性强等特点，如图 7-11 所示。

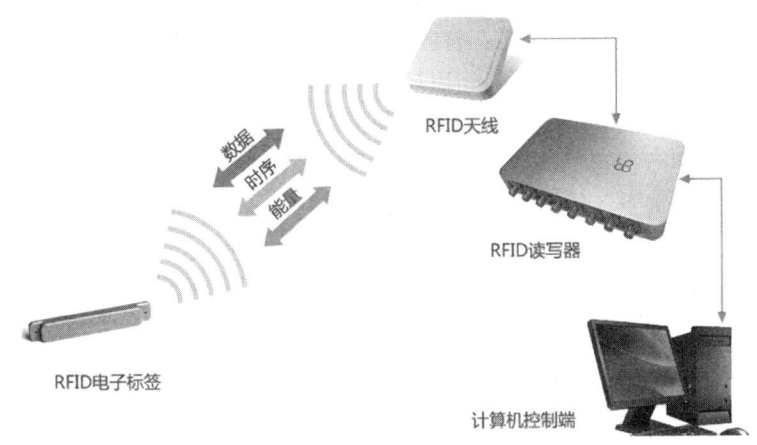

图 7-11　射频识别技术

生物识别技术是利用人类自身生物或行为特征进行身份认定的一种技术。生物特征包括手形、指纹、脸形、虹膜、视网膜、脉搏、耳廓等，行为特征包括签字、声音等。由于人体特征具有不可复制的特性，所以这一技术的安全性较传统意义上的身份验证机制有很大的提高。人们已经发展了虹膜识别技术、视网膜识别技术、人脸识别技术、签名识别技术、声音识别技术、指纹识别技术等六种生物识别技术，如图 7-12 所示。

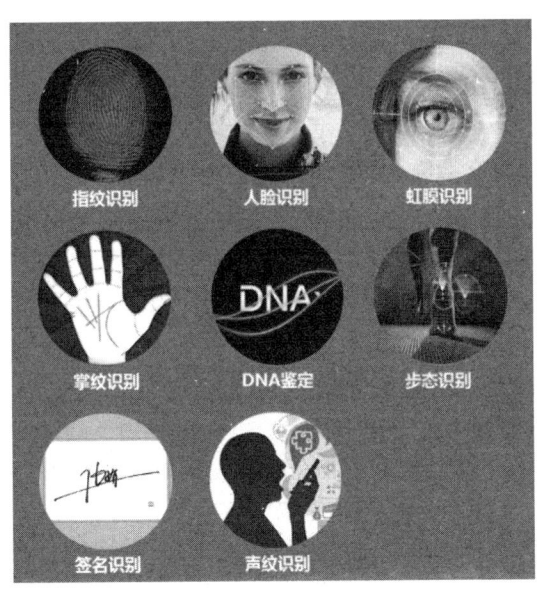

图 7-12　生物识别技术

7.2.2　数据挖掘技术

数据仓库出现于 20 世纪 80 年代中期，它是一个面向主题的、集成的、非易失的、时变的数据集合。数据仓库的目标是把来源不同的、结构相异的数据经加工后在数据仓库中存储、提取和维护，支持全面的、大量的复杂数据的分析处理和高层次的决策支持。数据仓库使用户拥有任意提取数据的自由，而不干扰业务数据库的正常运行。

数据挖掘是从大量的、不完全的、有噪声的、模糊的及随机的实际应用数据中，挖掘出隐含的、未知的、对决策有潜在价值的知识和规则的过程。数据挖掘一般分为描述型数据挖掘和预测型数据挖掘两种。描述型数据挖掘包括数据总结、聚类及关联分析等，预测型数据挖掘包括分类、回归及时序分析等。数据挖掘的目的是通过对数据的统计、分析、综合、归纳和推理，揭示事件间的相互关系，预测未来的发展趋势，为企业的决策者提供决策依据，如图 7-13 所示。

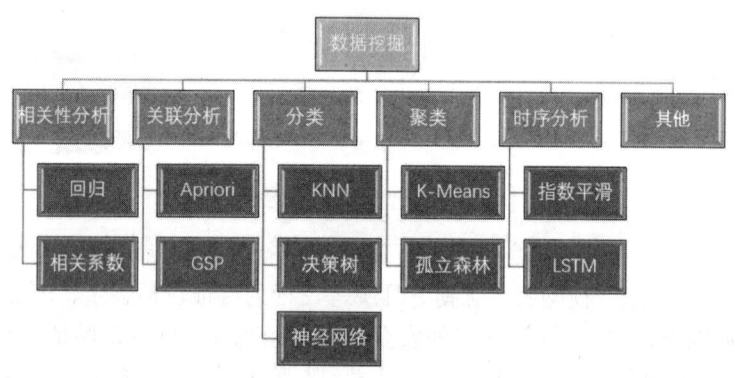

图 7-13　数据挖掘技术

7.2.3　人工智能技术

人工智能就是探索研究用各种机器模拟人类智能的途径，使人类的智能得以物化与延伸的一门学科。它借鉴仿生学思想，用数学语言抽象描述知识，用以模仿生物体系和人类的智能机制，主要的方法有神经网络、进化计算和粒度计算三种。

（1）神经网络。神经网络是在生物神经网络研究的基础上模拟人类的形象直觉思维，根据生物神经元和神经网络的特点，通过简化、归纳，提炼总结出来的一类并行处理网络。神经网络的主要功能有联想记忆、分类聚类和优化计算等。虽然神经网络具有结构复杂、可解释性差、训练时间长等缺点，但由于其对噪声数据的高承受能力和低错误率的优点，以及各种网络训练算法，如剪枝算法和规则提取算法的不断提出与完善，使神经网络在数据挖掘中的应用越来越为广大使用者所青睐。

（2）进化计算。进化计算是模拟生物进化理论而发展起来的一种通用的问题求解方法，如图 7-14 所示。因为它来源于自然界的生物进化，所以具有自然界生物所共有的、极强的适应性特点，这使它能够解决那些难以用传统方法来解决的复杂问题。进化计算采用了多点并行搜索的方式，通过选择、交叉和变异等进化操作，反复迭代，在个体的适应度值的指导下，使每代进化的结果都优于上一代，如此逐代进化，直至产生全局最优解或全局近优解。其中最具代表性的就是遗传算法，它是基于自然界的生物遗传进化机理而演化出来的一种自适应优化算法。

（3）粒度计算。早在 1990 年，我国著名学者张钹和张铃就进行了关于粒度问题的讨论，并指出"人类智能的一个公认的特点，就是人们能从极不相同的粒度上观察和分析同一问题。人们不仅能在不同粒度的世界上进行问题的求解，而且能够很快地从一个粒度世界跳到另一个粒度世界，往返自如，毫无困难。这种处理不同粒度世界的能力，正是人类问题求解的强有力的表现"。随后，扎德讨论模糊信息粒度理论时，提出人类认知的三个主要概念，即粒度（包括将全体分解为部分）、组织（包括从部分集成全体）和因果（包括因果的关联），并进一步提出了粒度计算。他认为，粒度计算是一把大伞，它覆盖了所有有关粒度的理论、方法论、技术和工具的研究。粒度计算主要有模糊集理论、粗糙集理论和商空间理论三种。

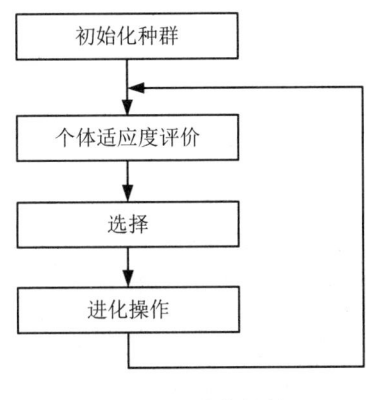

图 7-14　进化计算

7.2.4　GIS 技术

GIS 是打造智能物流的关键技术与工具，使用 GIS 可以构建物流一张图，将订单信息、网点信息、送货信息、车辆信息、客户信息等数据管理在一张图中，实现快速智能分单、网点合理布局、送货路线合理规划、包裹监控与管理。

GIS 技术可以帮助物流企业实现基于地图的服务，具体如下：

（1）网点标注：将物流企业的网点及网点信息（如地址、电话、提送货等信息）标注到地图上，便于用户和企业管理者快速查询。

（2）片区划分：从"地理空间"的角度管理大数据，为物流业务系统提供业务区划管理基础服务，如划分物流分单责任区等，并与网点进行关联。

（3）快速分单：使用 GIS 地址匹配技术，搜索定位区划单元，将地址快速分派到区域及网点，并根据该物流区划单元的属性找到责任人以实现"最后一公里"配送。

（4）车辆监控管理系统：从货物出库到到达客户手中全程监控，减少货物丢失；合理调度车辆，提高车辆利用率；设置各种报警装置，保证货物司机车辆安全，节省企业资源。

（5）物流配送路线规划辅助系统：用于辅助物流配送规划，通过合理规划路线，保证货物快速到达，节省企业资源，提高用户满意度。

（6）数据统计与服务：将物流企业的数据信息在地图上可视化直观显示，通过科学的业务模型、GIS 专业算法和空间挖掘分析，洞察通过其他方式无法了解的趋势和内在关系，从而为企业的各种商业行为，如制定市场营销策略、规划物流路线、合理选址分析、分析预测发展趋势等构建良好的基础，使商业决策系统更加智能和精准，从而帮助物流企业获取更大的市场契机。

7.3 智能物流中的人工智能应用

7.3.1 仓储机器人

Bee Robot 是严格集团（原名哈工大机器人集团）研发的物流机器人，能有效降低仓库工人的工作强度和错单率，同时提高拣货效率，其可替换式的载货托盘适用于多种形状的货品，方便工人对其进行部署移动，避免了工人为一笔订单满仓库跑的尴尬局面，如图 7-15 所示。

图 7-15　Bee Robot

Bee Robot 具有以下特点。

（1）人机协作。Bee Robot 可代替拣货员工作中繁重的走动，按照指令背载货物来到拣货员身边，协助他们完成拣货工作，降低他们的工作强度，提高生产效率。

（2）自主规划路线。基于全球最领先的同步定位与地图构建（Simultaneous Localization and Mapping，SLAM）技术，Bee Robot 会自主规划最优路径，在行走过程中避开工作人员、机器同伴等障碍，可以智能切换，重新规划路线，如图 7-16 所示。

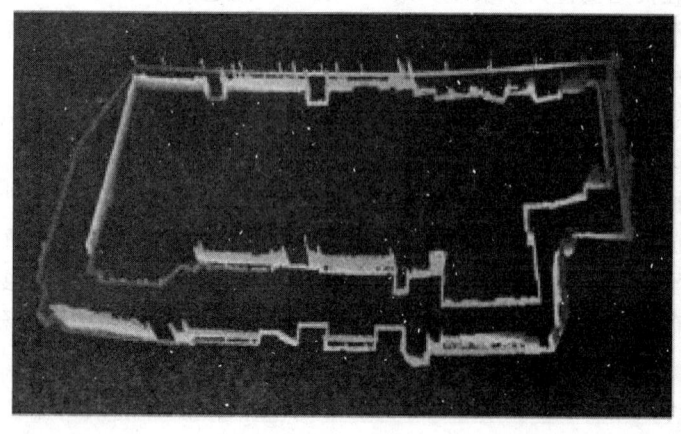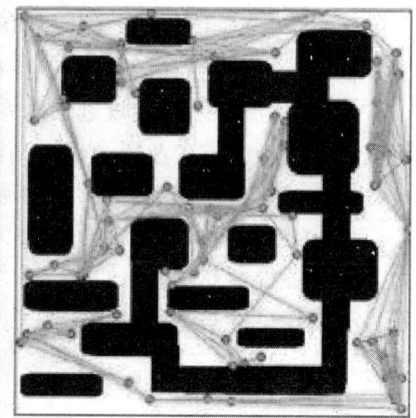

图 7-16　同步定位与地图构建技术

（3）智能找货。智能找货是指拥有与仓储管理系统（Warehouse Management System，WMS）连接的功能，实现了库存商品的智能管理，准确找货、拣货、补货、退货。

（4）多台机器协同工作。Bee Robot 采用具有自主发明专利的多机器人调度系统，保证灵活调度，实现多台机器人协同合作。在对机器人进行交通管制的同时，智能调度系统会根据任务量控制机器人数量。

（5）自动充电。Bee Robot 支持 8 小时无间断运行，在低电量时可智能寻找充电桩自动充电，充电时间小于 2 小时。

（6）灵活部署和撤出。电商仓库用工存在明显的季节性特征，旺季到来前，仓库业主必须在 9~10 月招聘大量的仓库工人，为了控制成本，又不得不在 3~4 份的淡季将工人解散。招聘、用工、培训，都给仓库业主带来了巨大的困难和支出。Bee Robot 拣货系统凭借部署和撤出的灵活性，能够解决这一运营难题。

7.3.2 无人仓

京东的无人仓是全球首个正式落成并规模化投入使用的全流程无人物流中心。该仓房针对入库到分发的不同步骤，应用了多种不同功能和特性的机器人，其自动化、智能化设备覆盖率达到 100%，大大提高了工作效率，如图 7-17 所示。

图 7-17　京东无人仓

无人仓的使用大大缓解了货物的堆积压力，全面提高了配送满意度。由京东自主研发、自主集合而成的无人仓技术水平已经达到了世界前列，代表中国智能物流正引领世界物流的潮流和趋势。

7.3.3 无人机配送

无人驾驶飞机简称"无人机",英文缩写为 UAV,是利用无线电遥控设备和自备的程序控制装置操纵,或者由车载计算机完全或间歇地自主操作的不载人飞机。京东无人机配送如图 7-18 所示。

图 7-18　京东无人机配送

智能物流中使用的无人机是由车载计算机来控制和操作的,通过使用无人机的技术方案,实现实体物品从供应地向接收地流通。通俗地说,就是以无人机为主要的工具开展物流活动,或者是在物流活动中借助无人机完成关键性的任务。无人机物流可细分为支线无人机运输(图 7-19)、无人机快递(末端配送)、无人机救援(应急物流)、无人机仓储管理(盘点、巡检等)等类别,其中以支线无人机运输和无人机快递为主要形式。无人机运输相比于地面运输具有方便高效、节约土地资源和基础设施的优点。在一些交通瘫痪路段、城市拥堵区域,以及一些偏远区域,由于地面交通无法畅行,导致物品或包裹的投递比正常情况下耗时更长或成本更高。通过合理利用闲置的低空资源,不仅能有效减轻地面交通的负担,还能节约资源和建设成本。需要说明的是,经济合理的物流方式需要结合实际情况综合发挥各种工具的优势来实现高质量的发展。

图 7-19　支线无人机运输

7.3.4 智能物流站

智能物流站基于大数据、云计算、物联网和视觉识别等技术，实现与无人机、无人车和自动提货机的无缝对接，作为管理和连接无人机、无人车和自动提货机的手段与桥梁，为社会创造更加智能、更加便捷的物流环境。京东智能物流站如图 7-20 所示。

图 7-20　京东智能物流站

习　题

1. 物流环节包括物体的运输、仓储、包装、搬运装卸、流通加工、配送及相关的_____更新等。

2. 公共物流信息平台是指为国际物流企业、_____和其他相关部门提供国际物流信息服务的公共的商业性平台。

3. 自动识别技术是以计算机、光、机、电、通信等技术的发展为基础的一种高度自动化的_____技术。

4. 智能找货是指拥有与仓储管理系统连接的功能，实现了库存商品的_____，准确找货、拣货、补货、退货。

第 8 章 智能环保

本章导读

随着社会经济的发展,以及人类活动的加剧,自然界环境和人类自身生存环境遭到破坏,环境不断恶化。如 2023 年的土耳其地震、某轮船泄漏导致海水污染、森林火灾等,而智能环保涉及如何利用智能技术来保护环境,可以实现人类社会与环境业务系统的整合,以更加精细和动态的方式实现环境管理和决策的智慧。本章将介绍智能环保的概念,以及智能环境的主要内容,包括环境监测、环境教育等。本章将帮助读者更好地了解智能环保,从而更好地保护我们的环境。

8.1 概 述

8.1.1 智能环保的概念

智能环保是"数字环保"概念的延伸和拓展,顾名思义就是以科技为先的环保工作,把感应器和装备嵌入各种环境监控对象(物体),借助物联网、大数据分析等先进的科技方法,利用智能技术进行生态环境改善和环保日常工作管理,如图 8-1 所示。它可以帮助我们更有效地管理环境,从而减少环境污染。环保工作中的数据收集、传达、分析及问题解决等环节不再单纯通过人工进行,更多的是采用"互联网+数据资源共享"来完成,通过智能化决策和业务的协同操作,高质量地开展日常环保、治理、管理工作。智能环保体系由感知层、传输层、智慧层、服务层、技术与运行保障层等构成,它是一个相对完整的体系,覆盖了环保工作的全部环节,为环保主管部门、企业甚至人民大众提供了便捷服务。

图 8-1 智能环保

智能环境的主要内容包括环境监测、环境保护、环境治理、环境教育等。它的实施需要使用合适的传感器，以满足环境监测需求；设计网络架构，以实现数据传输和存储；开发软件系统，以实现数据分析和可视化；实施安全措施，以保护数据安全。智能环境的实施可以帮助我们更好地保护环境，提高环境质量，改善人们的生活质量。

8.1.2 发展方向

智能环保是一种利用智能技术来改善环境状况的方法，它可以帮助我们更有效地管理环境，从而减少环境污染。智能环保的发展方向主要包括：智能传感器技术的发展，以满足环境监测的需求；网络架构的设计，以实现数据传输和存储；软件系统的开发，以实现数据分析和可视化；安全措施的实施，以保护数据安全。

智能系统监测平台（图 8-2）是将计算机网络技术、传感侦测技术、数字可视化技术进行智能化、网络化、自动化等集成与整合，形成一个完整的"智能化监测系统"。系统将从各个区域监测点采集的监测数据经过运算分析后通过有线和无线网络，将数据化成为可视化公告、多媒体触摸屏查询或智能手机查询方式，让每个人都能实时掌握各项监测数据。利用云计算、物联网、大数据、人工智能等技术，实现对运行状态从感知到认知、从预测到决策的完整闭环，提供态势呈现、监测预警、联动指挥、分析决策、趋势预测的多元化服务。

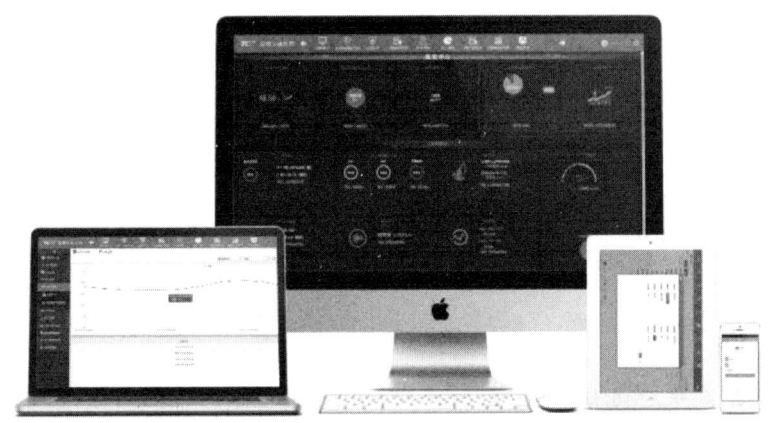

图 8-2 智能系统监测平台

智能系统监测平台是现代化生产线控制自动化的基础，是采用快速、高时效、自动化的生产线控制设备。为提高设备的安全性和可靠性，帮助传统固废处理企业实现产业升级，洁普智能环保依托物联网大数据技术，自主研发设计具备远程智能化监控与生产综合管理能力的智能监控系统，实现了对固废破碎生产线的节能、安全、环保的管控一体化。

智能传感器技术的发展可以提供更准确的环境监测数据，从而更好地掌握环境状况；网络架构的设计可以实现数据传输和存储，从而更好地分析和处理环境数据；通过软件系统的开发可以实现数据分析和可视化，能更好地掌握环境状况；而安全措施的实施可以保护数据安全，从而更好地保护环境。

我国加快了智能环境监测技术的发展，并取得了一定的成果，但是智能传感器的发展相对滞后。要想更好地通过智能环境监测来改造环境，造福人类，需要提高智能传感器技术的精度,改进网络架构,开发更加强大的软件系统,实施更严格的安全措施,以及加强环境教育,让人们更加重视环境保护。

智能环保的应用和发展为人类保护地球提供了更多的可能性,可以帮助我们更好地保护环境,提高环境质量,改善人们的生活质量,应该得到重视和支持。

8.2 智能环境监测

智能环保系统的主要功能有:在线检测、现场处理设备运行状态监测、自动优化过程控制、远程设备指令下发,设备远程诊断、远程调试和远程上下载程序。该系统可以根据报警情况处理报警并登记到平台上,自动数据推送到管理人员手机中,保证故障的及时处理,如图 8-3 所示。

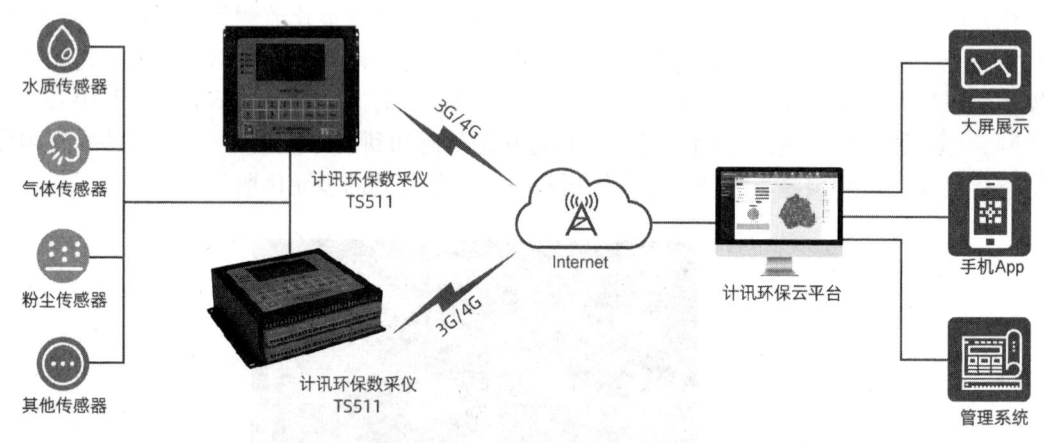

图 8-3　智能环保系统拓扑图

8.2.1　传感器技术

智能环境监测主要是利用各种智能传感器,收集环境中的各种信息,如温度、湿度、气压、空气质量等。通过移动计算、信息融合等技术,对空气环境、海洋环境,河、湖水质,生态环境,城市环境质量等进行全面有效的监控,通过检测全国各地环境质量,实现对全国范围的环境的实时在线监控和综合分析,建立污染源信息综合管理系统,为采取环境治理措施和污染预警提供更加客观、有效的依据。多功能环保监测信息系统通过网络连接全国所有的监测点,实现信息传递和信息共存。

随着人类社会的发展,环境问题日益凸显,环境监测变得越来越重要。环境监测的主要目的是保护人类健康、促进安全生产和保护生态环境。而现代传感技术和智能控制系统的发展为环境监测提供了强有力的技术支持。传感器是一种将非电能变量转换为电信号的器件,传感器可以感知温度、湿度、光强度、气压、声音、振动、位移等各种环境变量,并将其转化为电信号输出,以供控制系统进行分析和处理。传感器的种类繁多,包括电阻式、电容式、电感式、热敏式、气敏式、光敏式、压力式、重力式、加速度式等,下面介绍传感器和智能控制系统在环境监测中的应用。

1. 温湿度传感器

在整个大气环境监测系统中,温湿度监测是保障其他各项检测内容顺利实施的基础性监测,因此在对其他各项环境监测数据进行分析之前,首先要确保温湿度的监测数据是准确合理的,继而才能对各项数据进行计算与标定。温湿度监测的基本流程为,借助相关设备进行环境温湿度的监测,其中监测湿度的设备为电容体,因为电容体的灵敏度以及抗干扰性能等相对较高,在进行温度监测的过程中先利用互补金属氧化物半导体材料的传感器放大电压,然后利用能量间隙体进行温度的监测。传感器会将接收到的温湿度数据传送到转换器中进行数据的处理,待数据处理完后会将数据传送到通信端口,进而借助相关交互设备进行数据的展现。温湿度传感器如图 8-4 所示。

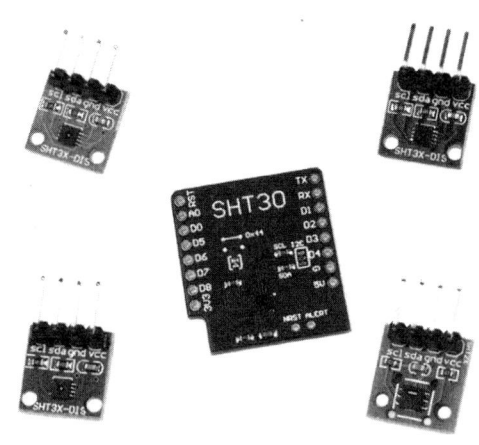

图 8-4 温湿度传感器

2. 烟雾传感器

烟雾传感器的工作原理是借助烟雾浓度对电路进行检测,如图 8-5 所示。因为烟雾传感器中自带有信号放大器,因此当烟雾传感器检测出微弱电压信号时,通常该电压信号会被进行放大处理,放大后的电压信号会与烟雾传感器进行引脚相连,进而便可以实现对室内烟雾浓度的采集工作。

图 8-5 烟雾传感器

3. 光照强度传感器

光照强度的测量工作主要是利用光敏电阻进行测量,测量的原理为,通过对电压变化的测量进而测量出光照强度;具体工作方法为,将光敏电阻与另外一只电阻串联,此电阻的阻值需与在光强变化中光敏电阻的中间阻值相等,进而便可直接进行后续的测量工作。光照强度传感器如图 8-6 所示。

图 8-6　光照强度传感器

8.2.2　无人机

在无人机产业的快速发展下，我国无人机已大范围应用到规划设计、灾害救急、国土测绘等行业，其中无人机在智能环保领域发挥了重要的作用，其主要应用在监测、取证和测绘三个方面。作为领先的无人机制造商，大疆无人机技术在智慧物流中发挥着关键作用，如图 8-7 所示。

图 8-7　大疆无人机

（1）监测方面，无人机通过搭载各种传感器和平台系统对大气、水体固废污染等进行实时监测。由于无人机具有机动灵活、适用范围广等优点，所以其在环境监测中能够获取多方面的数据信息，同时数据采集和传输也更加稳定和准确，比传统的监测方式效率更高。

（2）取证方面，无人机大幅增强了环保督查和执法的力度。当出现各种违规生产和非法排放等问题时，以前只能依靠传统的人工取证和处理，具有一定的困难，且效率较低。如今通过无人机在空中拍照取证进行环境监测，能够及时获取准确的数据信息，提高了环保执法的工作水平和效率。

（3）测绘方面，无人机可以对水、土地等资源进行测绘，为相关部门掌握环境状况提供了有效的数据支持，从而制定科学的环保政策和采取合理的行动。

简而言之，和传统的环保监察手段相比，无人机在环保领域的应用具有数据成本低、作业效率高、成果精度高等优势。将无人机应用到环保行业中，有利于提升我国环保监管能力和治理能力，有利于提高环保行业的作业水平和效率，有利于促进智能环保的发展和进步。

8.2.3　系统架构

智能环保的系统架构包括感知层、传输层、智慧层和服务层，如图 8-8 所示。

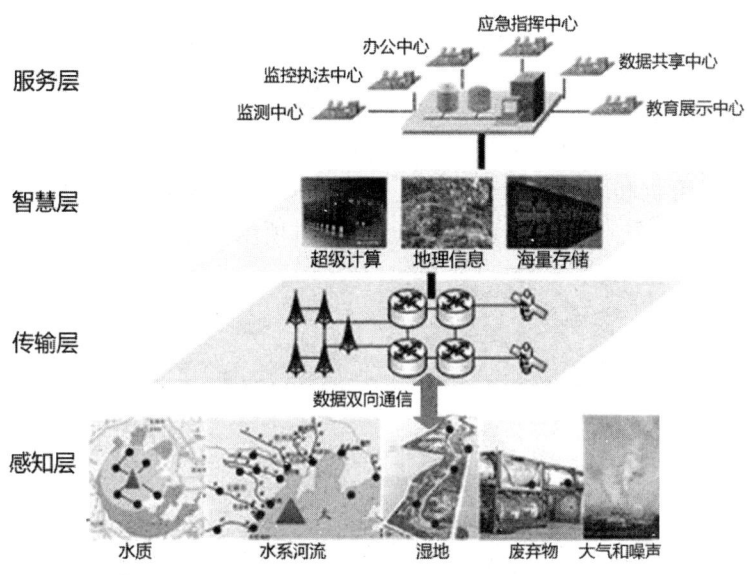

图 8-8 智能环保的总体架构

感知层：利用任何可以随时随地感知、测量、捕获和传递信息的设备、系统或流程，包括针对水体各种理化指标和性状的传感器和测量仪表，针对气体中各种有害气体含量的传感器和测量仪表，以及比较成熟的视频监控设备和视频智能分析技术、射频识别技术等，实现对环境质量、污染源、生态、辐射等环境因素的"更透彻的感知"，综合运用各种设备和技术，获得前所未有的智能感知。

传输层：更全面的互联互通，利用环保专网、运营商网络，结合3G、卫星通信等技术，将感知设备获取的信息实时传输到业务平台，转发给手持设备、计算机和智能化终端等，对个人电子设备、组织和政府信息系统中存储的环境信息进行交互和共享，实现"更全面的互联互通"。

智慧层：以云计算、虚拟化和高性能计算等技术手段，整合和分析海量的跨地域、跨行业的环境信息，实现海量存储、实时处理、深度挖掘和模型分析，实现"更深入的智能化"。

服务层：利用云服务模式，建立面向对象的业务应用系统和信息服务门户，为环境质量、污染防治、生态保护、辐射管理等业务提供"更智慧的决策"。其中以环境数据中心为依托，由环境质量监控中心、环境预警预报中心及环保应急管理中心共同组成服务层应用。服务层应用框架如图8-9所示。

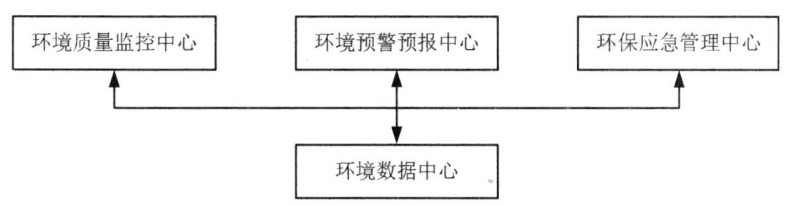

图 8-9 服务层应用框架

智能环保系统是基于设备智能化的物联网监控体系，通过采用智能化设备对设备运行状态进行全面感知，结合中心端信息化平台实现智能化应用。其中涉及环境质量监控系统，运用环保物联网技术、现代测量技术、自动控制技术、计算机技术等功能，从而及时、准确地感知环境状况及设备运行状态，以下是数据采集的检测系统。

1. 空气在线监测系统

空气在线监测系统是由若干子系统及数据采集处理子系统等组成，用来测定空气中颗粒物浓度、二氧化硫浓度、氮氧化物浓度，同时测量温度、压力、流量含湿量、含氧量等参数，计算各种参数，并将数据和图表传输至环保主管部门，实现对监测区域的无人化远程实时监测，做到实时监控和应急预警。环境空气监测站如图 8-10 所示。

图 8-10　环境空气监测站

2. 海洋在线监测系统

海洋在线监测系统能够监测一个国家海洋某区域水质的变化情况，以及污染物情况，当发生一些人为灾害或自然灾害时，系统会进行自动报警，及时提醒相关部门处理。该系统主要监测海洋中各种重金属元素及其他污染物的含量及变化，以及海洋生物的生存状态等，计算各种数据，并将数据和图表提交给海洋管理部门，实现对我国海洋领域的水质在线监测和管理，如图 8-11 所示。

图 8-11　海洋监测

3. 水质在线监测系统

水质在线监测系统是一套以在线自动分析仪为核心，运用现代传感器技术、自动检测技术、自动控制技术、计算机应用技术以及配套的软件和通信网络组成的一个综合性在线自动监测体系。方案平台基于微定量分析技术及系统智能集成技术，系统通过对水样及预处理系统进行控制，从而实现了对水样的环境参数的测量、控制、预警等功能，如图 8-12 所示。

图 8-12　水质监测

利用物联网技术构建污染源自动监测管理体系，在重点污染企业废水排放口设置在线监测设备，并对现有监测设备进行升级改造，实现对监测点污染信息的自动获取；通过智能感知和获取污染因子排放数据，实现中心管理控制平台对污染源全覆盖、全自动、全天候的监控，提高污染源监器管理的水平和效率。

4. 生态环境监测子系统

生态环境监测子系统相对比较复杂，主要通过监测某区域生态环境系统的温度、水分、植被覆盖率、动物的迁徙等，来判断该监测区域的生态环境变化，如图 8-13 所示。通过视频监控系统，可以监测某区域生态环境的动物的生存状态，最终汇集到中央控制系统中。生态环境的物联网监测主要应用在自然保护方面，例如对稀有动植物的分布和状态进行统计分析；对沙漠绿色植被生存环境的采集和分析，并由相关人员进行研究，防止沙漠化加剧；对热带雨林生态监测，对某时段雨林系统的温度、水分、气体含量进行统计，并由相关生态研究员进行分析评估，预防雨林自然火灾；草原生态监测系统定期对草原环境进行监测，防止草原退化。然后把相应数据统计提交给相关生态环境研究部门，方便生态学者对自然生态环境的变化进行记录和分析，也方便相关研究人员给出及时的解决和监管方案。

5. 城市环境监测子系统

城市环境监测子系统通过污染源监测系统平台，对各个城市重点污染源污染物的排放总量、噪声污染、粉尘进行监测，如图 8-14 所示。要想提高监测效能，必须采用自动化、信息化、科学化的技术手段，建设污染源在线监控系统平台，为节能减排、环境统计、排污申报、排污收费等提供依据。

图 8-13　生态环境监测

图 8-14　城市环境监测

8.3　智能废物处理

固废治理，顾名思义就是固体废弃物治理，它是生态文明建设和城市精细化管理过程的必经之路。环保部门强调，推行垃圾分类，关键是加强科学管理，形成长效机制，推动习惯养成。而信息化是推动固废治理的重要技术手段。固废治理是最具代表性的垃圾分类。智能时代下的垃圾分类已成为一个热门话题。

早在 2004 年，中国就超过美国，成为世界第一大垃圾制造国。统计数据显示，中国目前的生活垃圾增量为 4 亿吨，且以每年高达 8% 的速度递增。与此同时，世界范围内都面临着和我国类似的问题，世界各国每年都在生成越来越多且越来越难处理的固废类垃圾，这些垃圾的成分复杂且数量巨大，长期占用大量土地资源的同时，还给大气、土壤、水源造成二次污染。面对垃圾高速增加的严峻形势，各国都提出了各种解决方案，我国目前需要采取有效措施，加强垃圾分类收集、垃圾处理、垃圾利用和垃圾处置等方面的管理，以减少垃圾对环境的污染。另外，还可以采用智能技术和信息技术，提高垃圾处理的效率，实现垃圾的有效利用，如图 8-15 所示，将垃圾变废为宝一直被认为是解决垃圾问题的最优方案，而实现变废为宝的前提是垃圾分类。

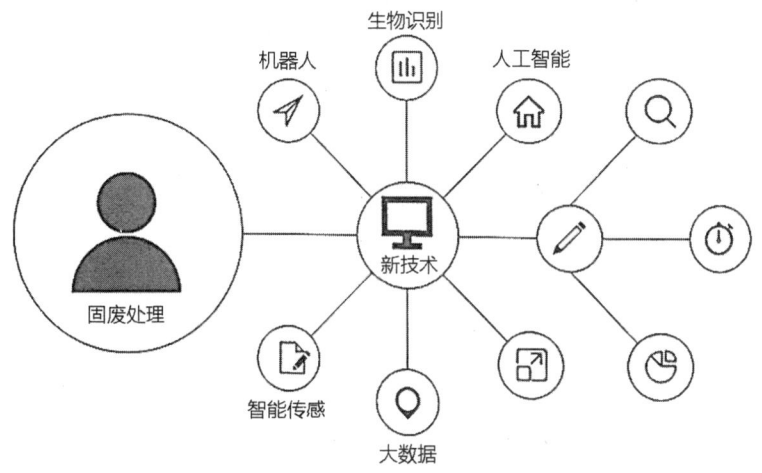

图 8-15　固废处理

智能化、大数据、"互联网+"等创新技术，是各企业深度参与垃圾分类的制胜法宝。企业将"生活垃圾分类+智能回收+特定服务"相结合，运用人工技术和大数据相关技术，统计分类垃圾，便于再次收用和处理。在此驱使下，网约垃圾回收员、垃圾分类小程序、垃圾处理器等新产业、新职业已出现，垃圾分类带来了新商机。这个巨大、新颖的"商家"正引发环保、工业制造、电商等行业的"大融合""大地震"。

8.3.1　智能扫地机器人

智能扫地机器人，又称自动打扫机、智能吸尘、机器人吸尘器等，是智能家电的一种，它能凭借人工智能，自动在房间内完成地板清理工作，如图 8-16 所示。智能扫地机器人一般采用刷扫和真空方式，将地面杂物吸纳进自身的垃圾收纳盒，从而完成地面清理的功能。一般来说，将完成清扫、吸尘、擦地工作的机器人，也统一划分为智能扫地机器人。

图 8-16　智能扫地机器人

8.3.2 智能垃圾分类箱

随着垃圾分类的大力推进,很多城市以及乡村都开始使用智能垃圾分类箱,如图 8-17 所示。带有科技感的智能垃圾分类箱能对垃圾进行分类投放、分类收集、垃圾称重和积分兑换等功能。智能垃圾分类箱的投入使用,有利于废弃资源的回收利用,这样就减少了有害垃圾对环境造成的二次污染,对我们的生活以及环境具有重要的意义。

图 8-17　智能垃圾分类箱

除此之外,智能垃圾分类箱还拥有人脸识别、自动称重、溢满报警、积分奖励等功能,极大地方便了人们分类投放垃圾,也提升了人们的垃圾分类意识及积极性,从而实现垃圾分类监管可视化、数据标准化、风险预警化等。

智能垃圾分类箱就是在源头对垃圾进行分类,通过分类、清理、回收,把垃圾变回有用的资源,同时也削减对环境的污染,加速智能环保的进程。

8.4　智能环保技术的发展趋势

近年来,在互联网技术快速发展下,运用大数据、云计算和物联网等手段智能化治理污染与保护环境,成为智能环保行业未来发展的新方向。智能环保的建设和应用关系到我国经济的绿色可持续发展,关系到亿万民生。我们需要锐意进取、周密设计,践行面向现代化、面向民生需要、面向未来的"历史担当"。相信在各方力量的协同努力下,通过环保部门和从业者,以及全体民众的共同努力,必将构建出远大而宏伟、利国利民的综合智能环保体系。

国家大力支持智能环保产业发展,资本看好智能环保产业,智能环保相关企业注册量持续增加。数据显示,我国智能环保相关企业注册量由 2017 年的 1721 家增至 2020 年的 3425 家,2021 年新增智能环保企业数略有下降,同比下降 6.6%。2022 年 1—5 月,我国智能环保相关企业注册量达 936 家。智能环保市场规模由 2017 年的 470 亿元增长至 2020 年的 658 亿元,年均复合增长率为 11.9%。据预测,2024 年我国智能环保市场规模将达到 853 亿元。

智能城市是一个系统，也称网络城市、数字化城市、信息城市，不但包括人脑智慧、计算机网络、物理设备这些基本的要素，还会形成新的经济结构、增长方式和社会形态。未来的智慧城市将通过智慧交通、智慧医疗、智慧环保、智慧教育、智慧电网、智慧社区、智慧能源等方面的应用，为居民带来更加便捷、高效、健康、舒适的生活体验，如图 8-18 所示。

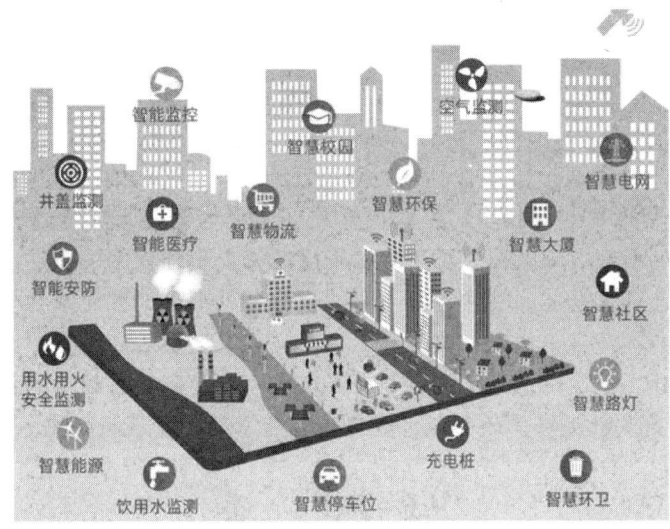

图 8-18　智能城市

尽管人工智能在环境治理中的应用存在着诸多风险，但人工智能技术必将全面应用于经济社会各个领域和全过程，这已经成为难以逆转的潮流和趋势。在推进环境治理变革的过程中，人工智能自身特色以及与其他领域结合时创造的新难题，使我们不得不认真思考，对其在理论攻关、法制法规、标准认证监管体系、全球治理等各个方向做出新的尝试。

习　题

1．什么是智能环保？
2．智能环保的系统架构包括什么？
3．智能环境监测主要收集什么信息？
4．智能环保技术的优势有哪些？
5．发展智能环保技术存在哪些挑战？

第 9 章 智能家居

本章导读

智能家居是一种采用智能技术，可以使家庭环境更加舒适、智能化的家居系统，它是一种移动、快速发展的新兴行业，未来几年的发展情况将会受到技术的推动，为家庭带来更多的便利性和安全性。智能家居技术主要包括智能安防、智能照明、智能家电等，可以帮助家庭更好地控制家居设备，提高家庭成员的安全感，从而改善家庭生活的质量。其应用还包括智能家居节能、管理和控制，家庭娱乐等。智能家居在未来将会受到更多技术的推动，如物联网、大数据分析等，以及更多社交媒体的参与，这将为智能家居的发展提供更多的可能性。

9.1 概　　述

9.1.1 智能家居的概念

智能家居是一个以家庭住宅为平台，兼备建筑、网络通信、信息家电、设备自动化，集系统、结构、服务、管理为一体的高效、舒适、安全、便利、环保的居住环境，如图 9-1 所示。智能家居通过物联网技术将家中的各种设备（如窗帘、空调、网络家电、音视频设备、照明系统、安防系统、数字影院系统以及三表抄送等）连接到一起，提供家电控制、照明控制、窗帘控制、安防监控、情景模式选择、远程控制、遥控控制以及可编程定时控制等多种功能和手段。

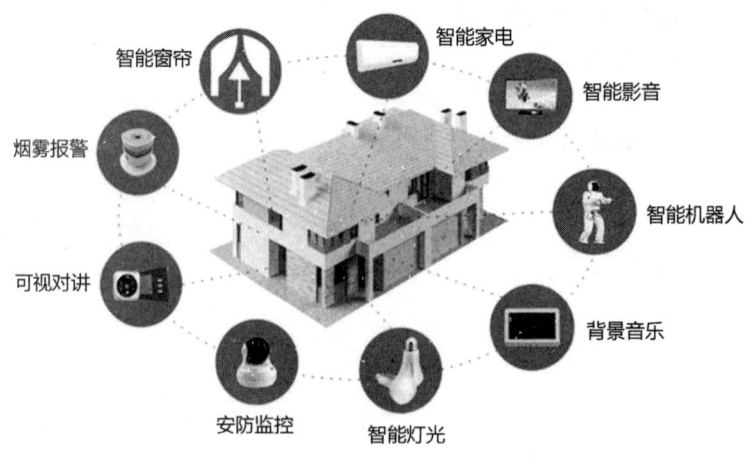

图 9-1　智能家居

9.1.2 智能家居的起源

1. 智能家居在国外的发展

智能家居起源于 1984 年 1 月,当时美国联合技术公司将建筑设备信息化、整合化概念应用于美国康涅狄格州哈特福德市的一幢旧金融大厦进行改建时,采用计算机系统对大楼的空调、电梯、照明等设备进行监测和控制,并提供语音通信、电子邮件和情报资料等方面的信息服务。于是出现了世界上公认的第一幢"智能建筑",从此也揭开了全世界争相建造智能家居的序幕。

最著名的智能家居要数比尔·盖茨的豪宅,如图 9-2 所示。比尔·盖茨在他的《未来之路》一书中以很大篇幅描绘他正在华盛顿湖建造的私人豪宅。书中描绘他的住宅是"由硅片和软件建成的",并且要"采纳不断变化的尖端技术"。

图 9-2　比尔·盖茨的豪宅

(1) 美国智能家居的发展。世界上首栋智能建筑便是在 1984 年的美国建成的,1988 年,相关组织编制出《家庭自动化系统与通信标准》,而且此时美国约 4 万户家庭已经安装智能家居系统,最早的智能化小区的建设也起源于美国,目前最大的由约 8000 栋别墅组成的智能化住宅群也是在美国。上述数据显示,美国家居智能化的发展走在世界的前列,而其智能化行业为全球智能产业的发展做出了巨大的贡献。

(2) 德国智能家居的发展。德国首座智能样板住宅建在杜伊斯堡大学内,这座智能住宅从外表上看与普通住宅楼并无差别,但其内部将所有的家用电器和设备都进行了联网控制,实行了信息化、网络化、电子化的设置,业主无论是在外出差还是在旅游的途中都能够通过计算机或手机来控制家中设备,并随时监控家中的情况。

(3) 英国智能家居的发展。英国有两所较早的智能公寓,其中一所是 1997 年 10 月为残疾人设计并建设在巴恩斯利市的名为"墨特尔"的智能公寓,它是通过将一栋旧的房子翻修改造而成的。这所智能公寓将智能产品与高科技产品结合到一起,根据残疾人的不同程度行为,有针对性地进行智能化控制,为残疾人提供了最大的方便和舒适的生活环境。

(4) 日本智能家居的发展。日本科学家也在不断开发研究能够及时提供给住户必要信息的智能化住宅形式，包括利用内置于室内各种家具中的传感器，从而掌握居住者从早上起床到各处活动的所有信息，并在指定位置显示所有相关的日程。

国外智能家居的发展历史虽然已有几十年，但目前仍具有巨大的市场和发展前景，在注重研究开发家居智能化系统的同时要更加注重节能、环保、个性化。国际商业机器公司的迈克尔·凯洛斯克就曾说："这绝对是一个不容 IBM 公司忽视的巨大市场机会。"由此可见，智能家居的巨大发展前景和市场是不容我们忽视的。

2. 智能家居在国内的发展

我国智能家居的发展经历了四个阶段，分别是萌芽期/智能小区期、开创期、徘徊期、融合演变期。

（1）萌芽期/智能小区期（1994—1999 年）。这是智能家居在中国的第一个发展阶段，此时整个智能家居行业还处在一个概念熟悉、产品认知的阶段，没有出现专业的智能家居生产厂商，只有深圳有少数从事美国智能家居代理销售的公司从事进口零售业务，产品多销售给居住在国内的欧美用户。

（2）开创期（2000—2005 年）。据千家品牌监测数据显示，在这个时段里，国内先后成立了 50 多家智能家居生产企业，主要集中在深圳、上海、天津、北京、杭州、厦门等地，智能家居的市场营销、技术培训知识和体系逐渐构建起来。

在这个阶段，国外智能家居产品基本没有进入国内市场，当然国内的智能家居产品也很少能出口到国外。

（3）徘徊期（2006—2010 年）。2005 年，上一阶段的一些智能家居企业的野蛮成长和恶性竞争，给智能家居行业带来了极大的负面影响：包括过分夸大智能家居的功能，厂商只顾发展代理商却忽视了对代理商的培训和扶持，从而导致代理商经营困难，产品不稳定导致用户投诉率高，行业用户、媒体开始质疑智能家居的实际效果，市场销售也增长减缓，甚至部分区域出现了销售额下降的现象。

2005—2007 年，约有 20 家智能家居生产企业退出了这一市场，各地代理商纷纷结业转行。许多坚持下来的智能家居企业，也经历了缩减规模、迷失方向、缺少资金等痛苦。

正是在这一时期，国外的智能家居品牌悄悄进入了中国市场，并且活跃在智能家居市场上。国内部分存活下来的智能家居企业也逐渐找到自身发展方向，如防盗监控、对讲、智能照明等。

（4）融合演变期（2011—2022 年）。进入 2011 年以来，智能家居市场明显有了增长势头，其行业背景是房地产受到调控。智能家居的放量增长说明智能家居行业进入了一个拐点，其由徘徊期进入了新一轮的融合演变期。智能家居一方面进入一个相对快速的发展阶段，另一方面协议与技术标准开始主动互通融合，行业并购现象开始出现甚至成为主流。

接下来的 5~10 年，将是智能家居行业发展极为快速，但也是最不可捉摸的时期，由于住宅家庭、大型楼盘等商业项目成为各行业争夺的焦点市场，所以智能家居作为一个承接平台成为各方力量首先争夺的目标。但无论其如何发展，国内将诞生多家年销售额超过数亿元的智能家居企业。

9.1.3 智能家居的框架

智能家居主要由中央控制系统、家庭安防系统、智能家电系统、智能照明系统、智能窗户/窗帘系统、门禁系统等一系列系统组成，如图9-3所示。

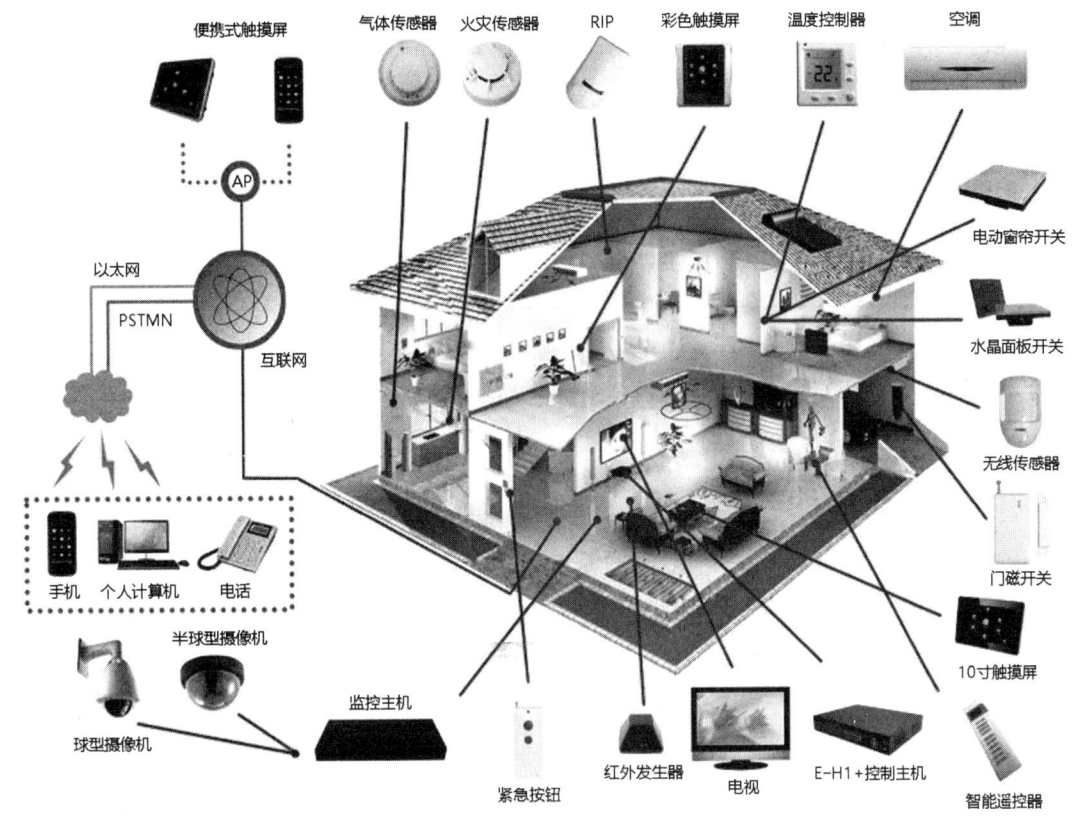

图9-3 智能家居框架

9.1.4 智能家居与普通家居的区别

智能家居也可以定义为一个过程或者一个系统，即利用先进的计算机技术、网络通信技术和综合布线技术，将与家居生活有关的各种子系统有机结合在一起，通过统筹管理，让家居生活更加舒适、安全、有效。

与普通家居相比，智能家居不仅具有传统的居住功能，能够提供舒适、安全、高品位且宜人的家庭生活空间，而且由原来的被动静止结构转变为具有能动智慧的工具，提供全方位的信息交换功能，帮助家庭与外部保持信息交流畅通，从而优化人们的生活方式，帮助人们有效安排时间，增强家居生活的安全性，甚至节约各种能源费用。

传统意义上一般认为智能家居只是带来生活品质的提升，其实物联网型智能家居正在改变这些观点，最显著的变化就是实用、方便、易整合。每一个家庭中都存在各种电器，无论是智能的冰箱、空调，还是传统的电灯、电视，它们一直以来都是独立工作的。从系统角度看，它们都是零碎、混乱、无序的，并不是一个有机的、可组织的整体，而当我们面对这些杂乱无章的电器时，消耗的时间成本、管理成本、控制成本通常都是很高的并且是非必要的。

无线物联网技术的出现，给传统的智能电器、智能家居带来了新的产业机会，通过它可以将家中的各种电器以无线方式方便地有机组织起来，形成一个完整的系统，从而实现无缝感知并完整管理。这种以前无法想象并深具挑战性的应用，如今一旦使用无线物联网技术进行连接，就会变得轻松、方便且有趣。这些应用带来的并不仅仅是生活品质的提高，很大程度上可以看作现代家庭中最基本的需求。传统家居与智能家居的对比如表 9-1 所示。

表 9-1 传统家居与智能家居的对比

项目	传统家居	智能家居
可扩展性	不易扩展	极易扩展
灵活性	低	高
兼容性	差	高
升级成本	高	低
维护成本	高	维护简单、成本低

9.1.5 智能家居的特点

（1）节省费用，在不需要时，能源消耗装置可以自动关闭。

（2）使用方便，自动化系统提供远程遥控接口。自动化系统还可以把重复低工作自动化。人们在外出时，可以通过 Internet 来调整或控制家电。

（3）安全性高。一套家庭自动化系统在紧急情况下可以防御坏人或报警。人们可以在任何地方监控该安全系统，这样可以保证家居安全运行。智能家居可以给人们带来更为惬意、轻松的生活，在生活、工作节奏越来越快的今天，家居智能化也可以帮助人们减少烦琐家务、提高效率、节约时间，使人们的生活质量有了很大的提高。

（4）改变生活、工作方式。在互联网上能完成的工作都可以在家完成，现代化的生活、工作方式较以往有了很大改变。

9.2 物联网技术应用认知

9.2.1 物联网概述

物联网（Internet of Things，IoT）的概念是在 1999 年提出的，又名传感网。它的定义很简单：把所有物品通过射频识别等信息设备与互联网联接起来，实现智能化识别和管理。

国际电信联盟曾描绘"物联网"时代的图景：当司机出现操作失误时汽车会自动报警；公文包会提醒主人忘带了什么东西；衣服会"告诉"洗衣机对颜色和水温的要求等。

9.2.2 物联网的架构

物联网技术是指通过信息传感器、射频识别技术、全球定位系统、红外传感器、激光扫描器等各种装置与技术，实时采集任何需要监控、连接、互动的物体或过程，采集其声、光、热、电、力学、化学、生物、位置等各种需要的信息，通过各类可能的网络接入，实现物与物、物与人的泛在连接，实现对物品和过程的智能化感知、识别和管理。物联网是一个基于互联网、传统电信网等的信息承载体，它让所有能够被独立寻址的普通物理对象形成互联互通的网络。

物联网架构可分为三层：感知层、网络层和应用层。

（1）感知层由各种传感器构成，包括温湿度传感器、二维码、射频识别、摄像头、红外线、GPS 等感知终端。感知层是物联网识别物体、采集信息的来源。

（2）网络层由各种网络包括互联网、广电网、网络管理系统和云计算平台等组成，是整个物联网的中枢，负责传递和处理感知层获取的信息。

（3）应用层是物联网和用户的接口，它与行业需求结合，实现物联网的智能应用。

9.2.3 物联网基本特点

（1）全面感知：利用射频识别、传感器、二维码及其他感知设备随时采集各种动态对象，全面感知世界。

（2）可靠的传送：利用以太网、无线网、移动网将感知的信息进行实时传送。

（3）智能控制：对物体实现智能化的控制和管理，真正达到了人与物的沟通。

9.3 智能终端设备识别

9.3.1 ZigBee 设备识别

ZigBee 一词来源于蜜蜂的八字舞，蜜蜂（Bee）是靠飞翔和"嗡嗡"（Zig）地抖动翅膀的"舞蹈"来与同伴传递花粉所在方位信息的。也就是说，蜜蜂依靠这种方式构成了群体中的通信网络。伴随无线传感器网络的迅猛发展，ZigBee 技术作为最近发展起来的一种便宜、低功耗的近距离无线组网通信技术，主要适用于自动控制和远程控制领域，可以嵌入各种设备。其特点是近距离、低复杂度、自组织、低功耗、低数据速率、低成本，被业界认为是最有可能应用在现场的无线网络方式。

ZigBee 是基于 IEEE 802.15.4 标准的低功耗无线个域网协议，该协议规定的技术是一种短距离、低功耗的无线通信技术。

无线传感器网络节点要进行相互的数据交流就要有相应的无线网络协议（包括 MAC 层、网络层、应用层等），传统的无线网络协议很难适应无线传感器的低花费、低能量、高容错性等要求，这种情况下，ZigBee 协议应运而生。通过该协议标准，数千个微小的传感器之间相互协调实现通信，这些传感器只需很少的能量，以接力的方式通过无线电波将数据从一个传感器传到另一个传感器，所以它们的通信效率非常高。ZigBee 模块如图 9-4 所示。

图 9-4　ZigBee 模块

9.3.2　Bluetooth 设备识别

蓝牙（Bluetooth）是一种支持短距离通信的微功耗无线电技术，能在包括移动电话、掌上电脑（Personal Digital Assistant, PDA）、无线耳机、笔记本电脑、智能终端等众多设备之间进行无线信息交换。采用蓝牙技术，能够方便移动通信终端设备之间的通信，也能够简化设备与局域网、因特网、物联网之间的通信，从而数据传输变得更加迅速、高效和实用。

蓝牙采用分散式网络结构以及快跳频和短包技术，支持点对点以及点对多点通信，工作在全球通用的 2.4 吉赫 ISM 频段。其数据速率为 1～3 兆字节/秒，采用时分双工传输方案实现全双工传输。蓝牙通信距离一般在 10 米内，发射功率为 1 毫瓦。当发射功率增至 100 毫瓦时，通信距离可达 100 米左右。蓝牙模块如图 9-5 所示。

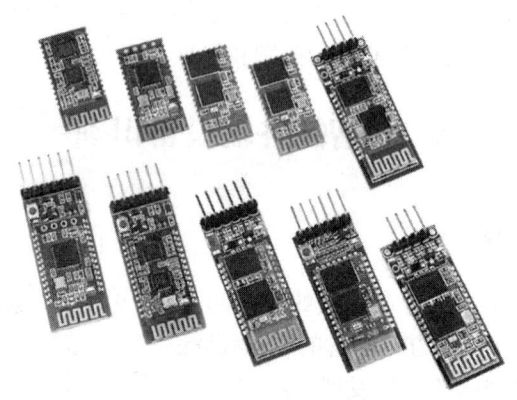

图 9-5　蓝牙模块

9.3.3　可燃气体探测器识别

可燃气体探测器是对单一或多种可燃气体浓度响应的探测器，如图 9-6 所示。可燃气体探测器有催化型、红外光学型两种类型。催化型可燃气体探测器是利用难熔金属铂丝加热后的电阻变化来测定可燃气体浓度。当可燃气体进入探测器时，在铂丝表面引起氧化反应（无焰燃烧），其产生的热量使铂丝的温度升高，铂丝的电阻率便发生变化。红外光学型可燃气体探测器是利用红外传感器通过红外线光源的吸收原理来检测现场环境的烷烃类可燃气体。

图 9-6　可燃气体探测器

9.3.4 热红外人体探测识别

热红外人体感应器如同一只猫的眼睛,能在夜间监视动情,只要人在小于或等于 8 米时、视野角度 120 度时,就能开启监视显现灯光,并串接防盗报警,对高层和多层建筑楼道的开关灯光十分安全,如图 9-7 所示。其工作电压:AC 180~250 伏;频率:50 赫兹±10%;负载功率:15~200 瓦;负载特性:白炽灯、排气扇、报警器;使用范围:各类住宅小区,主要用于过道楼梯、公共走廊,即只需要短时间内自动照明的公共场所,同时串接防盗报警器;电源电压:180~250 伏;使用寿命:不小于 10 万次。

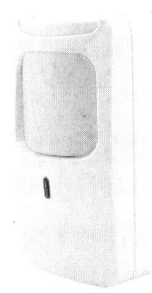

图 9-7 热红外人体感应器

9.3.5 水浸控制识别

水浸传感器是检测被测范围是否发生漏水的传感器,如图 9-8 所示,一旦发生漏水,其立即发出警报,防止因漏水事故造成相关损失和危害。水浸传感器广泛应用于数据中心、通信机房、发电站、仓库、档案馆等一切需要防水的场所。水浸传感器分为接触式水浸传感器和非接触式水浸传感器。

接触式水浸传感器:利用液体导电原理进行检测。正常时两极探头被空气绝缘;在浸水状态下探头导通,传感器输出干接点信号。当水接触到传感器探头时,主控芯片通过计算磁场变化准确判定状态并作出处理。主控芯片采用美国进口芯片,误判率为"0",可接点式探头、普通漏水绳等。该传感器甚至可以区别纯净水与自来水,默认为检测自来水。

图 9-8 水浸传感器

非接触式水浸传感器:利用光在不同介质截面的折射与反射原理进行检测。塑料半球内放置有 LED 和光电接收器,当传感器置于空气中时,因全反射,绝大部分 LED 光子被光电接收器接收;当其靠近半球表面时,由于光的折射,光电接收器接收到的 LED 光子将会减少,从而输出也会发生改变。该传感器适合部署在一般腐蚀导电液体泄漏地点。

9.3.6 烟雾探测器识别

烟雾探测器,也称为感烟式火灾探测器、烟感探测器、感烟探测器、烟感探头和烟感传感器,主要应用于消防系统,在安防系统建设中也有应用。它是一种典型的由太空消防措施转为民用的设备,如图 9-9 所示。

图 9-9 烟雾探测器

烟雾探测器可分为以下几种类型。

(1) 离子感烟式探测器。离子感烟式探测器是点型感烟探测器,它在电离室内含有少量放射性物质,这些物质可使电离室内的空气成为导体,允许一定电流在两个电极之间的空气中通过,射线使局部空气呈电离状态,经电压作用形成离子流,这就给电离室一个有效的导电性。当烟粒子进入电离化区域时,它们由于与离子相结合而降低了空气的导电性,形成离子移动的减弱。当导电性低于预定值时,探测器发出警报。

(2) 光电感烟探测器。光电感烟探测器也是点型感烟探测器,它是利用起火时产生的烟雾能够改变光的传播特性这一基本性质而研制的。根据烟粒子对光线的吸收和散射作用,光电感烟探测器又分为遮光型和散光型两种。

(3) 红外光束感烟探测器。红外光束感烟探测器是线型探测器,它是对警戒范围内某一线状窄条周围烟气参数响应的火灾探测器。它同前面两种点型感烟探测器的主要区别在于,线型感烟探测器将光束发射器和光电接收器分为两个独立的部分,使用时分装相对的两处,中间用光束连接起来。红外光束感烟探测器又分为对射型和反射型两种。

(4) 感烟式火灾探测器。感烟式火灾探测器适宜安装在发生火灾后产生烟雾较大或容易产生阻燃的场所,它不宜安装在平时烟雾较大或通风速度较快的场所。

(5) 燃气探测器。燃气探测器又称可燃气体探测器,它是对单一或多种可燃气体浓度响应的探测器。它具有环境适应范围宽、工作稳定、无须调试的特点,采用吸顶安装方式,安装简单,接线方便,广泛用于家庭、宾馆、公寓等存在可燃气体的场所进行安全监控。其可检测天然气、液化石油气、人工煤气。探测器工作电压为直流供电,报警后可输出一对继电器无源触点信号(动合、动断可跳线设置),用于控制通风换气设备或为其他设备提供动合或动断报警触点。当环境中可燃气体浓度达到设定阈值时,传感器能发出声光报警信号,可以输出继电器无源触点信号。当周围环境可燃气体浓度降到响应阈值以下时,处于报警状态的探测器将自动恢复到正常工作状态。

9.3.7 声光报警器识别

声光报警器又称声光警号,是为了满足客户对报警响度和安装位置的特殊要求而设置的,如图 9-10 所示。当现场发生火灾并确认后,安装在现场的火灾声光警报器可由消防控制中心的火灾报警控制器启动,发出强烈的声光报警信号,以达到提醒现场人员注意的目的。声光报警器可同时发出声、光两种警报信号。其专用领域为钢铁冶金、电信铁塔、起重机械、工程机械、港口码头、交通运输、风力发电、远洋船舶等行业,是工业报警系统中的一个配件产品。

图 9-10 声光报警器

9.4 智能家居的发展前景

9.4.1 智能家居的应用前景

在国家大力发展新基建的背景下,随着 5G 通信技术、人工智能的快速应用与普及,万物互联互通已成为经济社会的发展趋势,智能家居也迎来发展机遇。2019 年,中国智能家居设备市场出货量已达 2.04 亿台,同比增长 35.9%;2020 年,面对新冠疫情和上游供应紧缺带来的压力,全年中国智能家居设备市场出货量为 2 亿台,同比下降 1.9%。互联网数据中心(Internet Data Center,IDC)数据显示,2022 年,中国智能家居设备市场出货量超过 2.4 亿台,同比增长 12.0%。

智能家居系统平台中目前较为主流的主要包括苹果的 HomeKit、亚马逊的 Alexa、谷歌的 Google Home、三星的 SmartThings,以及国内厂商小米的米家、百度的 DuerOS、阿里巴巴的 AliGenie、华为的 HiLink、海尔的 U+、京东的京鱼座等,其发布时间主要集中在 2013—2017 年。整体来看,除小米生态相对独立外,国外平台和国内平台通过合作协议互通。

智能家居行业正处于快速发展期,随着人工智能、5G 等技术应用的愈发成熟,中国智能家居硬件设备的不断发展和消费者需求的提升,预计未来 5 年我国智能家居行业仍将处于快速发展阶段,到 2027 年,智能家居市场规模有望超过 1.1 万亿元。

9.4.2 智能家居行业未来的发展趋势

我国智能家居行业未来的发展趋势主要有全屋智能、语音交互和信息安全三个方向。

全屋智能是我国智能家居行业发展的风向标。IDC 发布的《中国全屋智能设备和解决方案市场回顾和展望 2021》报告显示，我国全屋智能市场在产品、技术、服务能力上均呈现快速发展态势，智能家居赛道各领域头部企业纷纷入局全屋智能。

语音交互是我国智能家居行业发展的另一大趋势，目前来看，搭载语音助手的设备产品主要为智能手机和可穿戴设备，但其在智能家居方面也有着非常大的市场潜力。目前小米、百度、阿里巴巴等领先企业均已通过以搭载语音助手的智能音箱为中枢的语音控制体系实现智能家居产品的语音控制。

此外，智能家居产品的快速普及、应用场景的不断丰富在给家庭生活带来便利的同时也使信息安全问题浮出水面。一方面，智能家居设备从传统的接触式操控变为远程网络操控后，网络安全威胁提升；另一方面，智能家居设备与云端、其他智能设备、消费者之间都在频繁交互，采集并储存了大量消费者信息，信息泄露风险提升。因此，持续提升信息安全水平也将是我国智能家居行业发展的一大趋势。

习　题

1. 智能家居的应用前景有哪些？
2. 智能终端设备大致有哪些？
3. 物联网的架构有哪些？
4. 智能家居与普通家居的区别是什么？
5. 智能家居领域未来的发展趋势是什么？

第 10 章 智能教育

本章导读

随着智能技术的更新和教育的发展，人工智能教育的基础、目标、方式在不断变化，"人工智能+教育"所提供的教育服务是动态的、智能的，它能够感知周围的教学环境，随着教学环境的变化做出适时、恰当的反应。人工智能所感知的教学环境，是传统教学环境和教学人文环境的总和，其中，教学环境包括教学地点、教学时间、教学设备等因素，教学人文环境包括学习者、教师、文化背景等因素。根据不同的教育场景、不同的参与教育的角色、不同的文化背景等因素，人工智能技术提供着动态的智能化教学服务。也就是说，它所提供的教学服务是智能的，是尊重人性的，能依据用户的特征和不同需求，进行聪明的动态化调节。

10.1 人工智能教育

10.1.1 智能教育的概念

智能教育，也称为人工智能教育，是指人工智能多层次教育体系的全民智能教育，涵盖中小学阶段设置的人工智能相关课程，如图 10-1 所示。分析用户学习数据，实现"因材施教"，利用 AI 技术收集用户学习数据，从而提供见解和建议，老师实时跟进每位学生的学习进度，为每位学生提供定制化的学习内容及方法。

图 10-1　智能教育

智能教育包括利用人工智能赋能的教育和以人工智能为学习内容的教育，又称智能化教育。智能化教育是指基于智能感知、教学算法与数据决策等技术，利用智能工具对学习者、教师、教学内容、教学媒体及教育环境进行自动分析，实施精准干预，支持个性化学习与规模化教学，形成教育的智能生态，培养学习者智能素养和实现教育高绩效的理论与实践。以人工智能为学习内容的教育属于智能科技教育，包括人工智能知识教育、人工智能应用能力教育、人工智能情感教育。

智能教育是指以人工智能技术为核心，以智能系统、智能算法、智能网络和智能机器人等技术为工具，实现自适应、可视、可操作和可衡量的学习环境，以提升学习者的学习效率和结果的教育模式。

10.1.2 人工智能

人工智能教育的人工智能（图 10-2）并非一个新词，人们对于人工智能的研究已经有几十年了。任何事物都有其发展规律，人工智能的发展起起伏伏，现在进入了"天时、地利、人和"的阶段。

如同蒸汽时代的蒸汽机、电气时代的发电机、信息时代的计算机和互联网，人工智能正赋能各个产业，推动着人类进入智能时代。本小节进一步系统地梳理其发展历程、标志性成果并侧重其算法思想介绍，将人工智能的历史以一个清晰的脉络呈现出来，以此展望其未来的趋势。

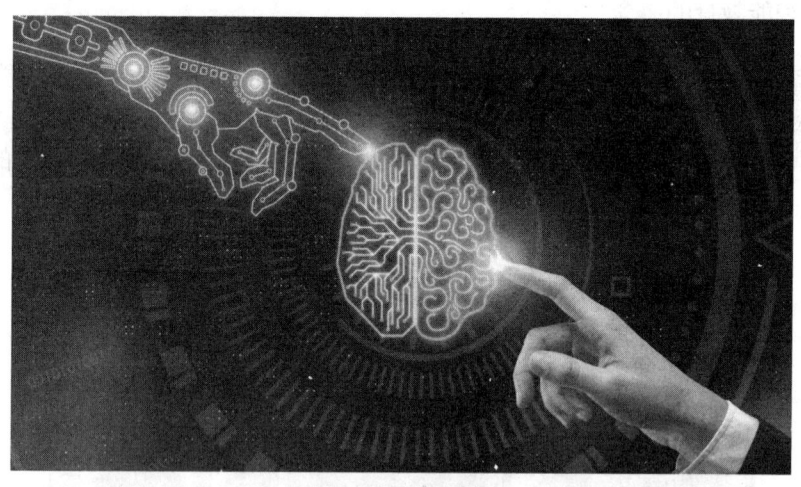

图 10-2 人工智能

信息技术为人工智能奠定了坚实的基础。各国都十分重视人工智能，人工智能迎来黄金时代；而前人的研究得以让现在的研究更进一步。如今，人们对于美好生活的追求催生了更加多元的应用场景。智能时代，并不是"一般将来时"，而是"现在进行时"。

从一开始，人工智能便在充满未知的道路探索，曲折起伏，我们可将这段发展历程大致划分为以下五个阶段期。

1. 起步发展期：1943年—20世纪60年代

人工智能概念提出后，发展出了符号主义、联结主义（神经网络），相继取得了一批令人瞩目的研究成果，如机器定理证明、跳棋程序、人机对话等，掀起了人工智能发展的第一个高潮。

1943年，美国神经科学家沃伦·麦卡洛克（Warren McCulloch）和逻辑学家沃尔特·皮茨（Water Pitts）提出神经元的数学模型，这是现代人工智能学科的奠基石之一。

1950年，艾伦·麦席森·图灵提出"图灵测试"（如图10-3所示，测试机器是否能表现出与人无法区分的智能），让机器产生智能这一想法开始进入人们的视野。

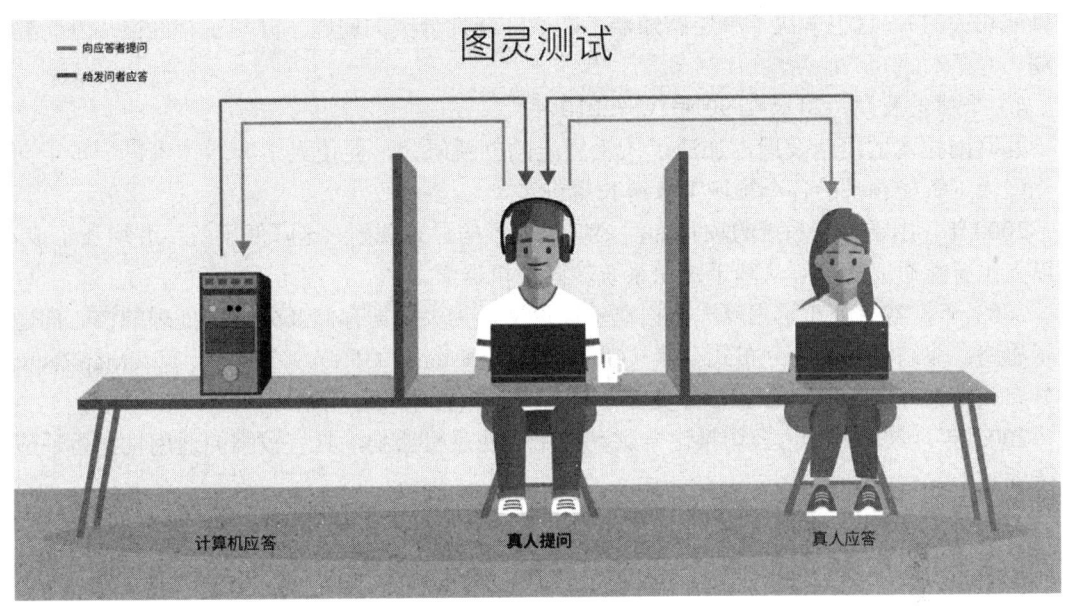

图10-3 图灵测试

1950年，克劳德·香农提出计算机博弈。

1956年，达特茅斯学院人工智能夏季研讨会上正式使用了人工智能这一术语。这是人类历史上第一次人工智能研讨，标志着人工智能学科的诞生。

1957年，弗兰克·罗森布拉特（Frank Rosenblatt）在一台IBM-704计算机上模拟实现了一种被他称作"感知机"的神经网络模型。

2. 反思发展期：20世纪70年代

人工智能发展初期的突破性进展大大提升了人们对人工智能的期望，人们开始尝试更具挑战性的任务，然而计算力及理论等的匮乏使不切实际的目标落空，人工智能的发展走入低谷。1974年，哈佛大学保罗·沃伯斯（Paul Werbos）博士论文中首次提出了通过误差的反向传播（BP）来训练人工神经网络，但在该时期未引起重视。

BP算法的基本思想不是（如感知器那样）用误差本身去调整权重，而是用误差的导数（梯度）调整。通过误差的梯度做反向传播，更新模型权重，以降低学习的误差，拟合学习目标，实现"网络的万能近似功能"的过程。

3. 应用发展期：20 世纪 80 年代

这一时期人工智能走入应用发展的新高潮。专家系统模拟人类专家的知识和经验解决特定领域的问题，实现了人工智能从理论研究走向实际应用、从一般推理策略探讨转向运用专门知识的重大突破。而机器学习（特别是神经网络）探索不同的学习策略和各种学习方法，在大量的实际应用中也开始慢慢复苏。

1986 年，罗德尼·布鲁克斯发表论文《移动机器人鲁棒分层控制系统》，标志着基于行为的机器人学科的创立，机器人学界开始把注意力投向实际工程主题。

1986 年，辛顿等人先后提出多层感知器（Multilayer Perceptron，MLP）与反向传播（BP）训练相结合的理念（该方法在当时计算力上还存在很多挑战，基本上都是和链式法则求导的梯度算法相关的），这也解决了单层感知器不能做非线性分类的问题，开启了神经网络新一轮的高潮。

4. 平稳发展期：20 世纪 90 年代—2010 年

互联网技术的迅速发展，加速了人工智能的创新研究，促使人工智能技术进一步走向实用化，人工智能相关的各个领域都取得长足进步。

2000 年，由于专家系统的项目都需要编码太多的显式规则，这降低了效率并增加了成本，所以人工智能研究的重心从基于知识系统转向了机器学习。

2003 年，谷歌公布了三篇大数据奠基性论文，为大数据存储及分布式处理的核心问题提供了思路：非结构化文件分布式存储（Gluster File System，GFS）、分布式计算（MapReduce）及分布式数据存储（BigTable），并奠定了现代大数据技术的理论基础。

2005 年，波士顿动力公司推出一款动力平衡四足机器狗，具有较强的通用性，可适应较复杂的地形。

2006 年，杰弗里·辛顿以及他的学生鲁斯兰·萨拉赫丁诺夫正式提出了深度学习的概念，开启了深度学习在学术界和工业界的浪潮。因此，2006 年也被称为深度学习元年，杰弗里·辛顿也被称为深度学习之父。

5. 蓬勃发展期：2011 年至今

随着大数据、云计算、互联网、物联网等信息技术的发展，泛在感知数据和图形处理器等计算平台推动以深度神经网络为代表的人工智能技术飞速发展，大幅跨越了科学与应用之间的技术鸿沟，诸如图像分类、语音识别、知识问答、人机对弈、无人驾驶等人工智能技术实现了重大的技术突破，迎来爆发式增长的新高潮。

2012 年，谷歌正式发布谷歌知识图谱（Google Knowledge Graph），它是谷歌的一个从多种信息来源汇集的知识库，通过 Knowledge Graph 在普通的字串搜索上叠一层相互之间的关系，协助使用者更快找到所需的资料，以提高谷歌搜索的质量。

2016 年，谷歌提出联邦学习模型，它在多个持有本地数据样本的分散式边缘设备或服务器上训练算法，而不交换其数据样本，如图 10-4 所示。

2016 年，AlphaGo 与围棋世界冠军、职业九段棋手李世石进行围棋人机大战，以 4∶1 的总比分获胜。2017 年更新的 AlphaGo Zero，在此前版本的基础上，结合了强化学习进行了自我训练。它在下棋和游戏前完全不知道游戏规则，完全通过自身试验和摸索，洞悉棋局和游戏规则，形成自己的决策。随着自我博弈的增加，AlphaGo Zero 神经网络提升下法胜率。更为厉害的是，随着训练的深入，AlphaGo Zero 还独立发现了游戏规则，并走出了新策略，为围棋这项古老游戏带来了新的见解。

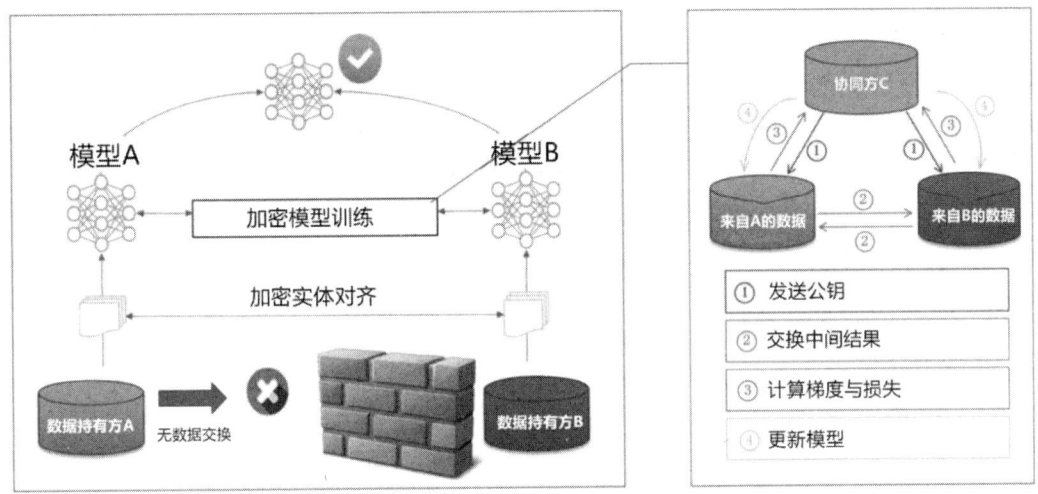

图 10-4　联邦学习模型

2022 年，美国人工智能公司 OpenAI 新推出了一种由人工智能技术驱动的自然语言处理工具——ChatGPT，它使用了 Transformer 神经网络架构，也是 GPT-3.5 架构，这是一种用于处理序列数据的模型，拥有语言理解和文本生成能力，尤其是该架构会通过连接大量的语料库来训练模型，这些语料库包含了真实世界中的对话，使 ChatGPT 不仅上知天文、下知地理，还能根据聊天上下文进行互动，做到与真正人类几乎无异的聊天场景交流。ChatGPT 不单是聊天机器人，还能完成撰写邮件、视频脚本、文案、翻译、代码等任务。

10.2　智能时代的教育

10.2.1　人工智能如何推动教育发展？

教育是面向未来的事业。世界四大会计师事务所之一的德勤曾在 2016 年的报告中指出，未来认知智能技术将成为 80%的世界 500 强企业的标配。《科学》（Science）杂志曾预测，到 2045 年，人工智能将会替代人类 50%的工作岗位。

人工智能对于教育的推动作用主要体现在以下几个方面。

（1）人工智能推动了教育的精准化。教育家孔子曾提出"因材施教、有教无类"的教学理念，表达的正是现代教育行业渴求的精准化教育，即针对不同的学生采取不同的教学方式。但现有的教育情况是教师资源偏少、学生数量较多、教学内容繁重，故而精准化教育很难得到落实，因材施教只是美好的憧憬。

不过，人工智能的应用则有望将因材施教变为现实。借助人工智能，课前，学生预习的情况可以反馈到教师端，并生成大数据报告，教师可根据学生的学情有针对性地备课；课堂上，教师可实时掌握学生的动态化学情数据，根据学情调整讲课方式，并且利用海量的信息化教学资源让课堂更加生动，利用信息化手段让教学形式更加多元化；课后，根据每位学生所掌握的知识点的程度，教师可以布置个性化作业。在人工智能的帮助下，教育和教学更加有针对性，教学质量可以大大提升。

精准化教育也会伴随学生的整个成长过程，人工智能能够帮助学生更加了解自己的天赋、特长，帮助学生进行职业生涯规划。

（2）人工智能推动了教育的个性化。现有的教学模式普遍采用大班教学，教学方式和教学内容几乎常年不变。在这种情况下，通过自适应学习程序等满足学生的需求，利用大数据搜集和分析学生的学习数据，最后向学生推荐个性化学习方案能够有效调动学生学习的积极性。

（3）人工智能推动了教育的智慧化。新兴技术给教育带来的最直观的改变就是各种教育机器人、VR/AR等的应用，通过这些技术在课堂上的应用，不仅有效解决了教学资源不足、教学设施不完善等问题，还增强了教学的趣味性，提高了教学质量。在教育智能化的基础上，教师的压力得到释放，学生的学习热情大大提高。

相较于传统的授课方式，智能教育让新兴技术在课堂上得到应用，学生能够有效提高学习效率。

教师可以调用海量资源备课，也可以在课堂上随时调用网络资源，再通过平板电脑为学生展示和讲解；学生则可以通过平板电脑来"点赞""抢排名"，积极参与互动。

10.2.2　智能教育将如何发展？

利用人工智能等技术手段，提高教育教学效率和质量。

1. 智能化

智能化是教育信息化的发展趋势之一。海量数据蕴藏着丰富的价值，在知识表示与推理的基础上，构建算法模型，借助高性能并行运算可以释放这种价值与能量。未来，教育领域将会出现越来越多支持教与学的智能工具，智慧教学将给学习者带来新的学习体验；在线学习环境将与生活场景无缝融合，人机交互更加便捷智能，泛在学习、终身学习将成为一种新常态。

2. 自动化

与人相比，人工智能更擅长记忆、基于规则的推理、逻辑运算等程序化的工作，擅长处理目标确定的事务；而对于主观的东西，如果目标不够明确，则较为困难。例如，数学、物理、计算机等理工科作业，评价标准客观且容易量化，自动化测评程度较高。随着自然语言处理、文本挖掘等技术的进步，短文本类主观题的自动化测评技术将日益成熟并应用于大规模考试中。老师将从繁重的评价活动中解放出来，从而有精力专注于教学。

3. 个性化

"人工智能+教育"提供的教育服务充分尊重师生本性，能依据教师、学生的特征和需求，提供精细、富有实效的个性化教育服务。例如，人工智能技术能够根据学习者的学习特征（认知水平、学习风格、兴趣爱好、学习目标等），如同"订餐式"一样，为每一位学习者提供不同的个性化学习服务。当学习者的学习特征不明确或效果不明显时，人工智能技术还可以通过智能算法或数据分析，基于各类知识库进行推理，及时反馈，从而不断矫正服务的不足，提高个性化服务水平。这也同样适用于教师。

4. 多元化

人工智能涉及多个学科领域，未来的教学内容需要适应其发展需要。例如，美国已经高度重视STEM（Science、Technology、Engineering、Mathematics）学科的学习，我国政府高度重视并鼓励高校扩展和加强人工智能专业教育，形成"人工智能+X"创新专业培养模式。从人才培养的角度分析，学校教育应更强调学生多元能力的综合性发展，以人工智能相关基础学科理论为基础，提供基于真实问题情境的项目实践，侧重培养学生的计算思维、创新思维、元认知等能力。

5. 协同化

短期来看，人机协同发展是人工智能推动教育智能化发展的一种趋势。从学习科学的角度分析，学习是学习者根据自己已有的知识去主动构建和理解新知识的过程。对于人工智能来说，新知识是它们所无法理解的，所以这时学习者就需要老师的协同、协助和协调。因此，在智能学习环境中，老师的参与必不可少，人机协同将是人工智能辅助教学的突出特征。

人工智能在教育中的应用为推动人工智能与教育的融合创新发展指明了方向。在当前国家大力推动人工智能的政策实施下，我们不仅要从本质上认识人工智能的核心要素与驱动力并把握其典型应用特征，还要能够顺应其发展趋势。以数据驱动引领教育信息化发展方向，以深化应用推动教育教学模式变革，以融合创新优化教育服务供给方式，将是未来的发展趋势，也是人工智能时代教育发展的鲜明任务。

10.3 智能教育的特点及发展对策

10.3.1 智能教育的优势

1. 智能教育对受教育者的优势

（1）增强孩子的思维能力。通过使用一系列特定的 AI 技术，可以有效地刺激和引导孩子们的大脑发展，增强孩子们的解决问题能力，增强他们的智力能力和思维能力。

（2）自主学习能力提高。使用人工智能教育还能够有效地提高孩子们的自主学习能力。通过智能技术，可以帮助孩子们深入理解相关知识，增加孩子们解决复杂问题的能力，培养他们自己设计学习方案、自我指导学习的能力，有效改变学习者们对知识的理解模式，从而大大提高孩子们的学习能力。

（3）提高创新能力。人工智能技术能够在教育过程中有效提高孩子们的创新能力，通过人工智能系统和虚拟现实等技术，教师可以为学生提供更多有趣的任务，有助于让学生们更加主动和有效地进行认知分析，学会解决实际问题，激发他们创新的能力。

（4）增加学习的兴趣。人工智能的出现也可以有效地提高孩子们学习的兴趣，比如，通过上机实验、虚拟实验场等方式，可以让孩子们更轻松、更有趣地获取知识。此外，可以通过人工智能课程，给孩子们创造更多参与的机会，提高孩子们学习数学等学科的兴趣，更好地启发孩子们的创新思想和学习乐趣。

（5）社会技能提升。人工智能还能够有效地提高学生的社会技能。通过网络、虚拟环境等技术手段，可以让孩子们接触更多的社交技巧，学会如何与他人沟通，交流思想，友好相处，从而培养他们适应社会环境的能力，帮助他们未来在社会中顺利适应并发挥作用。

（6）提升非实体技能。使用人工智能教育，也可以有效地提升孩子们的非实体技能，比如说，通过与智能助理进行对话，可以有效培养孩子们的演讲能力；当孩子们正确回答智能助理提出的问题时，也可以提高他们的解决问题的能力；此外，经过人工智能技术建构虚拟环境，也可以帮助孩子们加强与同伴相处的能力。

（7）多语言能力提高。使用人工智能技术，能够提高孩子们多语言能力，比如，可以通过 AI 智能机器人来教孩子们学习外语，或者通过特定的 API 接口，使孩子们能够完成外语的听、说、读、写能力的训练。

（8）提升解决问题能力。通过虚拟环境、智能系统等技术，在孩子们认识一定的知识点的基础上，可以提出一系列问题，帮助学生更好地进行逻辑推理，培养孩子们思维的敏捷性和变化性。

（9）提高情商。人工智能还可以提高孩子们的情商，人工智能技术可以帮助孩子们学会提出问题和发表评论，并客观地评估别人的观点和接受不同的观点，提高孩子们的情商水平，让他们在未来的社会生活当中能够更加灵活、勇敢地处理社交关系，更快乐。

（10）互动学习模式。人工智能技术还可以带来互动的学习模式，即学生与学生之间的互动学习，老师与学生之间的互动学习，还可以让学生通过 AI 技术来模拟和仿真游戏或任务，学会在不同情景中具有更强的适应性。

综合上述，人工智能对孩子的教育能够带来诸多积极的效果，为孩子们的未来拓宽更多的发展空间。

2. 智能教育对教育者的优势

（1）备课优势。因信息数据库的建立，依靠大数据积累，教师可以在平台上共享授课资源，一些课程资源包中，已经描绘出了课堂的步骤、重点。教师端获取人工智能推荐的与学校教材教学同步、与课堂所授知识点相关的海量习题。基于大数据精准反馈，教师可以调整教学内容，精准备好课，为上好课奠基。

（2）教学优势。"一个智能教学系统（Intelligent Tutoring System，ITS）是指一个能够模仿人类教师或助教来帮助学习者进行某门学科、某个领域或知识点学习的智能系统。"韩锡斌和其同事们建造的简单的教学机器可以用来教授低年级的语言单词拼写和算数等知识，以及高中到大学的知识内容。哈佛大学和拉德克利夫学院将近 200 名学生使用这些机器学习，结果在短时间内学习到了更多的知识，老师和学生不必等待很长时间，就可以立即知道学生的学习状况。

（3）管理优势。智能教育在管理课堂方面包括点到、批改作业、实时课堂反馈等。智能教育可以使老师不再利用课堂时间点名点到，而是可以利用教育系统让学生在网络上自行签到。智能教育可以帮助教师自动批改学生作业，记录数据，从而减轻教师的工作负担。

10.3.2 智能教育的劣势

（1）程序性知识的局限性。智能教育智能提供知识，剩下的实践与练习必须要学生通过亲自活动训练完成。且在这一块内容上，人类教师比智能教育更加适合。例如在教学生游泳时，教练可以在旁边辅佐动作，并确保其安全，这是智能教育所做不到的。

（2）教学思维的局限性。"有一千个读者就有一千个哈姆雷特。"不同的学生上同一节课，每名学生对知识的接受、理解、领悟程度也都是不同的，有多少名学生就有多少个领悟，而这些领悟是根据学生的性格差异、思维模式、批判性思维、思辨性思维、接纳性思维等进行分析，都是计算机所无法教授的。同一个问题，计算机只能看到一个结果，而人类却可以站在不同的角度得到不一样的结果。这种思维的独特性，是智能教育所不能赋予的。

（3）教书育人功能的缺乏。"所谓教育，不过是人对人的主体间灵肉交流活动。"人只有在跟人的交流中，才能感受到人间真情。而机器是冰凉的，一台机器永远不能教会人类什么是爱恨情仇，一个拥抱的定义也不如实际拥抱所带来的温暖。智能教育无论如何发展，始终无法让机器和人类一样有温度。

10.3.3 智能教育的发展对策

（1）改变课程设计，破解程序性知识的局限性。智能教育要清楚定位教师和其自身的位置，一位优秀的教师，要做到"掌握知识、展示知识、了解学生、释疑解惑、激发兴趣、因材施教"。教师不止要了解如何设计智能教育，也必须具有掌握知识和展示知识的能力，尤其是程序性知识，它是智能教育所教授不了的。因此，随着时代的发展，要同步跟进程序性知识。

（2）融合人机对话，破解教学思维的局限性。要充分利用现代技术发展，注重人机的对话和沟通，遵循教育教学规律和人才成长规律，提升学生的批判性思维、思辨性思维、接纳性思维。

（3）倡导双师教学，破解教书育人功能的缺乏。教师和学生才是教育的主体，是价值选择判断的主导者。智能教育只是其中的一个辅助者，其技术手段是价值无涉的、中性的，是师生沟通交流的工具和手段。在学习赋能教育智能的应用方面，应强调人际协同，不高估，也不低看。

10.4 智能教育管理

教育是一个有机整体，通俗地说就是"教育是一个很大的盘子"。在这种情况下，管理非常重要。人工智能在教育管理领域的深度应用将让管理更高效。教育管理信息化和智能化可有效助力教育管、办、评分离，促进教育公共服务水平提升，促进教育治理能力和治理体系现代化。立足教育大数据的人工智能，通过对教育教学过程进行数据采集、建模、智能分析和系统化分析，实现教育教学决策的科学化、资源配置的精准化。

10.4.1 智能管理——让教育管理更有效率

人工智能将给教育管理带来十分深远的影响。传统的管理需要各部门沟通协作，这意味着必须花费大量人力、财力、物力，且效率不高。依托人工智能，管理可以更高效。例如，在检查食堂食品卫生状况时，通过采取人机结合的方式，利用人工智能检测系统，就能大大节约人力成本，提高效率。

人工智能时代的到来，意味着越来越多的智能软件将进入学校管理，如成绩分析系统、无纸化阅卷系统等。在教师上下班签到问题上，采用指纹识别或人脸识别系统与后台数据分析系统，既可以保证出勤数据的准确性，又能有效缓解学校教务部门的压力。通过智能系统，学校可以轻松处理以往费时费力的工作，从而提高办事效率。在考务管理上，监考机器人在未来的学校中将代替监考人员参与考务工作，在很大程度上节约人力成本。

10.4.2 人脸识别

人脸识别包含识别人脸、指纹、掌纹、虹膜、视网膜、音色、体形和签字等，通过识别脸部的生物特征来区分不同的人，具体包括人脸追踪侦测、自动调整影像大小、夜间红外线侦测和自动调整曝光强度等多种技术。人脸识别首先对采集到的图像或视频信息进行识别筛选，判断其中是否存在人脸，如果存在，则按照一定的算法获取其中的人脸位置、人脸大小和脸部器官位置等相关信息，提取每个人脸部独有的特征，将其与预知的人脸信息库进行比对，达到识别人的身份的效果。

10.4.3 情感计算

情感计算是一个多学科交叉的、崭新的研究领域，是建立和谐人机环境的基础。

情感计算的研究重点在于建立一个能够识别、感知和理解人类情感，并能对用户的情感做出智能反应的计算系统。它的最终目的是使计算机在了解用户情感状态的基础上，做出适当反应，去适应用户情感的不断变化。因此，其主要研究如何根据情感信息的识别结果，对用户的情感变化做出最适宜的反应。在情感理解模型建立和应用中，应注意以下事项：情感信号的跟踪应该是实时的并保持一定时间记录；情感的表达是根据当前情感状态的；情感模型针对个人生活，并且可在特定状态下进行编辑；情感模型具有自适应性；用户的模型是完整的、非片面的；保证情感的隐私性、秘密性和安全性等。

10.4.4 课堂考勤

很多学校不注重教育管理，导致学生纪律松散。为了提高学生的出勤率，许多学校采用教师点名的方式，甚至在课前都要进行点名，但这种方式效率不高。

人脸识别的应用将有助于解决这一问题。学校可在教室门口安装一台人脸考勤机，学生需要在每堂课开始之前按顺序站在人脸考勤机前进行头像采集。当人脸考勤机录入人像信息后人脸考勤机通过联网系统将人像信息传输到学院办公室，或者直接按照一定的算法统计出未进行头像采集的学生名单，学校对该部分学生采取相应措施。

10.4.5 考试监考

人工智能对考试监管起到重要作用，人脸识别的应用能满足这一需求。考生在进入考场前要进行人脸识别，通过人像的录入核实是否为本考场的考生，考生只有通过智能系统核实后才能进入考场。同时，考场内的监控系统对考试过程进行录像，收集考试过程中考生的行为数据。当考试结束后，监控系统将收集到的视频资料通过网络传输至考务办公室，监考人员可判断考生是否存在作弊行为，并对有作弊行为的考生采取相应的惩治措施。

10.4.6 宿舍管理

人工智能为宿舍管理提供便利，如图 10-5 所示。学校通过在宿舍楼内安装监控系统，对宿舍楼内的情况进行实时记录，这主要通过红外线摄像头来完成。红外线摄像头在白天和夜晚都能够起到监控记录的作用。当有人经过时，其会自动识别画面中的人脸信息，按照一定的算法对人脸进行识别记录，当发生问题时，学校再将某时间段的监控录像抽调出来，有助于锁定目标人物。

监控系统能够有效帮助学校进行治安管理，学校可在校园多个地方布置监控系统。

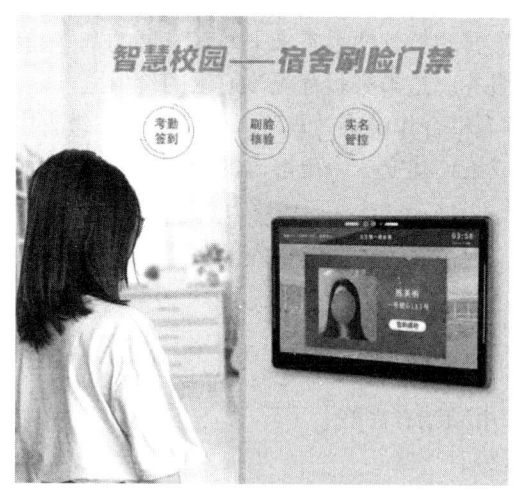

图 10-5 宿舍管理

10.4.7 智慧校园的建设

基于大数据和校园地图定位的智慧校园能打通教师、学生家长之间的"信息孤岛",实现信息互通,给教学、学习、科研、生活和管理带来新改变。大数据能对校园数据进行快速而有效的分析,通过深入挖掘数据价值,提供智能决策分析,以促进教育的发展

智慧校园可提供多样化的服务,如教职工、学生、家长个人信息管理,工作审批,教学研讨与交流等,全面满足学生、教师、家长的需要。

"日常管理"包括公告通知、日程协同、场馆预约、物品申请、视频会议、资金审批、预算管理等功能;"教务管理"包括在线选课、智能排课、协同备课、在线评教等功能;"教师服务"包括请假管理、智能考勤、家校沟通、班级圈等功能;"学生成长"包括学科过程评价、德育评比管理、学生成长档案构建、出入校管理、学生请假、校园活动、教育缴费等功能。

10.5 智能教育的发展趋势

从历史来看,人工智能的发展总体上呈"螺旋上升"的态势,每一次进步都离不开技术的发展和国家政策的影响,技术的进步与发展又会反过来影响国家政策的出台。从长远来看,科学技术和国家政策仍将是人工智能持续发展的影响因素。

(1)未来教育应注重人机结合的制度体系和思维体系:善于运用人机结合的思维方式,使教育不仅实现大范围覆盖,而且实现与个人能力相匹配的个性化发展。

(2)面向未来的教育应该注重核心素养导向的人才培养:未来教育应注重培养面向人工智能时代的新人才,引导学习者在学习和工作中,发展和培养关键能力与核心素养,重点培养创造力而不是记忆知识,这样才能更好地适应未来时代的发展。

(3)未来教育应该关注学生的灵魂和幸福:未来教育应该更加以人为本,为学生的终身幸福和成长打下基础。随着智力劳动的解放,教师有更多的时间和精力去关心学生的精神和幸福,平等地与学生互动,实施更多以人为本的教学,使学生更有创造性。

(4)未来教育应注重个性化、多样化和适应性学习:在人工智能技术的支持下,建立一套促进大规模学习者个性发展的教育体系是未来教育发展的基本趋势。让每个孩子在原有的基础上得到适合自己的教育服务,是未来教育应该追求的价值之一。

(5)未来教育应注意人机合作的有效教学:人工智能在教育中的应用和研究应该借鉴和学习科学领域的最新研究成果,建立一个更准确的学习模型,达到更人性化的功能。

习　题

1. 人工智能教育的主要目的是什么?
2. 人工智能教育的特点有哪些?
3. 人工智能教育的应用领域有哪些?
4. 人工智能教育的优势有哪些?
5. 人工智能教育的未来发展趋势是什么?

第 11 章　AI 通识教育平台

本章导读

　　AI 通识教育平台是百科荣创推出的一款面向教学的云服务平台。该平台以模块化组合、易用、直观的设计角度出发，进一步深化易学、易懂、高效、实用的教学理念，为学生的不同学习阶段而考虑，从流程图可视化编程和三维虚拟仿真的通识入门，到标准应用程序接口（Application Programming Interface，API）编写，以及 AI 模型训练部署的技术进阶，都进行了详尽的功能设计。

11.1　AI 通识教育平台的基本操作

11.1.1　概述

　　AI 通识教育平台以输入、传输、计算、存储、输出五要素为建设依据，以平面逻辑认知、三维功能设备认知、智慧场景实现思路为主线，以"拖-拽-拉"的编程方式，直观的体验形式，满足学生实训需求，系统可远程共享、可本地部署，全方位、多层次支撑 AI 核心课程实训需求。AI 通识教育平台界面如图 11-1 所示。

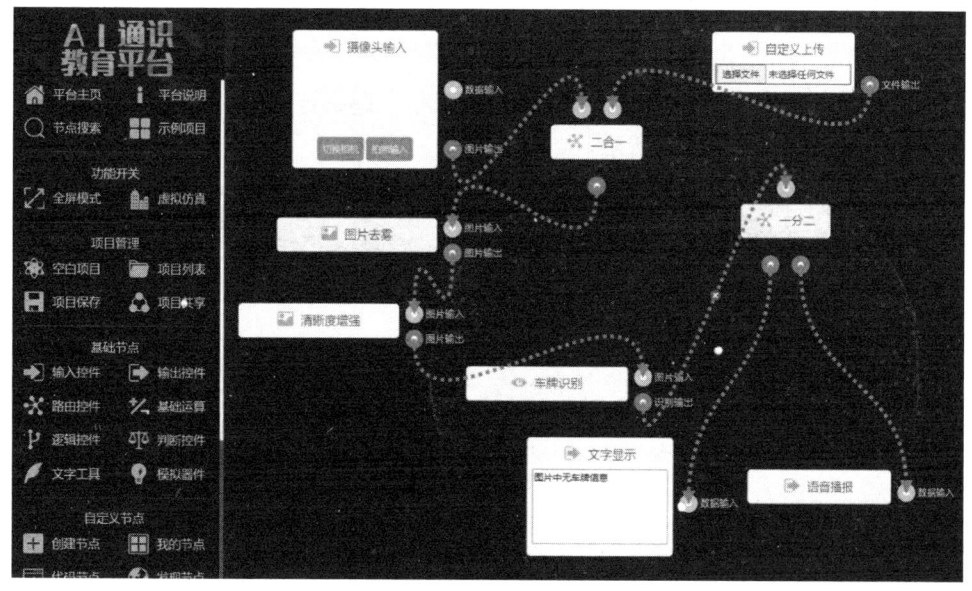

图 11-1　AI 通识教育平台界面

　　平台通过对真实行业智能系统的实战学习和剖析，对人工智能实际应用场景的方案、架构、流程、组成等的具体理解，并通过针对具体智能系统的虚拟化的搭建与开发，培养人工智能思维方法，积累人工智能应用场景的实践经验，包括智慧零售、智能家居、智能驾驶、智能物流、智能无人机等实际场景领域。

11.1.2 注册和登录平台

为了用户的友好体验，平台推荐使用"谷歌浏览器"进行访问。

初次使用百科荣创 AI 通识教育平台，需注册/登录百科荣创官方平台账号。注册/登录百科荣创官方网站的步骤如下。

（1）完成账号注册，打开百科荣创官方注册页面进行实名认证，填写个人信息，如图 11-2 所示。

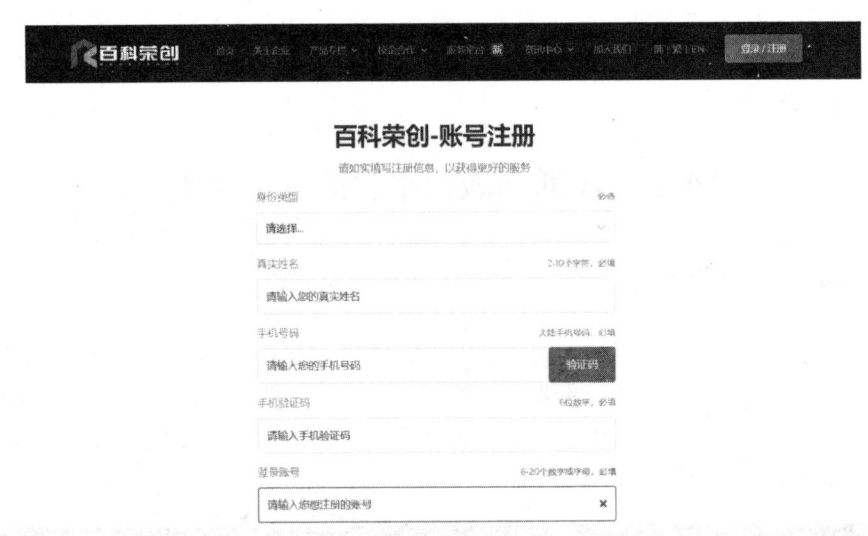

图 11-2　账号注册

（2）填写完成后单击"下一步"按钮，进行微信扫码绑定，绑定微信后即可使用微信登录百科荣创官方网站，如图 11-3 所示。

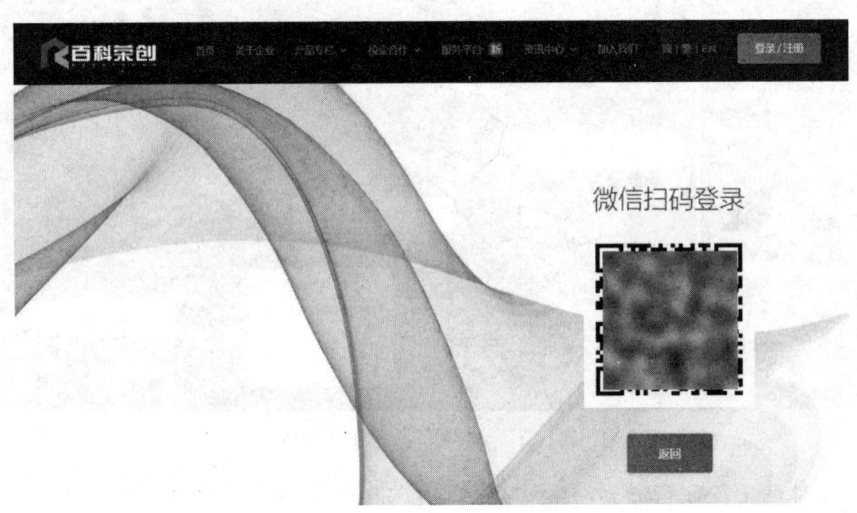

图 11-3　微信扫码登录百科荣创官方网站

（3）如果未进行实名认证，则填写图 11-2 所示的实名认证页面信息完成认证。

（4）注册成功后，在登录页面输入刚注册的账号和密码进行登录（也可以使用账号绑定的微信号，扫一扫登录平台）。

（5）登录成功后即可进入"AI 通识教育平台"主界面，如图 11-4 所示。

图 11-4　AI 通识教育平台主界面

（6）通过单击主界面的"开始体验"按钮即可进入 AI 通识教育平台的操作空间。如果登录后已经有项目，则可单击"空白项目"按钮清空内容，如图 11-5 所示。

图 11-5　新建空白项目

第 11 章　AI 通识教育平台

11.1.3 认识操作面板

平台操作面板主要由主菜单栏、子菜单栏、场景视图、流程速度控制、流程运行控制、控制台组成。

1. 主菜单栏

主菜单栏中结合了平台的各个功能,包括"节点搜索""项目共享""项目保存""示例项目""基础节点"等。

选择主菜单栏中的相应功能,可以指定对应的菜单命令。例如,单击"节点搜索"按钮后,会在主菜单旁弹出具有搜索功能并且包含所有节点的子菜单列表,如图11-6所示。

图 11-6　主菜单栏

2. 子菜单栏

根据所选择的主菜单栏功能的不同,在子菜单栏中会加载不同的内容,如图11-7所示。

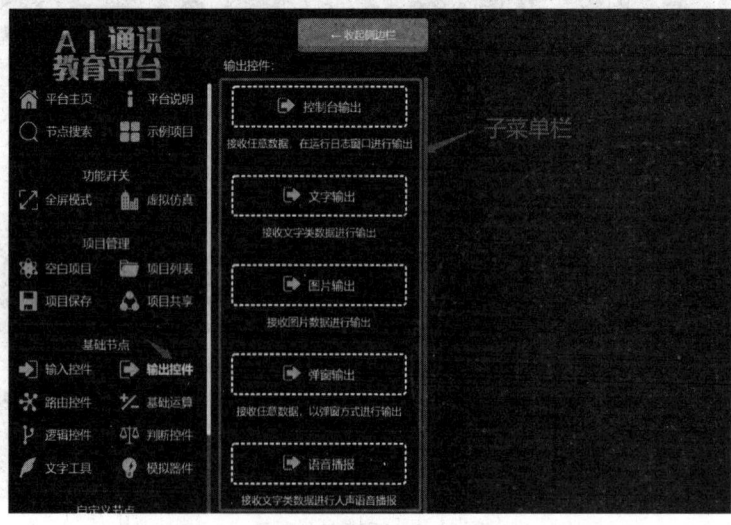

图 11-7　子菜单栏

3. 场景视图

场景视图是平台的编辑面板，用户通常在场景视图中浏览当前场景并修改其内容。场景视图也是让用户感受到"所见即所得"的视图。该视图中以蓝色网格、中间是粒子球体的背景显示，如图 11-8 所示。用户可以将子菜单栏中的功能拖曳到场景视图中，并搭建用户希望的场景样式，如拖曳语音节点、摄像头节点、模拟设备节点等。场景视图的存在使用户搭建场景的过程变得非常简单。

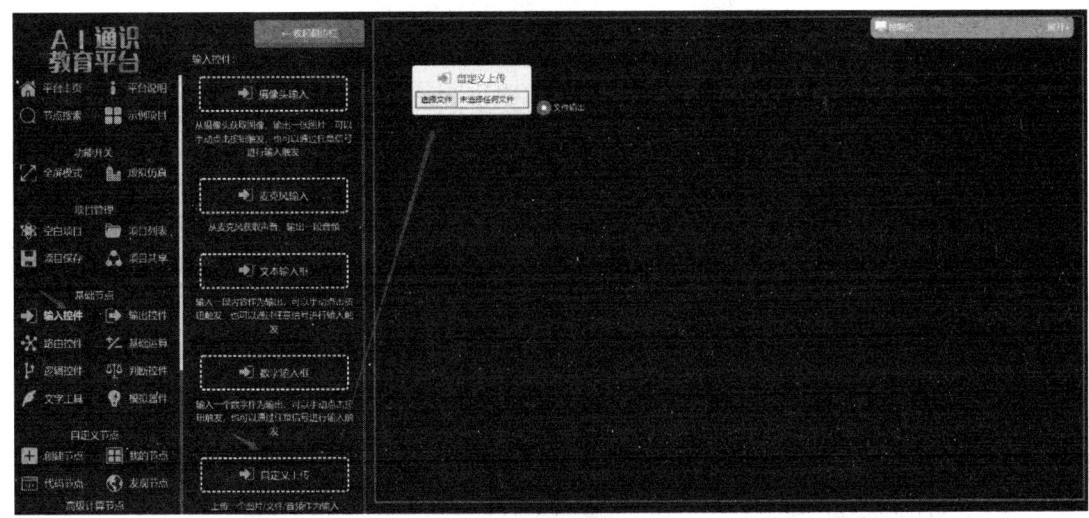

图 11-8　场景视图

4. 流程速度控制

流程速度控制位于场景视图的左下角的位置，该模块提供三个挡位的数据流速度选择，默认项目都是以慢速开始，如图 11-9 所示。如果搭建的项目比较繁杂，则可以在此模块下切换数据流的速度，项目会根据设置动态切换运行速率。

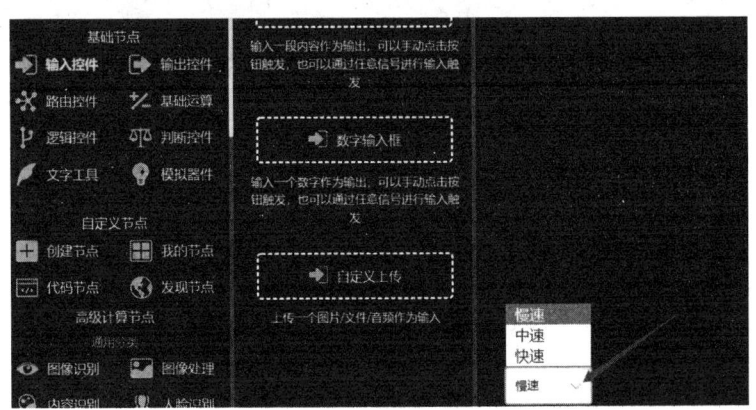

图 11-9　流程速度控制

5. 流程运行控制

流程运行控制位于场景视图的右下角，其作用是控制项目的运行状态，如图 11-10 所示。该模块在搭建的循环场景中尤为重要，例如示例项目中的机器人对话场景，如果我们不对该场景的运行状态进行控制，则两个对话机器人会无休止地对话下去。可见该功能在特定场景的重要性。

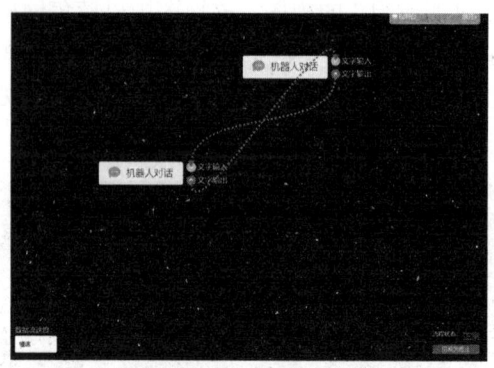

图 11-10　流程状态控制

6. 控制台

控制台就是我们常说的输出面板，是场景调试时必须要使用的面板，其位于场景视图的右上角，如图 11-11 所示。默认情况下控制台是隐藏的，可以单击其右侧的"展开"按钮来展开该面板。如果想输出内容到控制台中，则需要使用输出控件中的"控制台显示"节点。

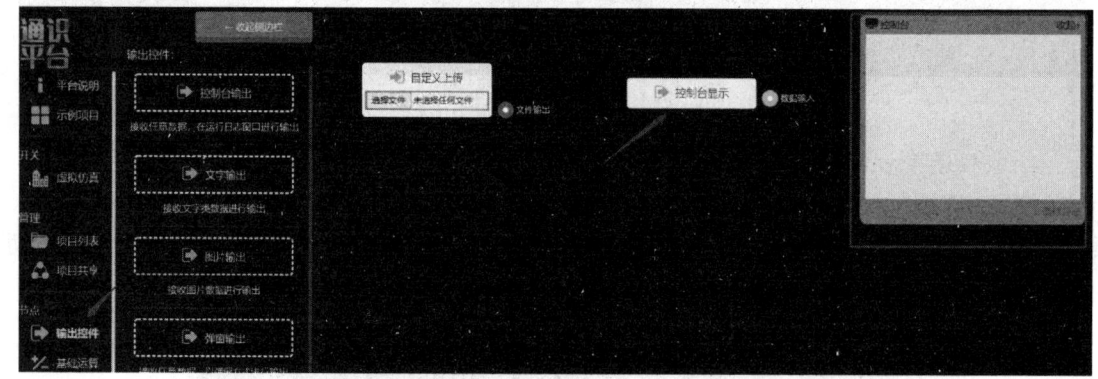

图 11-11　控制台

11.1.4　功能控件

平台贯彻现代智能系统"输入""存储""计算""传输""输出"五大基本要素，秉承不为用户的创意设限的理念，针对具体智能系统的虚拟化搭建和开发，对人工智能实际应用场景组成和流程进行了功能级抽取，封装成各个能够独立运行的功能节点，用户只需通过"拖-拉-拽"的编程方式，即可搭建出对应的场景。

平台中包含的功能控件主要分为以下几类。

1. 输入输出控件

输入输出控件如图 11-12（a）所示，具体如下。

（1）摄像头输入：从摄像头获取图像，输出一张图片。

（2）麦克风输入：从麦克风获取声音，输出一段音频。

（3）文本输入框：输入一段内容作为输出，可以单击该按钮触发，也可以通过任意信号进行输入触发。

（4）数字输入框：输入一个数字作为输出，可以单击该按钮触发，也可以通过任意信号进行输入触发。

2. 路由控件

路由控件如图 11-12（c）所示，具体如下。

（1）随机路由：数据将随机由一端点进行输出。

（2）一分二：数据流一转二，复制两份。

（3）一分三：数据流一转三，复制三份。

（4）一分四：数据流一转四，复制四份。

（5）二合一：数据流二合一，合并路径，不合并数据。

（6）三合一：数据流三合一，合并路径，不合并数据。

（7）四合一：数据流四合一，合并路径，不合并数据。

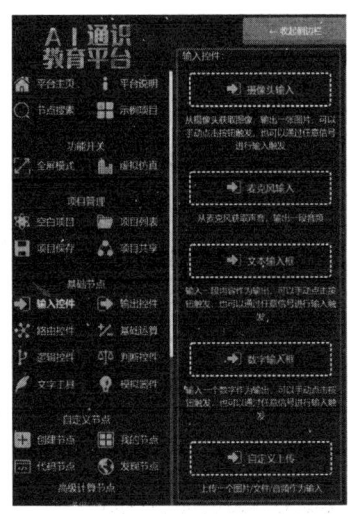
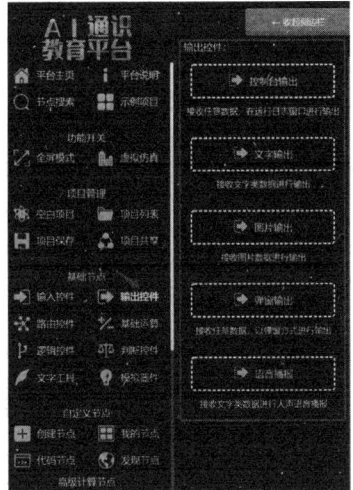
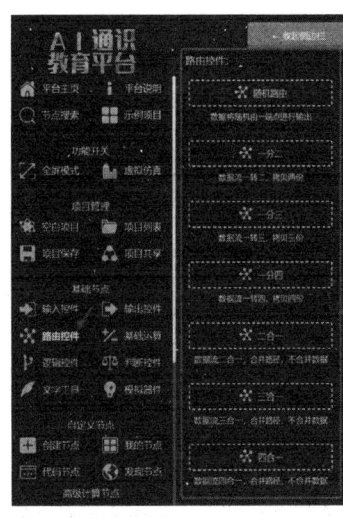

（a）输入控件　　　　　　　　（b）输出控件　　　　　　　　（c）路由控件

图 11-12　输入控件、输出控件、路由控件

3. "基础运算"控件

"基础运算"控件如图 11-13（a）所示，具体如下。

（1）加法运算：输入两个数字量，进行加法运算。

（2）减法运算：输入两个数字量，进行减法运算。

（3）除法运算：输入两个数字量，进行除法运算。

（4）乘法运算：输入两个数字量，进行乘法运算。

（5）累加运算：输入一个数字量，进行累加计算，并输出累加结果。

4. 逻辑控件

逻辑控件如图 11-13（b）所示，具体如下。

（1）与运算：与的逻辑运算，输入两个开关量，当都为真时，输出真，否则为假。

（2）或运算：或的逻辑运算，输入两个开关量，当其中存在真时，输出真，否则为假。

（3）非运算：与的逻辑运算，输入一个开关量，当输入真时输出假，输入假时输出真。

（4）逻辑分支判断：根据输入的开关量真假，选择不同的分支推送数据流。

（5）输出真：接收任意数据，输出逻辑真信号（可用于信号转换）。

（6）输出假：接收任意数据，输出逻辑假信号（可用于信号转换）。

5. 判断控件

判断控件如图 11-13（b）所示，具体如下。

（1）识别结果判断：输入一个识别结果，根据输入识别结果是否符合进行分支选择，输出原始数据。

（2）数字大小判断：输入一个数字，根据数据中数字大小与输入值进行比较后选择分支，输出原始数据。

（3）文字包含判断：输入一段文字内容，根据数据中文字是否包含输入文字进行分支选择，输出原始数据。

（4）文字相等判断：输入一段文字内容，根据输入文字进行比对进行分支选择，输出原始数据。

（5）置信度判断：输入一个 0~100 范围内的数字作为阈值，根据输入识别置信度大小进行分支选择，输出原始数据。

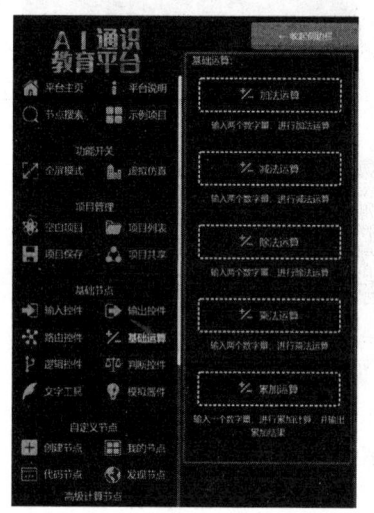 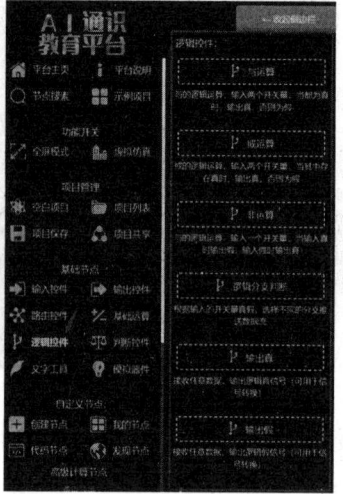 

（a）"基础运算"控件　　　　　（b）逻辑控件　　　　　（c）判断控件

图 11-13　基础运算控件、逻辑控件、判断控件

6. "文字工具"控件

"文字工具"控件如图 11-14（a）所示，具体如下。

（1）结果拆分：接收一个识别结果，分别输出文字和置信率数字。

（2）开头连接文字：输入一段文字用作开头，连接其他数据合并输出新的一段文字。

（3）结尾连接文字：输入一段文字用作结尾，连接其他数据合并输出新的一段文字。

（4）首位插入文字：在一段文字的开头及结尾进行内容插入，合并输出新的一段文字。

（5）文字连接：输入两个文字数据，将其进行连接合并后输出。

（6）JSON 数据获取：输入一段 JSON 格式的数据，获取 JSON 中的指定字段值。

7. "模拟器件"控件

"模拟器件"控件如图 11-14（b）所示，具体如下。

（1）电灯：输入一个开关量，控制模拟电灯的开关，输入真时开启，输入假关闭。

（2）风扇：输入一个开关量，控制模拟风扇的开关，输入真时开启，输入假关闭。

（3）道闸：输入一个开关量，控制模拟道闸的开关，输入真时开启，输入假关闭。

（4）电子秤：输入一个数字量，模拟电子秤器件进行重量数字输出。

（5）智能货架：模拟一个盛装指定物品的货架，仅接收完全匹配的文字数据，并进行货物计数，对外输出当前货物数量。

（6）空调：输入一个开关量，控制模拟空调的开关，输入真时开启，输入假关闭。

（7）窗帘：输入一个开关量，控制模拟窗帘的开关，输入真时开启，输入假关闭。

（8）门禁：输入一个开关量，控制模拟门禁的开关，输入真时开启，输入假关闭。

（9）指纹：输入一个开关量，控制模拟指纹的开关，输入真时开启，输入假关闭。

（10）警报器：输入一个开关量，控制模拟警报器的开关，输入真时开启，输入假关闭。

（11）RFID 读写器：RFID 读写器（Reader）用于将标签中的信息读出，或者将标签所需要存储的信息写入标签。

（12）无源 RFID：无源 RFID 用于接收来自阅读器的信号，并把所要求的数据送回给阅读器。

（a）"文字工具"控件　　　　　　　　　　（b）"模拟器件"控件

图 11-14　"文字工具"控件、"模拟器件"控件

11.1.5　项目保存/共享

在平台中，场景又称项目，在对项目编辑修改时，无疑会产生相关的项目数据，平台中也对应提供了项目管理方面相应的功能。主菜单栏的"项目管理"一栏中就有"空白项目""项目列表""项目保存""项目共享"等四个功能，如图 11-15 所示。

空白项目：清空当前场景视图，并创建新的空白场景视图。

项目列表：查看当前登录用户保存的项目信息，单击项目名可以加载该项目。

项目保存：保存当前场景视图中的数据。

项目共享：项目共享相当于一个项目社区，这里提供了来自不同用户分享的项目，对感兴趣的项目可以单击项目名加载运行。

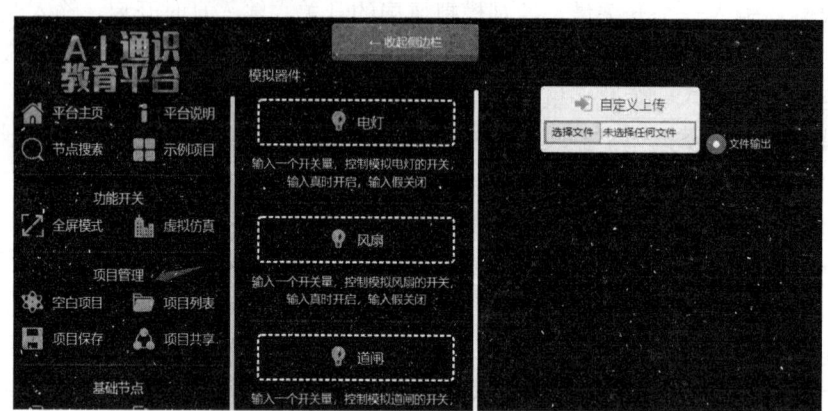

图 11-15　项目管理

11.2　场景搭建基础

11.2.1　什么是控件？

控件（也称节点）是平台中最基础的单元，平台中的每个控件都拥有自己独立的属性（功能），熟悉掌握每个控件的特性并能够灵活运用它，就能组合搭建出不同的场景。

11.2.2　控件的创建

在子菜单栏中找到需要使用的控件，将光标放在对应控件的名字上，此时按住鼠标左键不放，移动鼠标可以看到控件以半透明的形式随着光标移动，这时只需将光标移动到我们的场景视图区域中，随后松开鼠标左键，便可以看到场景视图中成功创建出了拖动的节点，如图 11-16 所示。

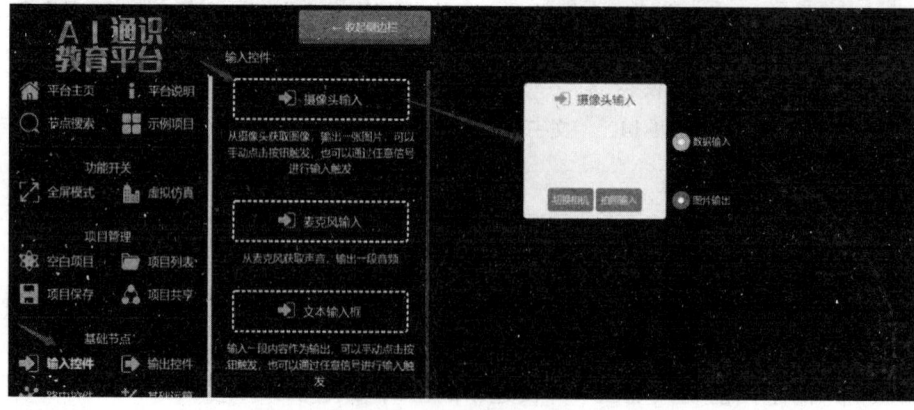

图 11-16　控件的创建

11.2.3 控件的使用

因为系统中的控件属性（功能）各不相同，对应的使用方法也不同，但是基本的操作始终离不开连线组合，所以对于控件的使用，首先要确认想要实现什么功能，根据需求，在对应的分类中查找，然后仔细阅读分类中控件的使用说明。接着在场景视图中创建控件，查看控件的节点接口。根据节点接口将节点需要输入或输出的数据组合起来，运行就能观察到控件的具体功能效果。

例如，用户想搭建两个数之间的加法运算的小程序，分析如下：

（1）需要加法运算。
（2）需要输入两个数字。
（3）需要将加法结果输出。

根据上述分析查找对应的控件素材，步骤如下。

熟悉平台的用户可以直接在主菜单栏的"基础运算"控件中找到和运算相关的控件，其中就包含"加法运算"控件。不熟悉平台的用户可以单击主菜单栏的"节点搜索"按钮，在弹出的"关键词"文本框中输入"加法"，便可以看到"加法运算"控件，此时只需要将其拖动到场景视图中进行创建即可，如图11-17所示。

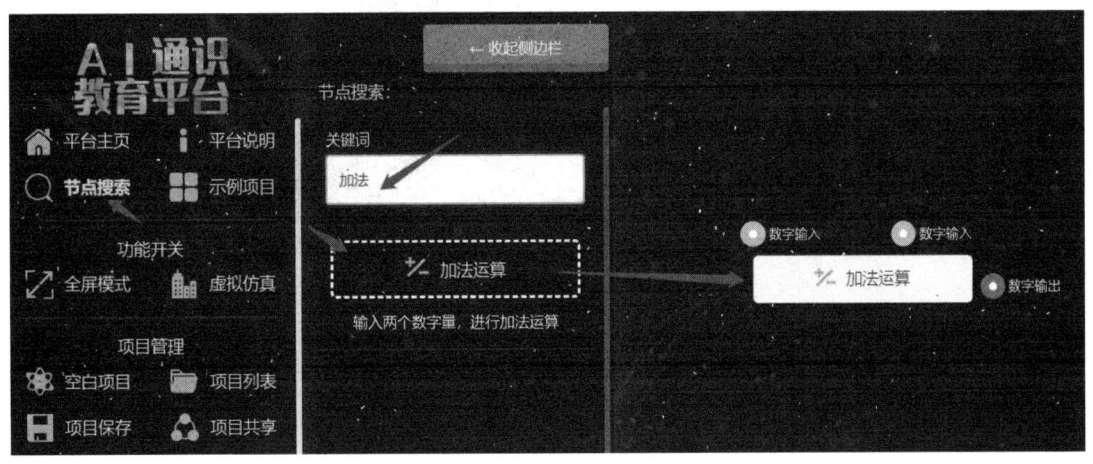

图11-17 拖动"加法运算"控件到场景视图中

创建了"加法运算"控件后，还需要创建"数字输入"控件，"数字输入"控件根据其控件属性属于输入操作，而所有跟输入数据相关的操作都可以在"输入控件"分类中找到，其中也包含支持输入数字的"数字输入框"控件。单击"数字输入框"按钮，拖动两次到场景视图中即可完成两次控件的创建，如图11-18所示。

如果想将计算结果输出，则所有与输出相关的控件属性都可以在"输出控件"分类中找到，"输出控件"支持控制台输出、文字输出、图片输出、弹窗输出、语音播报等多种方式。在"输出控件"分类中支持控制台输出、以文字形式输出、图片输出、语音输出等多种方式。将相关的控件如"文字显示"控件拖放到右边的窗格即可实现创建控件。

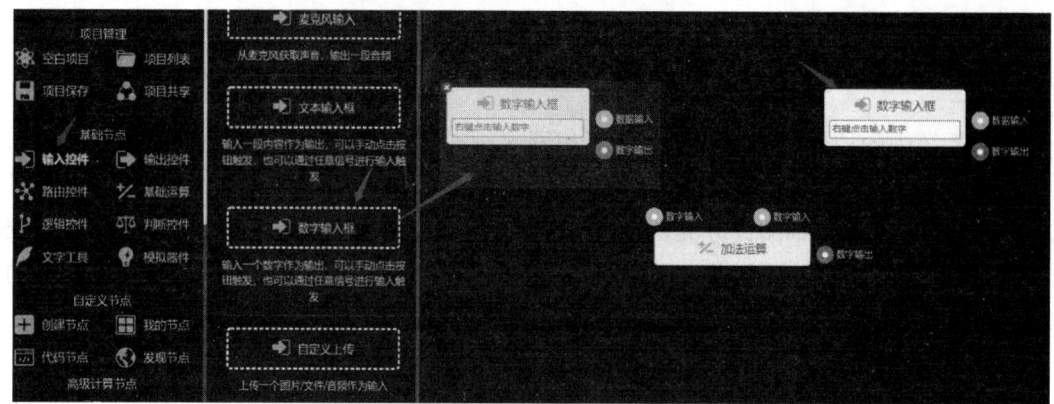

图 11-18　拖动两个"数字输入框"控件到场景视图中

例节点接口如图 11-19 所示。

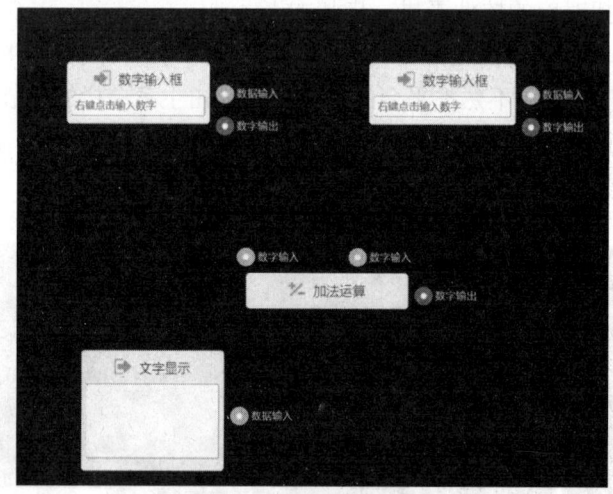

图 11-19　例节点接口

节点创建完毕后，就可以开始连线，根据控件之间的属性，两个"数字输入框"控件只需要将手动输入的结果输出到"加法运算"节点中，让它们自行进行运算即可。因此，将场景视图左上角的"数字输入框"控件的"数字输出"节点连接到"加法运算"控件左边的"数字输入"节点，把场景视图右上角的"数字输入框"控件的"数字输出"点连接到"加法运算"控件右边的"数字输入"节点上。"加法运算"控件的"数字输出"节点连接到"文字显示"控件的"数据输入"节点上。至此本例的控件（数据流）连线就完成了，如图 11-20 所示。

本例中，在"数字输入框"控件中输入数据后，"数字输入框"控件中会出现"运行"按钮，单击此按钮可以看到有小球沿着连线移动到"加法运算"控件中，这是数据可视化流动的体现，"加法运算"控件接收到数据后，其背景会变成绿色，表示已成功接收到数据，但是还需要其他数据，处于等待状态，如图 11-21 所示。

同理，在场景视图右边的"数字输入框"控件上重复上面的操作（输入一个数字，单击"运行"按钮）会出现类似的现象。但此时"加法运算"控件有不同的反应，当"加法运算"控件监听到数据全部都接收到后，会自动开始计算，并将计算结果传输到下一个控件（也就是

"文字显示"控件),"文字显示"控件在接收到输入进来的数据后,会将其展示在面板上,如图 11-22 所示。

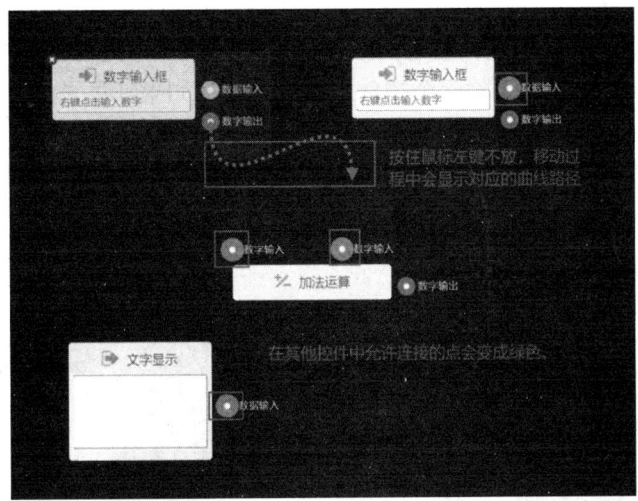

图 11-20 数据流连线

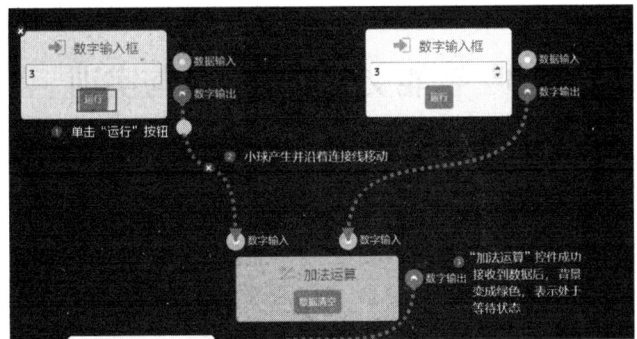

图 11-21 运行时的数据流

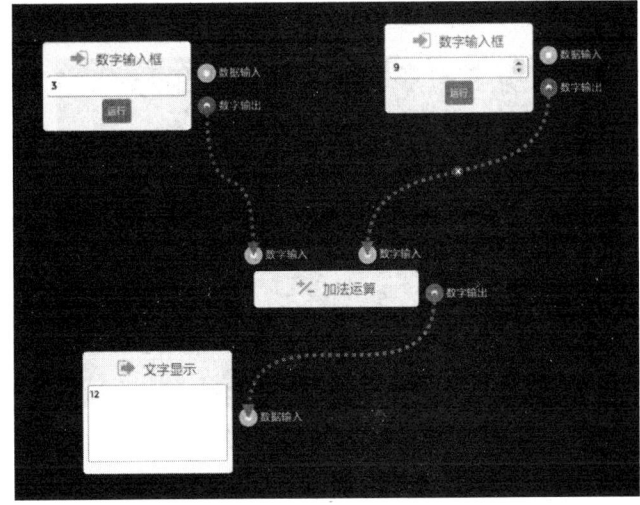

图 11-22 输出运行结果

11.2.4 控件的删除

控件的删除可以分为控件连线的删除和控件本身的删除。

控件连线的删除：可以将光标移动到控件之间的连线上，此时连线中间位置会出现红色叉叉的按钮，单击该按钮即可删除两个控件之间的连线（如果红色叉叉太小，则可以按住 Ctrl 键，滚动鼠标的中键，放大或缩小场景视图进行操作），如图 11-23 所示。

控件本身的删除：控件本身的删除则更为简单，只需将光标放到控件上，在对应的控件左上方会出现红色叉叉的按钮，单击此按钮即可删除控件，如图 11-24 所示。

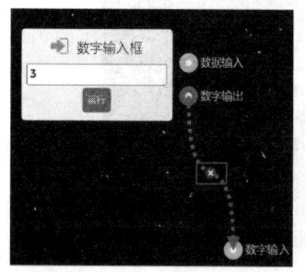

图 11-23　删除控件连线

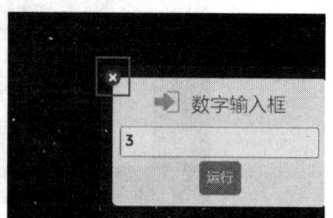

图 11-24　删除控件

11.3　智能交通场景设计与实训

11.3.1　车辆目标检测

应用场景：智能交通摄像头，超速、超重、车流统计。

要求：完成一台车辆目标检测，输入一张车辆图片，系统识别出该车辆并用红色矩形框框出来。

1. 添加"自定义上传"控件

功能：可上传图片、文件、音频，如图 11-25 所示。选中控件，将其拖放到场景视图。

图 11-25　添加"自定义上传"控件

2. 添加"一分二"控件

功能：数据分流，如图 11-26 所示。选中控件，将其拖放到场景视图。

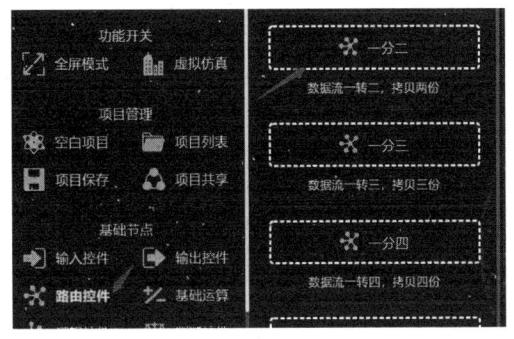

图 11-26 添加"一分二"控件

3. 添加"单车辆检测"控件

功能：用于检测单个车辆在图中的坐标，如图 11-27 所示。选中控件，将其拖放到场景视图。

图 11-27 添加"单车辆检测"控件

4. 添加"图片标注"控件

功能：用于将检测出的坐标绘制到图片中（红色矩形框），如图 11-28 所示。选中控件，拖放到场景视图。

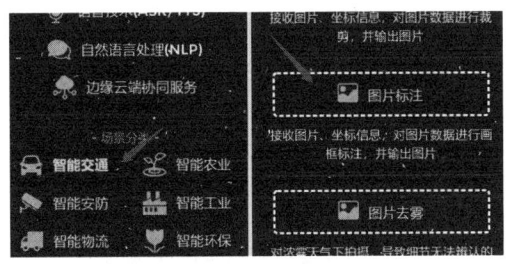

图 11-28 "图片标注"控件

5. 添加"图片输出"控件

功能：接收图片数据进行输出，如图 11-29 所示。选中控件，将其拖放到场景视图。

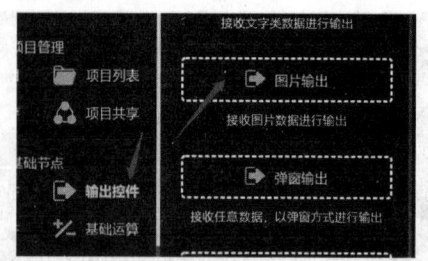

图 11-29 添加"图片输出"控件

6. 数据流连线

数据流连线如图 11-30 所示。

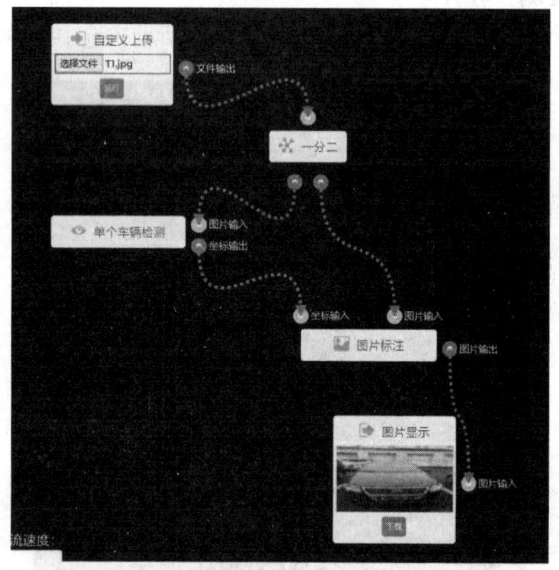

图 11-30 数据流连线

运行结果如图 11-31 所示。

图 11-31 运行结果

7. 能力扩展

使用多车辆检测，完成一张图多车辆的标注，所需关键控件如图 11-32 所示。

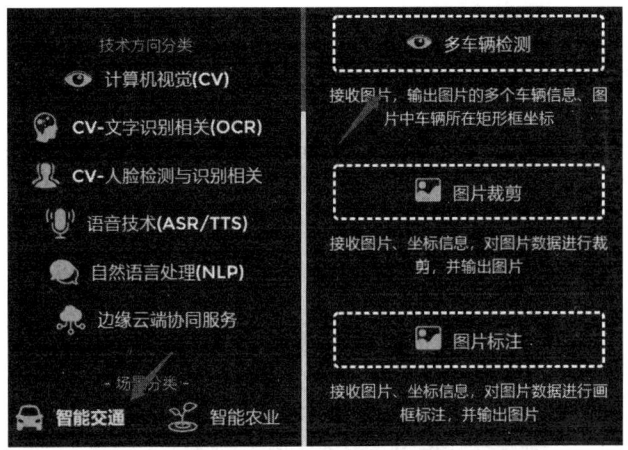

图 11-32 添加"多车辆检测"控件

运行结果如图 11-33 所示。

图 11-33 运行结果

11.3.2 卡车检测并提醒

应用场景：智能路口检测，如果有卡车经过则报警提示"注意有卡车经过，请注意驾驶"；如果没有卡车经过则提示"没有卡车经过，请放心驾驶"。

在上一小节的基础上完成以下步骤，如图 11-34 所示。

（1）添加"一分二"控件并拖放到场景视图。

（2）添加"文字输出"控件（功能：显示文字类内容）并拖动到场景视图。

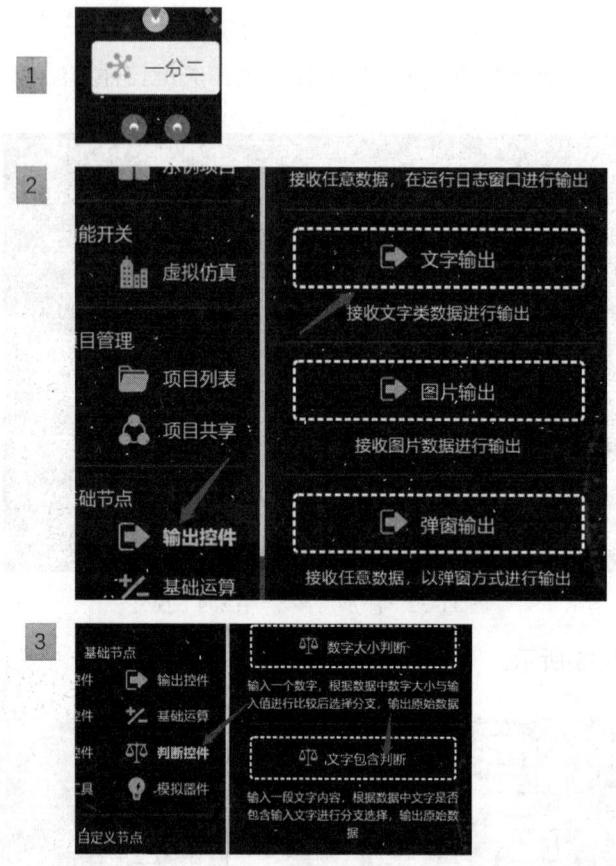

图 11-34 添加多个控件

（3）添加"文字包含判断"控件（功能：判断数据中的文字是否包含指定文本）并拖放到场景视图。

（4）添加 2 个"文本输入框"控件，将其拖放到场景视图，左边的"文本输入框"控件输入的文本内容为"没有卡车经过，请放心驾驶"，右边的"文本输入框"控件输入的文本内容为"注意有卡车经过，请注意驾驶"，如图 11-35 所示。

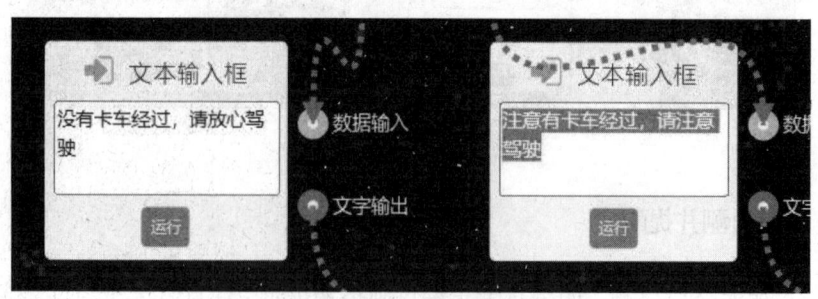

图 11-35 添加"文本输入框"控件

（5）添加 2 个"语音播报"控件（功能：播报文字输出的内容）。

（6）数据流连线，如图 11-36 所示。

请思考"文字包含判断框"控件内输入的文本内容。

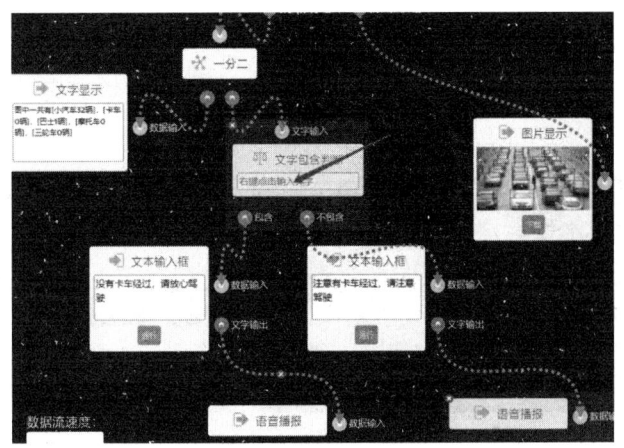

图 11-36　数据流连线

11.4　智能安防场景设计与实训

11.4.1　应用场景

该设计主要用于停车场、单位、家庭小院的车闸门智能管理。

11.4.2　任务要求

设计一个家庭小院的车闸门智能管理系统,要求只有一个指定的车牌才能通行,符合要求的车辆系统语音播报或显示"欢迎回家",不符合要求的车辆系统语音播报或显示"该车非本院车辆,不允许通行",并且保安亭的警报响起。

11.4.3　控件设计

1. 添加已有控件

将"自定义上传"控件(1个),"一分二"控件(3个),第1个"文本输入框"控件(3个,"文本输入框"控件内容为"欢迎回家",第2个"文本输入框"控件内容为"该车非本院车辆,不允许通行",第 3 个"文本输入框"控件用于显示车牌识别结果),"语音播报"控件(2个)拖动到场景视图。

2. 添加"道闸"控件

功能:输入一个开关量,控制模拟道闸的开关,输入真时开启,输入假关闭,如图 11-37 所示,将其拖动到右边场景视图。

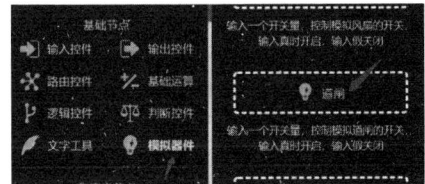 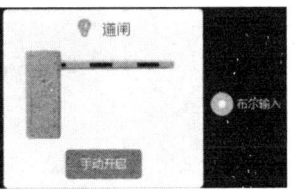

图 11-37　添加"道闸"控件

3. 添加"输出真"控件

功能：接收任意数据，输出逻辑真信号（可用于信号转换），如图 11-38 所示，将其拖放到场景视图（拖 2 个）。

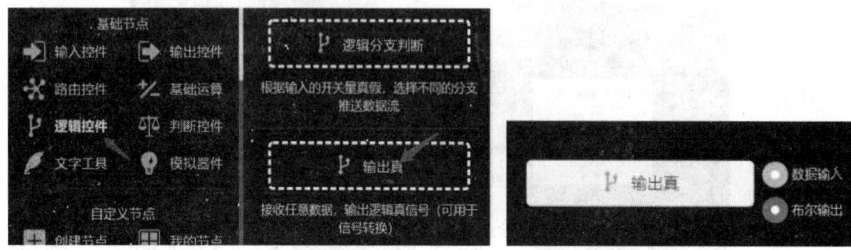

图 11-38　添加"输出真"控件

4. 添加"警报器"控件

功能：输入一个开关量，控制模拟警报器的开关，输入真时开启，输入假关闭，如图 11-39 所示，将其拖放到场景视图。

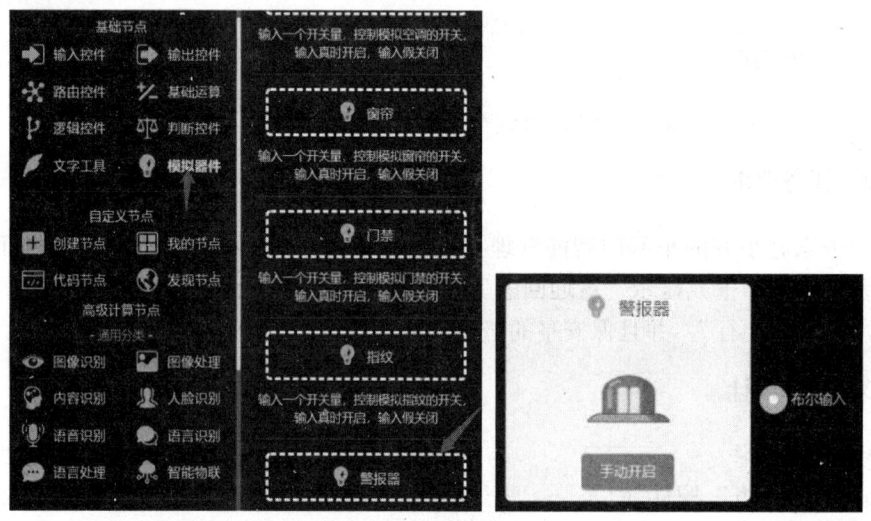

图 11-39　添加"警报器"控件

5. 添加"车牌识别"控件

功能：接收图片，输出图片的车辆的车牌文字信息，如图 11-40 所示，将其拖放到场景视图。

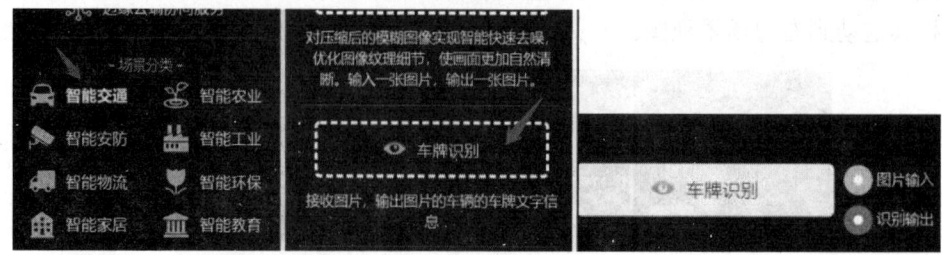

图 11-40　添加"车牌识别"控件

6. 添加"识别结果判断"控件

功能：输入一个识别结果，根据输入识别结果是否符合进行分支选择，输出原始数据，如图 11-41 所示，将其拖放到场景视图。

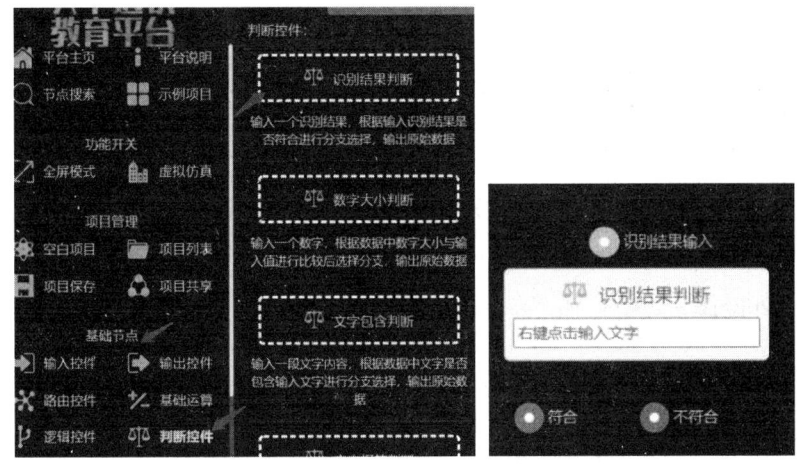

图 11-41　添加"识别结果判断"控件

11.4.4　数据流连线

根据任务要求，完成数据流的连线，如图 11-42 所示。

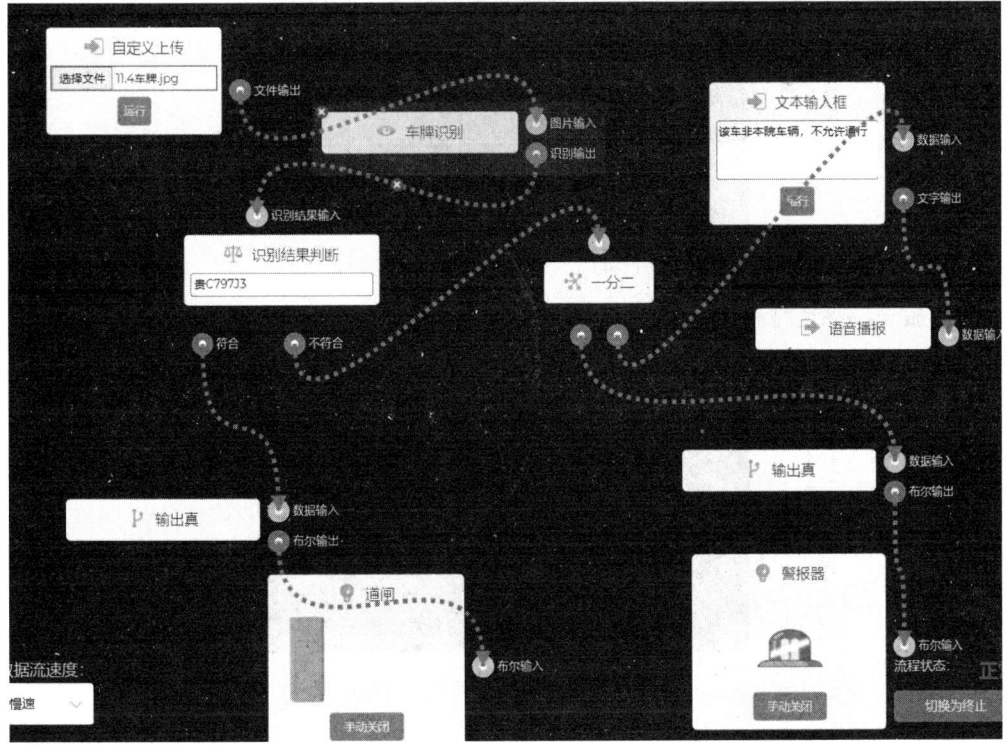

图 11-42　数据流连线

11.5 智能农业场景设计与实训

11.5.1 应用场景

该设计用于监控狼群出没较多的农场,当发现狼时自动亮灯并发出警报。

11.5.2 任务要求

设计一个识别狼群的智能监控系统,对识别结果进行判断和显示,如果结果是灰狼并且置信度大于 80%,则羊宿的驱狼灯亮起,并发出警报。

11.5.3 控件设计

1. 添加已有控件

将"自定义上传"控件(1 个),"文字显示"控件(1 个),"识别结果判断"控件(1 个),"输出真"控件(2 个),"警报器"控件(1 个)拖动到场景视图。

2. 添加"动物图片识别"控件

功能:接收图片,输出图片中的动物信息,如图 11-43 所示,将其拖放到场景视图。

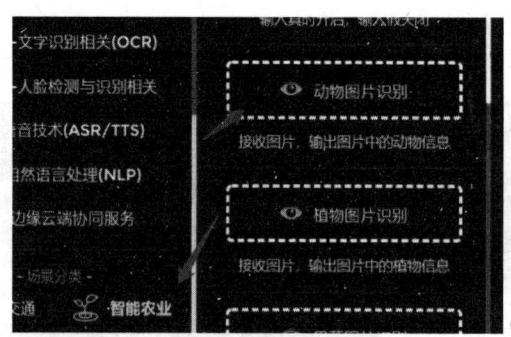

图 11-43 "动物图片识别"控件

3. 添加"一分三"控件

功能:数据流一转三,复制三份,如图 11-44 所示,将其拖放到场景视图。

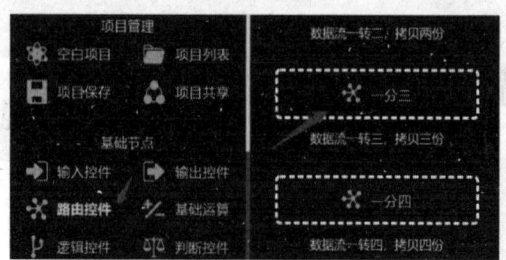

图 11-44 添加"一分三"控件

4. 添加"置信度判断"控件

功能:输入一个 0~100 范围内的数字作为阈值,根据输入识别置信度大小进行分支选择,输出原始数据，如图 11-45 所示，将其拖放到场景视图。

5. 添加"与运算"控件

功能：与的逻辑运算，输入两个开关量，当都为真时，输出真，否则为假，将其拖放到场景视图。

6. 添加"电灯"控件

功能：输入一个开关量，控制模拟电灯的开关，输入真时开启，输入假关闭，如图 11-46 所示，将其拖放到场景视图。

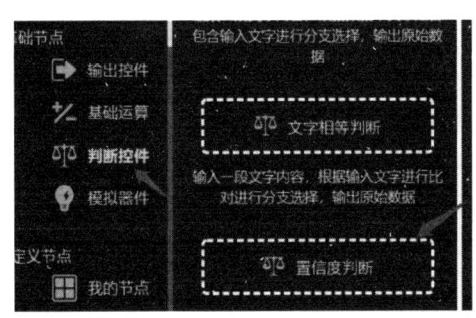
图 11-45 添加"置信度判断"控件

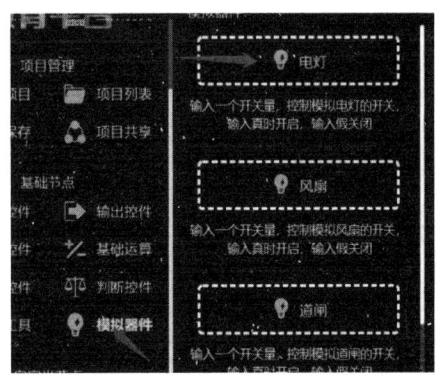
图 11-46 添加"电灯"控件

11.5.4 数据流连线

根据任务要求完成数据流的连线，如图 11-47 所示。

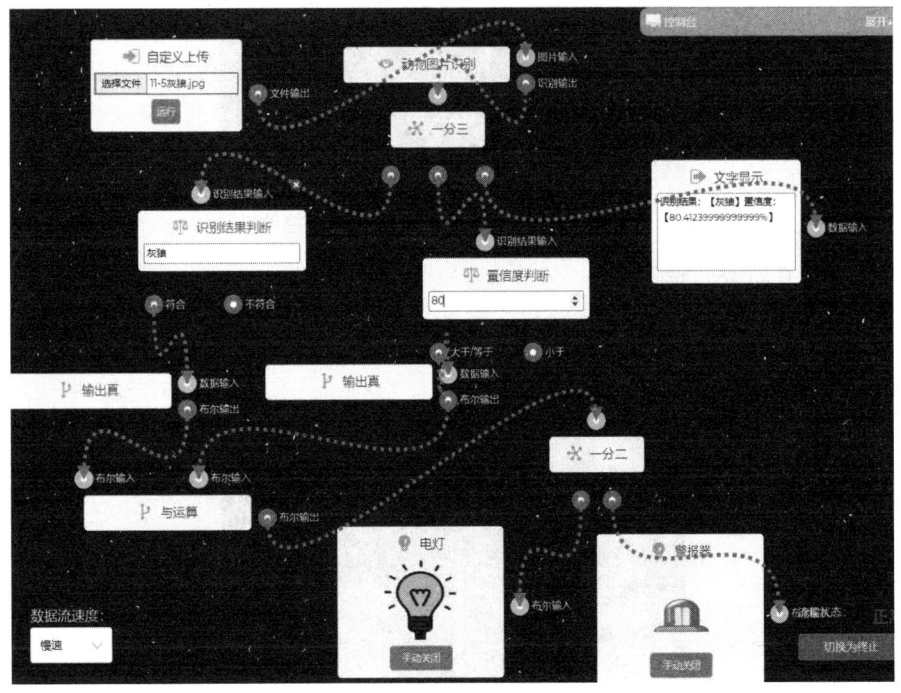

图 11-47 数据流连线

11.6 智能商业场景设计与实训

11.6.1 应用场景

该设计适用于超市、菜市场的果蔬自动识别标价

11.6.2 任务要求

设计一个能够自动识别苹果和香蕉的自动识别标价系统，能根据重量算出价格。例如，放入香蕉（设置香蕉单价为8元/千克，苹果单价为24元/千克，电子秤为3千克），最后的显示结果为"香蕉请交费12元"，并语音播报。如果放入的是其他商品，则语音播报"还没添加此类商品，请联系服务员"。

11.6.3 控件设计

1. 添加已有控件

将"自定义上传"控件（1个），"一分二"控件（2个），"文字包含判断"控件（2个），"文本输入框"控件（1个），"语音播报"控件（2个），"文字显示"控件（1个）拖动至场景视图。

2. 添加"果蔬图片识别"控件

功能：接收图片，输出图片中的果蔬信息，如图11-48所示，将其拖放到场景视图。

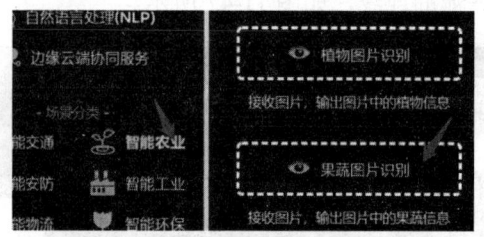

图11-48 添加"果蔬图片识别"控件

3. 添加"结果拆分"控件

功能：接收一个识别结果，分别输出文字和置信率数字，如图11-49所示，将其拖放到场景视图。

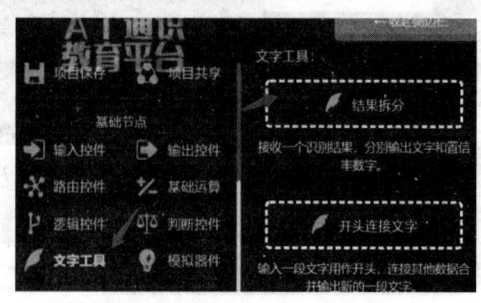

图11-49 添加"结果拆分"控件

4. 添加"数字输入框"控件

功能：输入一个数字作为输出，可以单击按钮触发，也可以通过任意信号进行输入触发，如图 11-50 所示，将其拖放到场景视图。

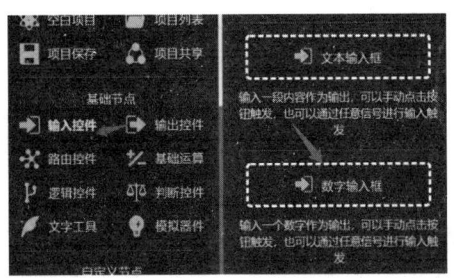

图 11-50　添加"数字输入框"控件

5. 添加"结尾连接文字"控件

功能：输入一段文字用作结尾，连接其他数据合并输出新的一段文字，如图 11-51 所示，将其拖放到右边（拖 2 个）。

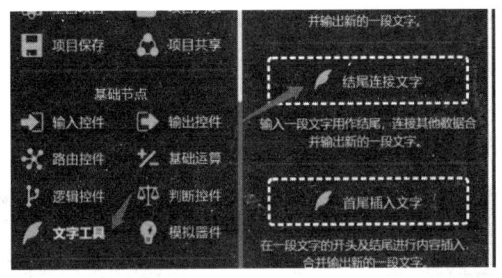

图 11-51　添加"结尾连接文字"控件

6. 添加"二合一"控件

功能：数据流二合一，合并路径，不合并数据，如图 11-52 所示，将其拖放到场景视图。

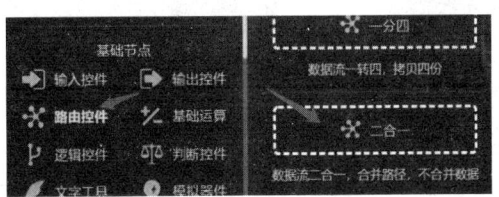

图 11-52　添加"二合一"控件

7. 添加"乘法运算"控件

功能：输入两个数字量，进行乘法运算，如图 11-53 所示，将其拖放到场景视图。

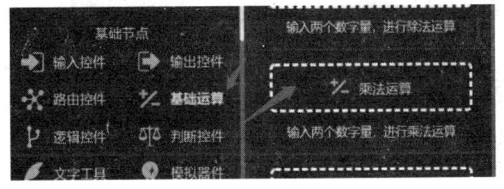

图 11-53　添加"乘法运算"控件

8. 添加"电子秤"控件

功能：输入一个数字量，模拟电子秤器件进行重量数字输出，如图 11-54 所示，将其拖放到场景视图。

9. "文字连接"控件

功能：输入两个文字数据，将其连接合并后输出，如图 11-55 所示，将其拖放到场景视图。

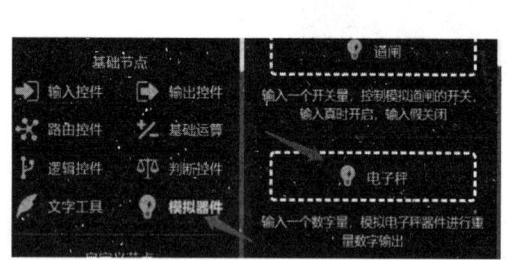

图 11-54　添加"电子秤"控件

图 11-55　添加"文字连接"控件

11.6.4　数据流连线

根据任务要求完成数据流的连线，如图 11-56 所示。

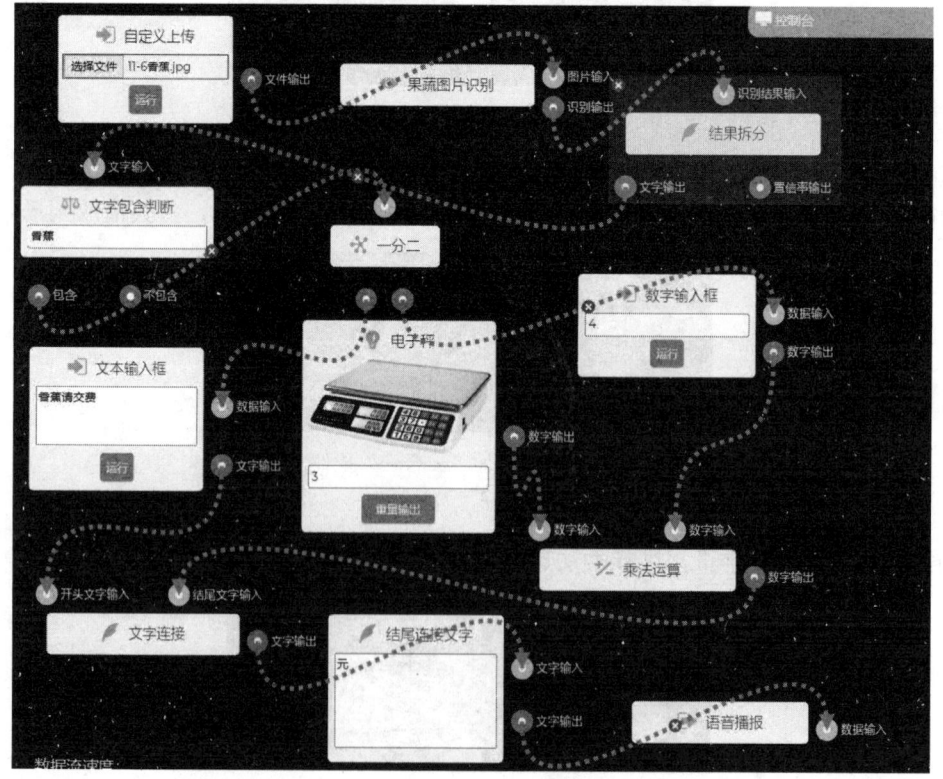

图 11-56　数据流连线

11.7 智能家居场景设计与实训

11.7.1 应用场景

该设计适用于家居装修的智能语音声控系统。

11.7.2 任务要求

设计一个声控开关空调的功能，要求如下。
语音命令1：小智，×××请打开空调，则打开空调，并语音播报"主人，空调已开"。
语音命令2：×××小智，请关闭空调，则打开空调，并语音播报"主人，空调已关"。
语音命令3：×××，小智，××××，则语音播报"主人，我没有这个功能"。
如果是其他语音，则没有包含"小智"的不做响应。

11.7.3 控件设计

1. 添加已有控件

将"一分二"控件（2个），"一分三"控件（1个），"文字包含判断"控件（3个），"输出真"控件（4个），"与运算"控件（3个），"输出真"控件（3个），"文本输入框"控件（3个），"语音播报"控件（3个），"二合一"控件（1个），拖动到场景视图。

2. 添加"麦克风输入"控件

功能：从麦克风获取声音，输出一段音频，如图11-57所示，将其拖放到场景视图。

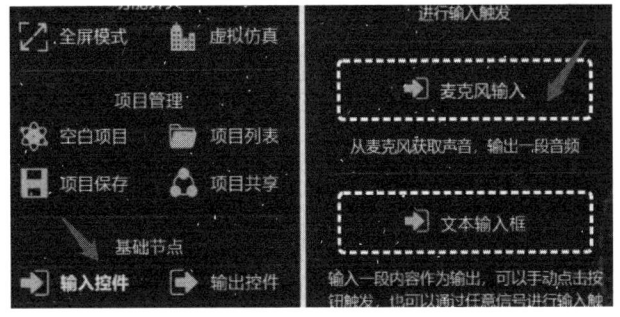

图11-57 添加"麦克风输入"控件

3. 添加"语音识别"控件

功能：接收音频数据，转为文字信息，如图11-58所示，将其拖放到场景视图。

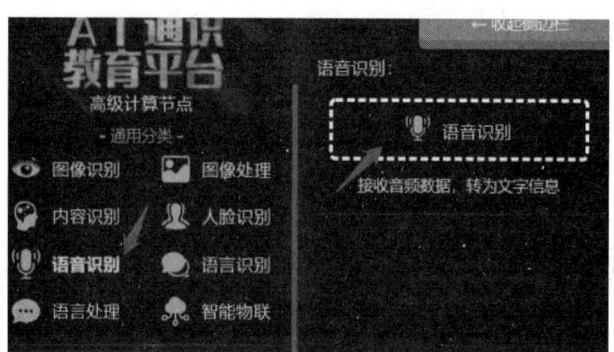

图 11-58　添加"语音识别"控件

4. 添加"输出假"控件

功能：接收任意数据，输出逻辑假信号（可用于信号转换），如图 11-59 所示，将其拖放到场景视图。

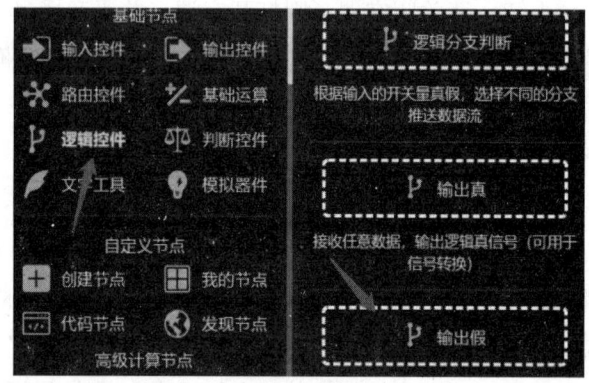

图 11-59　添加"输出假"控件

5. 添加"空调"控件

功能：输入一个开关量，控制模拟空调的开关，输入真时开启，输入假时关闭，如图 11-60 所示，将其拖放到场景视图。

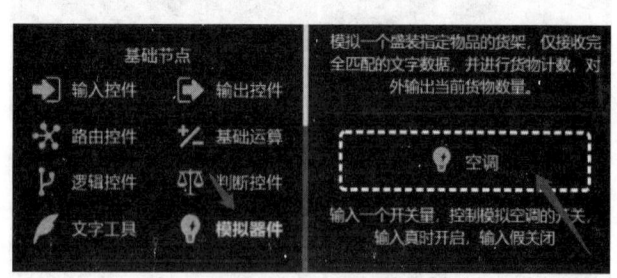

图 11-60　添加"空调"控件

11.7.4　数据流连线

根据任务要求完成数据流的连线，如图 11-61 所示。

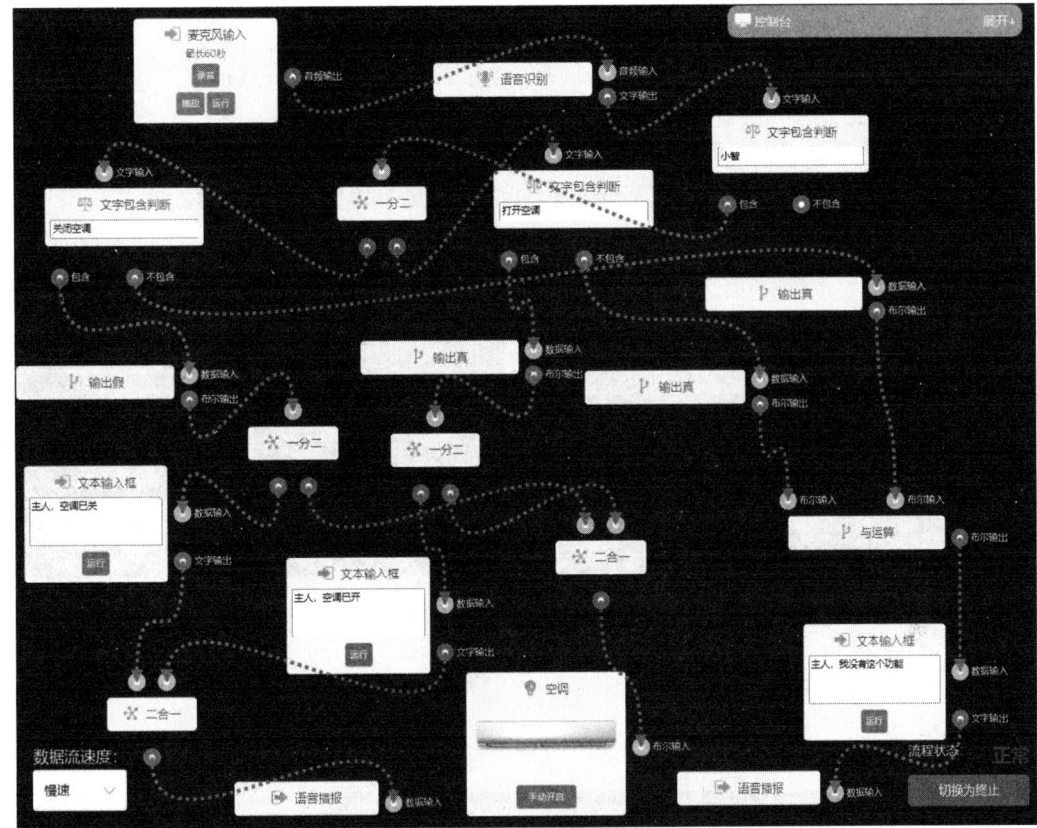

图 11-61　数据流连接

11.8　智能物流场景设计与实训

11.8.1　应用场景

该设计实现智能出菜，适用于学校食堂、饭堂等。

11.8.2　任务要求

厨师把菜放在识别区域内，系统根据识别出的菜品，把菜传送至智能货架，智能货架接收后，计数器会自动加 1。只做两个菜品的识别，如白切鸡、红烧肉（也可以是其他），如果系统识别出不是这两种菜品，则语音播报"此类菜品还没有指定货架"。

11.8.3　控件设计

1. 添加已有控件

将"自定义上传"控件（1 个），"识别结果判断"控件（2 个），"文本输入框"控件（3 个），"语音播报"控件（1 个）拖动到场景视图。

2. 添加"菜品图片识别"控件

功能：接收图片，输出图片中的菜品信息，如图 11-62 所示，将其拖放到场景视图。

3. 添加"智能货架"控件

功能：模拟一个盛装指定物品的货架，仅接收完全匹配的文字数据，并进行货物计数，对外输出当前货物数量，如图 11-63 所示，将其拖放到场景视图（拖 2 个）。

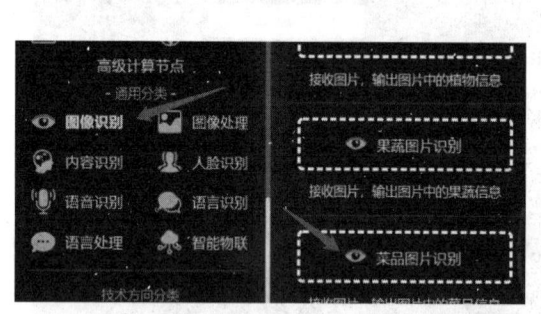

图 11-62　添加"菜品图片识别"控件

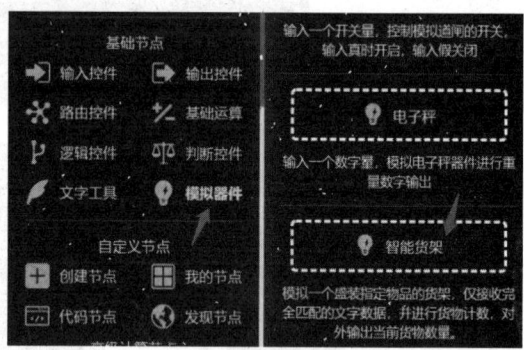

图 11-63　添加"智能货架"控件

11.8.4　数据流连线

根据任务要求完成数据流的连线，如图 11-64 所示。

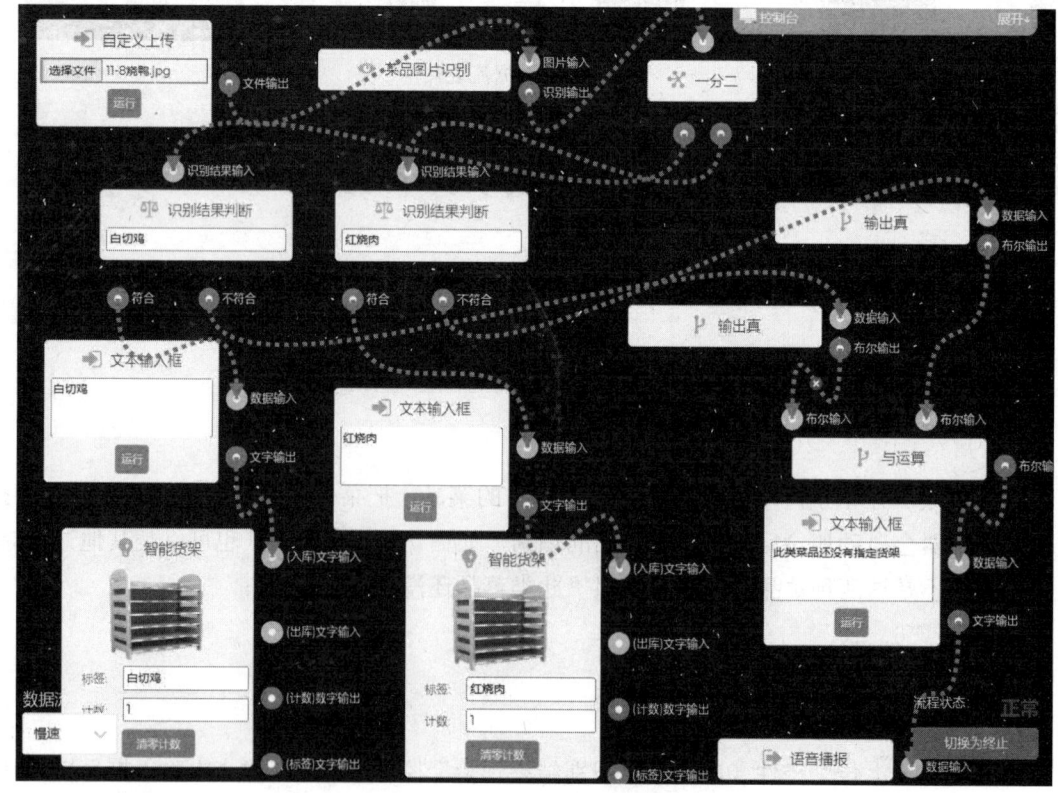

图 11-64　数据流连线

11.9 智能环保场景设计与实训

11.9.1 应用场景

该设计实现对各种植物的识别，加强人们的环保意识。

11.9.2 任务要求

数据采集使用双输入，可以是文字输入，也可以是语音输入。

（1）把摄像头对准植物，对小智说："小智，××××这是什么植物。"小智会自动拍照，并识别出植物类型，然后语音播报"主人，主人，这棵植物是×××。"

（2）只对小智说："小智，××××（不含什么植物）。"小智则语音播报"主人，我在呢，请问您要我做什么？"

11.9.3 控件设计

1. 添加已有控件

将"文本输入框"控件（2个），"语音识别"控件（1个），"麦克风输入"控件（1个），"二合一"控件（1个），"一分二"控件（3个），"输出真"控件（2个），"与运算"控件（2个），"结果拆分"控件（1个），"开头连接文字"控件（1个），"语音播报"控件（2个），"文字显示"控件（1个）拖动到场景视图。

2. 添加"摄像头输入"控件

功能：摄像头输入，数据输入端可以通过"输出真"进行自动拍照，如图11-65所示，将其拖动到场景视图。

图11-65　添加"摄像头输入"控件

3. 添加"植物图片识别"控件

功能：接收图片，输出图片中的植物信息，如图11-66所示，将其拖放到场景视图。

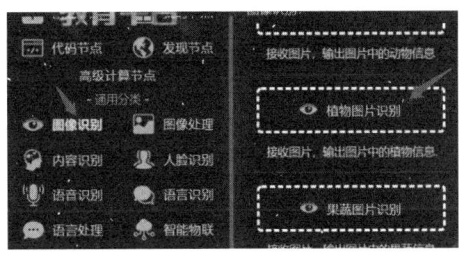

图11-66　添加"植物图片识别"控件

11.9.4 数据流连线

根据任务要求完成数据流的连线，如图 11-67 所示。

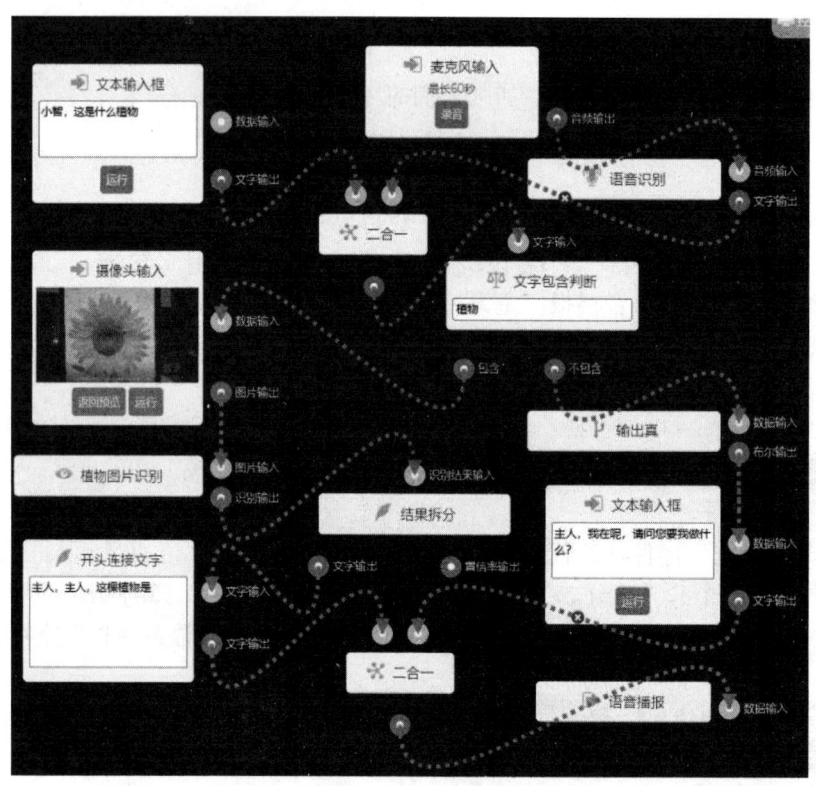

图 11-67　数据流连线

参 考 文 献

[1] 吴砥，李环，陈旭. 人工智能通用大模型教育应用影响探析[J]. 开放教育研究，2023，29（2）：19-25.
[2] 屈继成. 基于物联网技术的智能安防领域的运用[J]. 智能建筑与智慧城市，2023（3）：157-159.
[3] 龙宝新. 人工智能时代的教育变革及其走向[J]. 南京社会科学，2023（3）：123-133.
[4] 徐芳，钟志贤. 教师智能教育素养结构研究[J]. 中国教师，2023（3）：35-39.
[5] 古贞. 中国智慧物流和智能物流的研究现状、热点及趋势分析——基于CiteSpace和CNKI的可视化分析[J]. 供应链管理，2023，4（3）：60-71.
[6] 余徐京. 物联网时代下智能安防监控技术研究[J]. 网络安全和信息化，2023（3）：87-89.
[7] 吴伟杰. 智能物流背景下物流快递[J]. 中国储运，2023（3）：59-60.
[8] 应露露. 小学AI教育"1+N启蒙模式"的构建与实践[J]. 中小学信息技术教育，2023（Z1）：97-100.
[9] 胡庆松. 人工智能技术在现代农业机械中的应用研究[J]. 南方农机，2023，54（6）：63-65.
[10] 寇常兰. 基于大数据技术的智能环保监测领域实践探究[J]. 皮革制作与环保科技，2023，4（4）：42-44.
[11] 汤广全. "智慧教育"内涵偏差初探[J]. 惠州学院学报，2023，43（1）：94-98.
[12] 高春花，宋卫海，李曰阳. 新农科背景下智能农业装备项目化教学课程构建与实践[J]. 山东农业工程学院学报，2023，40（2）：26-30.
[13] 刘怡彤. 智能家居在现代室内空间设计中的应用[J]. 居业，2023（1）：131-133.
[14] 林晓玲. "AI+教育"时代大学英语教师角色定位及专业发展路径[J]. 清远职业技术学院学报，2023，16（1）：64-70.
[15] 陈晨，陈长金. 基于智慧城市的交通拥堵治理探讨[J]. 黑龙江交通科技，2023，46（1）：154-156.
[16] 肖紫涵，王彩玲，何垒，等. 多功能智能农业种植机器人的设计[J]. 机电技术，2022（6）：30-32.
[17] 王军波. 智能安防紧急报警监控自动联网系统设计[J]. 自动化与仪器仪表，2022（12）：93-96.
[18] 韩薇薇. 物联网传感器技术在智能家居中的应用[J]. 电子技术，2022，51（12）：145-147.
[19] 李智杰，李吉清，卢志明，等. 智能环保的压缩垃圾桶设计[J]. 科技创新与应用，2022，12（29）：45-47.
[20] 李翔. 浙工大：创新融合先进交通与智能城市[J]. 交通建设与管理，2022（5）：62-63.
[21] 郭倩. 智能工业平台为制造业注入数字技术[N]. 经济参考报，2022-10-10（8）.

读书笔记